Springer-Lehrbuch

Herbert Oertel Jr.

Strömungsmechanik

Methoden und Phänomene

Unter Mitarbeit von
M. Böhle und T. Ehret

Mit 97 Abbildungen

Springer-Verlag
Berlin Heidelberg New York
London Paris Tokyo
Hong Kong Barcelona Budapest

Prof. Dr.-Ing. habil. Herbert Oertel Jr.
Ordinarius
Universität Karlsruhe (TH)
Institut für Strömungslehre
und Strömungsmaschinen
Kaiserstraße 12
76128 Karlsruhe

ISBN-13: 978-3-540-57007-3   e-ISBN-13: 978-3-642-78385-2
DOI: 10.1007/978-3-642-78385-2

CIP-Eintrag beantragt

Satz: Reproduktionsfertige Vorlage des Autors
SPIN: 10099051   68/3020 - 5 4 3 2 1 0 - Gedruckt auf säurefreiem Papier

Vorwort

Das Strömungsmechanik Lehrbuch gibt eine Einführung in die Methoden und Phänomene der Strömungsmechanik für Studenten und Ingenieure des Maschinenbaus. Das Buch ist zum Gebrauch neben der Vorlesung bestimmt, die an der Universität Karlsruhe (TH) im 6. Semester gelesen wird. Es werden Vorkenntnisse der strömungsmechanischen Grundlagen vorausgesetzt, wie sie das Strömungsmechanik Lehrbuch von J. Zierep vermittelt.

Als Leitfaden durch das Lehrbuch dienen uns drei Anwendungsbeispiele, die Tragflügelströmung von Verkehrsflugzeugen, die Kraftfahrzeugumströmung und die Strömung in der Kupplung eines Kraftfahrzeug-Automatikgetriebes. Damit ist die Einteilung in kompressible und inkompressible Strömungen vorgegeben. Diese Einteilung wird ergänzt durch die Unterscheidung laminarer und turbulenter Strömungen. Das Lehrbuch führt zunächst in die Grundgleichungen der Strömungsmechanik ein. Neben den analytischen Lösungsmethoden wird der wachsenden Bedeutung numerischer Methoden Rechnung getragen und die numerischen Lösungsverfahren der strömungsmechanischen Grundgleichungen werden im Ansatz entwickelt.

Die behandelten strömungsmechanischen Phänomene leiten sich von den betrachteten Anwendungsbeispielen ab. So werden die Grundlagen strömungsmechanischer Instabilitäten des laminar-turbulenten Übergangs in der Grenzschichtströmung, die Stoß-Grenzschichtwechselwirkung, die Strömungsablösung und die Nachlaufströmung behandelt.

Das Lehrbuch wird ergänzt durch das Übungsbuch Strömungsmechanik. Darin findet der Student zu jedem Kapitel Übungsaufgaben für die Klausurvorbereitung. Dabei ist das eigenständige Nacharbeiten des Erlernten, anhand der Übungsaufgaben mit Lösungsanleitung, unerläßlich für die Vertiefung des Lehrstoffes.

Das Manuskript der Methoden und Phänomene der Strömungsmechanik wurde gemeinsam mit meinen langjährigen Assistenten M. Böhle und T. Ehret ausgearbeitet. Es profitiert von zahlreichen Diskussionen mit unseren Studenten über eine in den Grundlagen fundierte aber gleichzeitig technisch orientierte Strömungsmechanik-Ausbildung. Den gemeinsam gefundenen Kompromiß haben wir versucht in diesem Lehrbuch zusammenzustellen. Insbesondere die Behandlung der numerischen Methoden partieller Differentialgleichungen erfordert eine fundierte mathematische Vorbereitung.

Besonderer Dank gilt auch unseren Mitarbeitern B. Bischoff und H. Scheffler für die redaktionelle Erstellung des Manuskripts. Dem Springer-Verlag danken wir für die bewährte und erfreulich gute Zusammenarbeit.

Karlsruhe, im Frühjahr 1995   Herbert Oertel jr.

Inhaltsverzeichnis

1 Einführung

Das vorliegende Lehrbuch der Strömungsmechanik richtet sich an Studenten und Ingenieure, die bereits mit den Grundlagen der Strömungsmechanik vertraut sind, und die sich weiterführende Kenntnisse auf diesem Gebiet aneignen möchten. Zum Verständnis des Lehrstoffes werden die eindimensionale Stromfadentheorie, der Impuls- und Drehimpulssatz, die zweidimensionalen Grenzschicht- und Rohrströmungen (laminar und turbulent) sowie die Grundlagen der eindimensionalen Gasdynamik (einschließlich senkrechter Verdichtungsstoß) vorausgesetzt. Weiterhin werden für das Verständnis des Buches die mathematischen Grundlagen eines Ingenieurstudiums einschließlich der einführenden Kenntnisse von partiellen Differentialgleichungen benötigt.

Die bereits erwähnten Grundlagen der Strömungsmechanik sind für den ersten Entwurf von strömungstechnischen Geräten und Anlagen unverzichtbar. Mit ihnen wird es z.B. ermöglicht, die Abmessungen einer Maschine in einem ersten Schritt schon recht genau zu ermitteln und eine Aussage über die eventuell auftretenden Strömungsverluste zu machen.

Allerdings versagen diese Methoden für die Optimierung von Maschinen oder dann, wenn an die zu entwickelnden Geräte extreme Anforderungen gestellt werden, wie z.B. leises Betriebsverhalten, guter Wirkungsgrad, kleine Abmessungen, stark gedämpftes Schwingungsverhalten etc.. Außerdem kann für die meisten Anwendungsfälle mit den einfachen strömungsmechanischen Grundlagen das Betriebsverhalten einer Maschine nicht ausreichend genug ermittelt werden, so daß dafür umfangreiche Versuche und Experimente durchgeführt werden müssen, die sehr kosten- und zeitintensiv sein können. Das gleiche trifft auch für die Optimierung von strömungstechnischen Maschinen zu.

In den letzten fünf Jahren hat die Rechnertechnik erhebliche Fortschritte gemacht, so daß es bereits ohne allzu großen Aufwand möglich ist, dreidimensionale Strömungen auf Rechnern zu simulieren. Dadurch werden allmählich aufwendige Versuche und Experimente durch die numerische Simulation von Strömungen ersetzt, wodurch die Entwicklungskosten und Entwicklungszeiten verringert werden. Mit diesem Buch sollen dem Studenten die Grundlagen dieser neueren Methoden der Strömungsmechanik vermittelt werden, die bereits in vielen Entwicklungsabteilungen Anwendung gefunden haben.

Die Vorgehensweise der Strömungsmechanik beinhaltet die analytischen, numerischen und experimentellen Methoden. Alle drei werden, auch wenn die numerischen Methoden zunehmend die experimentellen ersetzen, zur Lösung von strömungstechnischen Problemen benötigt. Das vorliegende Buch beschränkt sich auf die theoretischen, also auf die analytischen und numerischen Methoden. Sie sollen den Studenten nach dem Durcharbeiten des Buches dazu befähigen, die Grundgleichungen der Strömungsmechanik zu verstehen und anwenden zu können, die Grundbegriffe der analytischen und numerischen Verfahren in einem ersten Ansatz kennenzulernen sowie die Methoden der Strömungsmechanik für die Vorbereitung, Durchführung und Auswertung von Experimenten zu nutzen.

Die alleinige Kenntnis der strömungsmechanischen Methoden reicht jedoch nicht aus, um ein strömungsmechanisches Problem lösen zu können. Genauso wichtig dafür ist ein detailliertes Verständnis der Strömungsphänomene wie Strömungsablösung, Wirbelbildung, Verdichtungsstoß, Transition, Turbulenz etc.. Aus der Aufzählung geht bereits hervor, daß die in der Strömungsmechanik auftretenden Phänomene recht umfangreich sind. In dem vorliegenden Buch wird sich deshalb auch nur auf die für ausgewählte technische Probleme wichtigen Phänomene beschränkt. Der Leser des Buches soll nach dem Durcharbeiten des Lehrstoffes befähigt sein, ggf. ein beim Entwurf bzw. bei der Auslegung zu berücksichtigendes Strömungsphänomen mit den Methoden der Strömungsmechanik quantitativ behandeln zu können.

Weiterhin soll das Lehrbuch dem Studenten eine Übersicht über die Methoden und Phänomene der Strömungsmechanik vermitteln, damit er sein zukünftiges Studium entsprechend ausrichten kann. Deshalb erhebt das Buch auch keinen Anspruch auf Vollständigkeit, was nicht bedeuten soll, daß die Erklärungen in sich nicht vollständig sind. So wäre es beispielsweise denkbar, über die meisten Methoden und Strömungsphänomene ein gesondertes Buch zu schreiben. Auf einen großen Umfang wird jedoch im Rahmen dieses Lehrbuches verzichtet. Es möchte dem Leser das Wesentliche, das sich auf einigen Seiten beschreiben und in einer Vorlesung behandeln läßt, vermitteln.

Der Inhalt des Buches ist teilweise sehr theoretisch. Um während der umfangreichen Herleitungen den Bezug zu den technischen Anwendungen nicht aus dem Auge zu verlieren, haben wir die Tragflügelströmung, die Kraftfahrzeugumströmung und die Strömung in einem hydrodynamischen Drehmomentenwandler als repräsentative Beispiele ausgewählt, anhand derer wir in diesem Buch die Methoden und Phänomene erklären werden. Nachfolgend soll kurz auf die genannten Beispiele eingegangen werden:

Die Tragflügelströmung

Die Tragflügelströmung eines Verkehrsflugzeuges (z.B. Airbus, s. Abbildung 1.1) beinhaltet bereits eine Vielzahl von Strömungsphänomenen, die wir im nachfolgenden Kapitel "Strömungsbereiche" im einzelnen diskutieren werden. Ein Tragflügel, wie der des Verkehrsflugzeuges Airbus, wird für den Reiseflug in großen Höhen bei einer Machzahl von $M_\infty = 0.82$ ausgelegt. Für diesen Flugzustand müssen die Strömungsverluste gering gehalten werden, damit das Verhältnis von Auftrieb und Widerstand optimal wird. Um dies zu erreichen, muß der Aerodynamiker die verschiedenen Strömungsphänomene, wie z.B. die Stoß-Grenzschichtinterferenz, die Wirbelbildung an den Flügelenden, den dreidimensionalen Grenzschichtcharakter etc., kennen, um die Berechnungsmethoden gezielt und geeignet anwenden zu können.

Die Tragflügelströmung ist jedoch nicht nur für den Auslegungszustand von Interesse. Beim Entwurf muß gleichzeitig berücksichtigt werden, daß der Tragflügel auch das Start- und Landeverhalten bestimmt, und daß er beim Langsamflug, ggf. mit zusätzlichen Hochauftriebsmitteln, noch ausreichend Auftrieb erzeugt. Ebenfalls ist bei der Entwicklung eines Flugzeuges die Frage von Interesse, wie der Rumpf und

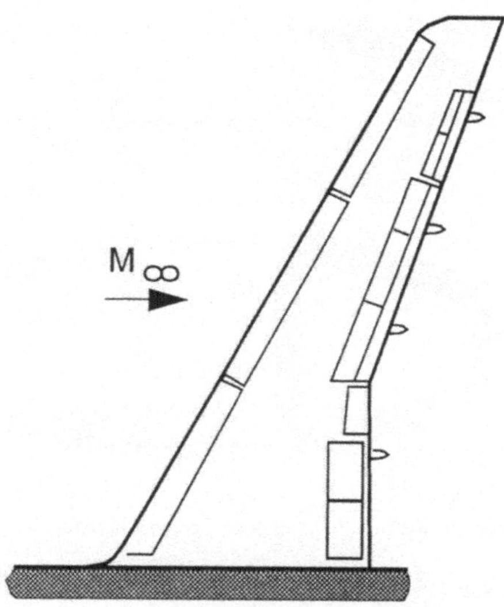

Abb. 1.1: Tragflügel eines modernen Verkehrsflugzeuges

die Triebwerke die Tragflügelströmung beeinflussen und wo z.B. der beste Ort für die Triebwerksanbringungen liegt.

Für all diese Fragen finden die analytischen und vornehmlich die numerischen Verfahren ihre Anwendungen. Denn beim Entwurf ist man bestrebt, mit einigen wenigen Windkanalversuchen den Tragflügel zu entwickeln, um die Entwicklungskosten und Entwicklungszeiten möglichst gering zu halten. Außerdem ist z.B. eine Optimierung einer Airbus-Tragfläche und eine Untersuchung des Auftriebs-/ Widerstandsverhaltens bei verschiedenen Anstellwinkeln und Strömungsgeschwindigkeiten ohne moderne strömungsmechanische Methoden kaum denkbar.

Der Lehrstoff des Buches zielt darauf ab, dem Studenten die Anwendungen der analytischen und numerischen Methoden in Bezug auf diese Fragestellungen zu vermitteln, damit er später im Beruf mindestens die Grundlagen dieser Techniken für den Entwurf auf Workstations oder sogar Großrechnern zu nutzen weiß. Die durch das vorliegende Buch erworbenen Kenntnisse kann er in seinem weiteren Studium mit geeigneten Vorlesungen vertiefen.

Die Kraftfahrzeugumströmung

Einer der ersten Schritte bei der Entwicklung eines Kraftfahrzeuges beinhaltet die Festlegung der Fahrzeugkontur, die mehr von dem Designer als durch den Aerodynamiker bestimmt wird. Die Grenzen der Variationsmöglichkeiten an der Kontur (s. Abbildung 1.2), innerhalb derer der Aerodynamiker die Außenhaut des Fahrzeuges mitbestimmt, sind, gemessen an der Länge bzw. Breite des zu entwickelnden Fahrzeuges gering.

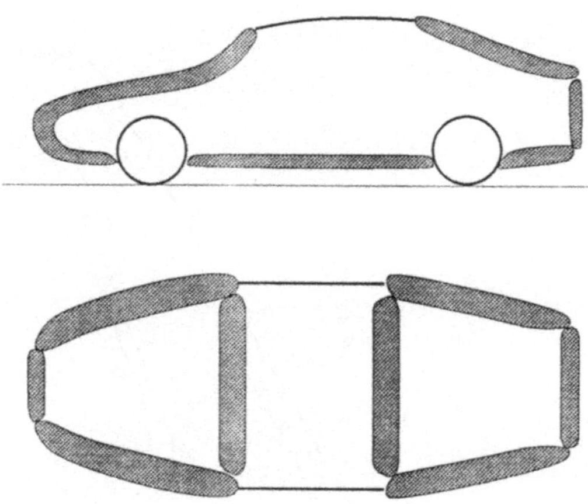

Abb. 1.2: Bereiche zur Optimierung der Kraftfahrzeug-Aerodynamik

Unter Berücksichtigung dieser Vorgaben optimiert der Automobilaerodynamiker vornehmlich die Kontur dahingehend, daß der Umströmungswiderstand möglichst klein wird. So sind in den letzten Jahren Fahrzeuge entwickelt worden, deren Widerstandsbeiwert c_W kleiner als 0.3 ist.

Die Minimierung des Umströmungswiderstandes ist jedoch längst nicht die einzige Aufgabe, die der Aerodynamiker beim Entwurf übernimmt. Gleichzeitig müssen bei der Optimierung der Kontur alle Kräfte und Momente, die durch die Luftströmung entstehen, mitberücksichtigt werden. Dabei sind insbesondere die Auftriebskraft, die Seitenwindkraft und das Moment um die Hochachse des Fahrzeuges von Wich-

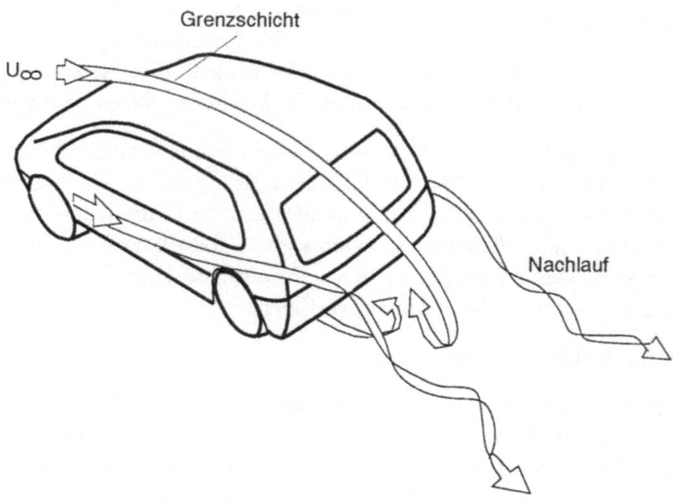

Abb. 1.3: Strömungsablösung am Kraftfahrzeug

tigkeit, da sie am meisten die Fahrstabilitität beeinflussen. Desweiteren gehört es zu den Aufgaben des Aerodynamikers, dafür Sorge zu tragen, daß die Windgeräusche minimal sind, die Verschmutzung der Scheiben bei der Fahrt gering bleibt, die Seitenspiegel im Hochgeschwindigkeitsbereich nicht vibrieren etc..

Anhand der Kraftfahrzeugumströmung lernt der Student eine Vielzahl von Strömungsphänomenen kennen, die auch bei anderen Strömungsproblemen, wie z.B. bei der Gebäudeumströmung, auftreten. So wird die Strömung um ein Kraftfahrzeug und die von ihr auf die Kontur wirkenden Kräfte durch Ablösegebiete, den turbulenten Nachlauf und in Längsrichtung abgehende Wirbel usw. bestimmt (s. dazu Abbildung 1.3). Für die Optimierung der Außenkontur ist die Kenntnis der einzelnen Strömungsphänomene unentbehrlich.

Die Mehrzahl der Phänomene, die bei der Fahrzeugumströmung auftreten, sind einer Berechnung schwer oder sogar überhaupt nicht zugänglich, da die Strömung in vielen Bereichen stark instationär und turbulent ist. Um so mehr muß deshalb der Automobilaerodynamiker mit den Strömungsphänomenen vertraut sein, um in Windkanalversuchen eine Fahrzeugkontur optimieren zu können.

Der hydrodynamische Drehmomentenwandler

Der hydrodynamische Drehmomentenwandler, der auch als Föttinger-Getriebe oder als Strömungsgetriebe bezeichnet wird, stellt eine Maschinenkomponente dar, die in vielen technischen Geräten zur Leistungsübertragung angewendet wird (s. Abbildung 1.4, Abbildung 1.5). Er kommt in Kraftfahrzeugen mit Automatikgetrieben, Lokomotiven, Baggern, Rührwerken etc. zur Anwendung. Seine Funktionsweise wird im nächsten Kapitel, in dem die Strömungsbereiche behandelt werden, erklärt.

Wir haben ihn deshalb in dieses Buch aufgenommen, weil dem Studenten gezeigt werden soll, daß die weiterführenden Methoden der Strömungsmechanik nicht ausschließlich bei der Behandlung von Umströmungsproblemen (z.B. Tragflügel- und

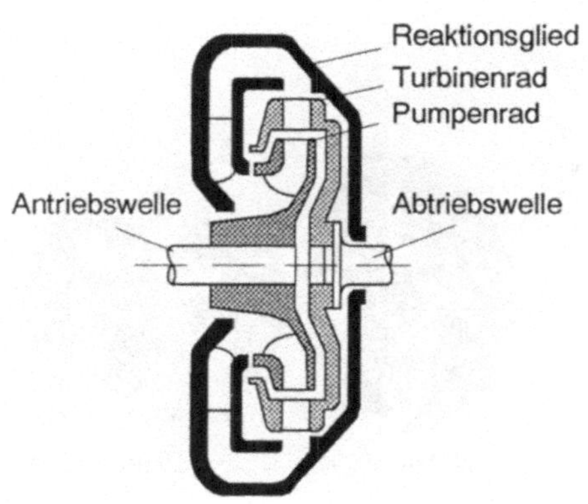

Abb. 1.4: Aufbau eines Drehmomentenwandlers

Kraftfahrzeugumströmung) zum Einsatz kommen, sondern sich ebenfalls für die Auslegung einer Vielzahl von Anlagen und Maschinen, wie Rohrleitungssystemen, Pumpen, Turbinen, Verbrennungsmotoren, Triebwerken usw., eignen.

Anhand des hydrodynamischen Wandlers kann der Leser die Anwendungen der Grundlagen der Strömungsmechanik, mit denen er bereits vertraut ist, kennenlernen. So finden bei der Auslegung des Wandlers u.a. der Drehimpulssatz und die Stromfadentheorie ihre Anwendungen. Für die anschließende Optimierung des Wandlers werden zunehmend weiterreichende strömungsmechanische Methoden herangezogen, die der Student mit diesem Buch erlernen soll.

So können z.B. mit den genannten weiterreichenden Methoden der Strömungsmechanik Teile der dreidimensionalen Strömung unter Berücksichtigung der Turbulenz in den Schaufelrädern und Umlenkkanälen berechnet werden. Damit wird es dann möglich, die Zuströmbedingungen für die einzelnen Schaufelräder zu optimieren und das Betriebsverhalten der Maschine genauer vorauszusagen, was mit den Methoden der einfachen Stromfadentheorie nicht möglich ist.

Dies trifft insbesondere dann zu, wenn an die Auslegung der Maschine besondere Anforderungen gestellt werden wie leises Betriebsverhalten, guter Wirkungsgrad, kleine äußere Abmessungen etc.. Für diese Aufgaben besitzen bereits viele Industrieunternehmen ein erworbenes oder selbstentwickeltes numerisches Verfahren, dessen genannte Anwendungen der Student in diesem Buch erlernen soll.

Die numerische Berechnung der Innenströmungen, zu der auch die Strömung im Wandler zählt, wird in den folgenden Kapiteln nur einführend behandelt. Die Erklärungen sind aber in sich verständlich, erheben jedoch nicht den Anspruch auf Vollständigkeit. Die Funktionsweise des Wandlers und die in ihm auftretenden Strömungsphänomene werden beschrieben, so daß die Anwendungen der strömungsmechanischen Gleichungen verständlich werden und der Student für das jeweilige Problem lernt, das entsprechende numerische und/oder analytische Lösungsverfahren auszuwählen. In seinem späteren Studium kann er dann die erworbenen Kenntnisse mit zusätzlicher Literatur bzw. Vorlesungen über Innenströmungen vertiefen.

Abb. 1.5: Bauteile eines Drehmomentenwandlers

Wir möchten am Ende der Einführung noch auf zusätzliche Literatur verweisen. Als ergänzende Literatur zum Lehrstoff der Strömungsmechanik empfehlen wir für die Vertiefung der strömungsmechanischen Grundlagen die Bücher von L. PRANDTL, K. OSWATITSCH, K. WIEGHARDT 1990 und J. ZIEREP 1993. Die analytischen Lösungsmethoden der Strömungsmechanik werden in dem Buch von W. SCHNEIDER 1978 beschrieben. Bezüglich der numerischen Methoden der Strömungsmechanik verweisen wir auf das Lehrbuch von H. OERTEL jr., E. LAURIEN 1995. Für die Vertiefung der mathematischen Grundlagen empfehlen wir die Bücher von K. MEYBERG, P. VACHENAUER 1990/1991.

2 Strömungsbereiche

Bevor wir die Grundgleichungen der Strömungsmechanik kennenlernen, deren Herleitung einen gewissen Umfang des Buches einnehmen wird, werden wir uns zunächst mit den Strömungen auseinandersetzen, die wir berechnen wollen. Wir werden die Tragflügel- und Kraftfahrzeugströmung sowie die Strömung in einem hydrodynamischen Wandler in mehrere räumliche Bereiche einteilen, für die unterschiedliche Vereinfachungen der strömungsmechanischen Grundgleichungen gelten.

Dadurch lernen wir bereits zu Beginn des Buches die bei der Berechnung auftretenden Probleme kennen und können diese Kenntnisse später bei der Auswahl der Grundgleichungen und Lösungsverfahren verwenden. In Abbildung 2.1 ist die Vorgehensweise zur Lösung eines strömungsmechanischen Problems skizziert.

Nehmen wir z.B. an, daß die Druckverteilung $p(x, y, z)$ auf einem Tragflügel berechnet werden soll. Es soll also die Größe p in Abhängigkeit der Koordinaten x, y und z ermittelt werden. Diese Aufgabe kann noch entsprechend konkretisiert werden, indem angegeben wird, wie genau z.B. die Druckverteilung berechnet werden soll. Sowohl die Aufgabenstellung als auch der konkrete Anforderungskatalog gehören zur Problemdefinition.

Anschließend müssen für die Berechnung der Druckverteilung die geeigneten Gleichungen ausgewählt werden. Wird an die Genauigkeit der Rechnung keine sehr hohe Anforderung gestellt und kann man weiterhin bei Ermittlung der Druckverteilung davon ausgehen, daß die reale Strömung größtenteils an der Tragfläche anliegt, so sind zur Berechnung die Euler-Gleichungen oder sogar die Potentialgleichung ausreichend. Die Reibung der Strömung beschränkt sich auf den Bereich der Tragflügelgrenzschichten.

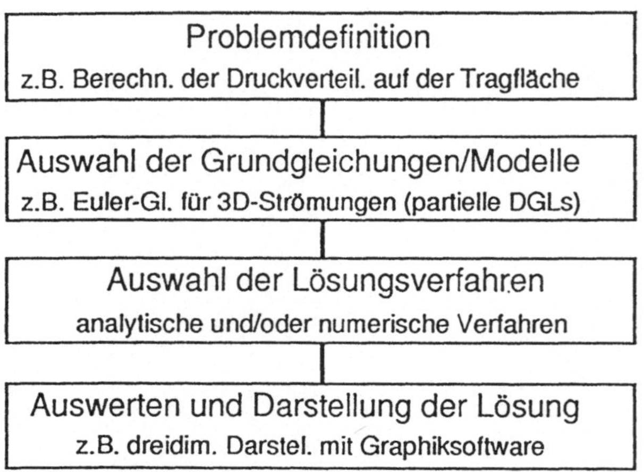

Abb. 2.1: Vorgehensweise zur Berechnung einer Strömung

Desweiteren müssen für die Lösung vieler strömungsmechanischer Probleme Modelle angewendet werden. So müssen beispielsweise bei der Berechnung des Strömungswiderstandes des Tragflügels die turbulenten Schwankungsbewegungen der Strömung mit Turbulenzmodellen berücksichtigt werden. Bei der Berechnung von chemisch reagierenden Strömungen, wie sie z.B. bei verfahrenstechnischen Prozessen oder in Brennkammern auftreten, müssen Modelle die Chemie der Strömung beschreiben. Außerdem ist es in der Strömungsmechanik üblich, große räumliche Bereiche einer Strömung, die einer Strömungsberechnung aufgrund komplexer Strukturen schwer zugänglich sind, nicht detailliert zu berechnen, sondern sie vollständig mit Modellen in der Rechnung zu berücksichtigen. Wir kommen auf den Begriff "Modellierung" in einem späteren Kapitel zurück, wenn wir die Turbulenzmodelle kennenlernen werden.

Der nächste Schritt bei der Lösung eines strömungsmechanischen Problems beinhaltet die Auswahl der Lösungsverfahren der Grundgleichungen. Bei einfachen Problemen, bei denen z.B. mehr qualitative als quantitative Aussagen über eine Strömung gefordert sind, können analytische Methoden mit geringem Aufwand zum Ziel führen. In der Mehrzahl der technischen Anwendungen werden zur Lösung der Gleichungen jedoch numerische Verfahren angewendet, um detaillierte quantitative Kenntnisse über die Strömung zu erhalten. Wir gehen in diesem Buch noch ausführlich auf die Anwendungen der analytischen und numerischen Lösungsverfahren ein.

Ein weiterer und nicht zu unterschätzender Schritt bei der Problemlösung ist die Auswertung und Darstellung der berechneten Lösung. Dies gilt insbesondere für die Berechnung von dreidimensionalen Strömungen. So erhält man nach Durchführung einer numerischen Rechnung eine lange Liste von mehreren tausend Zahlen. Diese Zahlen repräsentieren die Lösung; sie enthält z.B. den Druck in Abhängigkeit von den Koordinaten x, y und z. Diese Zahlenmengen müssen graphisch dargestellt werden, was bei dreidimensionalen Strömungen mit einem gewissen Softwareaufwand verbunden ist.

Das Ergebnis steht immer in Beziehung zu den verwendeten Gleichungen, Modellen und Lösungsverfahren. Um die richtige Auswahl an Gleichungen, Modellen und Lösungsverfahren zur Berechnung der Strömung treffen zu können, muß man mit den strömungsmechanischen Phänomenen vertraut sein. Nachfolgend wollen wir deshalb mehrere Strömungsbereiche, die bei der Tragflügel- und Kraftfahrzeugumströmung wichtig sind, kennenlernen. Ebenfalls werden wir uns mit den Strömungsvorgängen in einem Wandler auseinandersetzen. Wir beginnen mit der Diskussion der Tragflügelströmung.

2.1 Die Tragflügelströmung

In Abbildung 2.2 ist nochmals der Tragflügel zusammen mit einem für den gesamten Flügel repräsentativen Profilquerschnitt dargestellt. Der Tragflügel wird von links angeströmt, wobei die Machzahl der Zuströmung einer hohen Unterschallmachzahl ($M_\infty \approx 0.82$) entspricht. Die Reynoldszahl Re_∞, die sich mit der Zuströmgeschwindigkeit U_∞, der Flügeltiefe L und der kinematischen Zähigkeit der Luft ν berechnet, beträgt ungefähr $Re_\infty \approx 7 \cdot 10^7$. Wir werden zunächst die Druckverteilung, die in Abbildung 2.3 dargestellt ist, entlang der Staustromlinie diskutieren, um anschließend auf mehrere Details des Strömungsfeldes eingehen zu können.

Für die Diskussion benutzen wir den dimensionslosen Druckbeiwert c_p, der wie folgt definiert ist:

$$c_p = \frac{p - p_\infty}{\frac{\rho_\infty}{2} \cdot U_\infty^2} \quad . \tag{2.1}$$

p ist der Druck an einer beliebigen Stelle im Strömungsfeld, wobei die Größen p_∞, ρ_∞ und U_∞ für den Druck, die Dichte bzw. für die Geschwindigkeit der Zuströmung stehen. Wir gehen zunächst davon aus, daß die Stromlinien in senkrechten Ebenen verlaufen, die parallel zur Zuströmung sind. Wir werden später noch sehen, daß dies nur näherungsweise richtig ist.

In Abbildung 2.3 ist der c_p-Verlauf um den Tragflügel dargestellt, um den Unter-

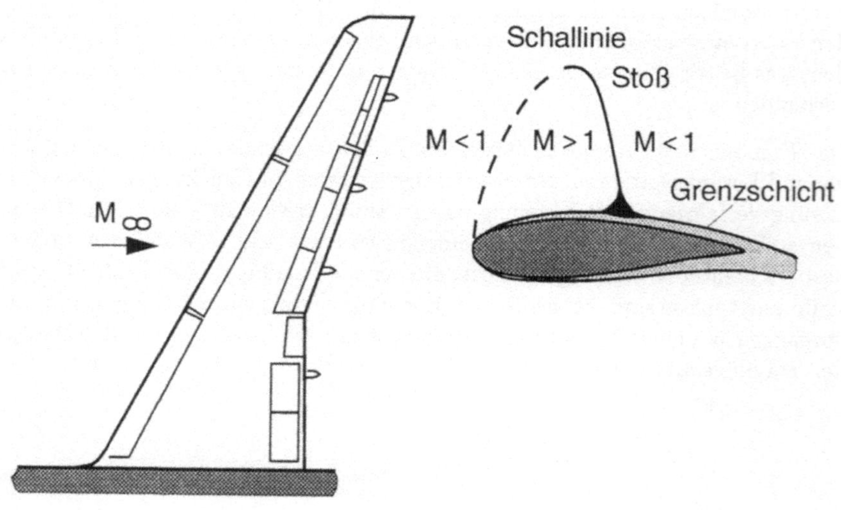

Abb. 2.2: Tragflügelströmung

druck auf der Oberseite (Saugseite) und den Überdruck auf der Unterseite (Druck-seite) des Tragflügels gegenüber der freien Zuströmung hervorzuheben. Die freie Zuströmung mit der Geschwindigkeit U_∞ wird entlang der Staustromlinie verzögert. Auf der Vorderkante des Tragflügels kommt die Strömung zum Stillstand und erreicht dort ihren maximalen Druckbeiwert c_p.

Vom Staupunkt aus verzweigt sich die Staustromlinie zur Saug- und Druckseite. Wir diskutieren zunächst den c_p-Verlauf entlang der Saugseite. Vom Staupunkt aus wird die Strömung entlang der Oberseite stark beschleunigt (der c_p-Wert wird kleiner) und erreicht im vorderen Teil der Tragfläche Überschallgeschwindigkeiten ($M > 1$, vgl. dazu Abbildung 2.2). Weiter stromab wird die Strömung über einen Verdichtungsstoß wieder auf eine Unterschallgeschwindigkeit ($M < 1$) verzögert (sprunghafter Anstieg des c_p-Wertes). Die Strömung wird weiter zur Hinterkante hin verzögert.

Auf der Druckseite wird die Strömung ebenfalls vom Staupunkt aus beschleunigt. Die Beschleunigung ist jedoch im Nasenbereich nicht so groß wie auf der Saugseite, so daß auf der gesamten Druckseite keine Überschallgeschwindigkeiten entstehen. Ungefähr ab der Mitte der Tragfläche wird die Strömung wieder verzögert, und der c_p-Wert gleicht sich stromab dem c_p-Wert der Saugseite an. An der Hinterkante sind die Druckbeiwerte der Druck- und Saugseite gleich groß.

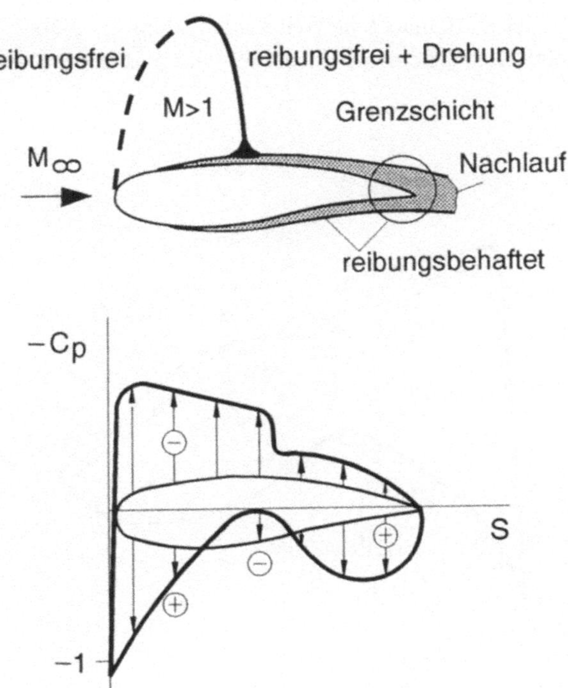

Abb. 2.3: Strömungsbereiche und Druckverteilung auf einem transsonischen Tragflügel

Auf der Saug- und Druckseite bildet sich eine dünne Grenzschicht aus ($Re \approx 7 \cdot 10^7$). Die saug- und die druckseitige Grenzschicht treffen sich an der Hinterkante und bilden weiter stromab die Nachlaufströmung. Sowohl die Strömung in den Grenzschichten als auch die Strömung im Nachlauf ist reibungsbehaftet. Außerhalb der genannten Bereiche ist die Strömung reibungsfrei. Über den Verdichtungsstoß auf der Saugseite ensteht im Strömungsfeld ein kleiner Ruhedruckverlust (der Stoß ist schwach), und die Strömung ist weiter stromab hinter dem Stoß drehungsbehaftet.

Aus den Eigenschaften der Strömungsbereiche resultieren für die Berechnung der jeweiligen Strömungen unterschiedliche Gleichungen. Für die Grenzschichtströmungen gelten mit guter Näherung die Grenzschichtgleichungen. Mit mehr Aufwand hingegen ist die Berechnung der Nachlaufströmung und der Strömung im Hinterkantenbereich verbunden. Für diese Bereiche müssen die Navier-Stokes Gleichungen gelöst werden. Die reibungsfreie Strömung im Bereich vor dem Stoß ist mit der Potentialgleichung einer Berechnung zugänglich, was mit vergleichsweise wenig Aufwand verbunden ist. Die reibungsfreie Strömung hinter dem Stoß außerhalb der Grenzschicht muß mit den Euler-Gleichungen berechnet werden, da dort die Strömung drehungsbehaftet ist.

Bevor wir die weitere Tragflügelströmung detailliert betrachten, wollen wir vorher zwei Druckverteilungen von zwei modernen Airbus-Tragflügeln miteinander vergleichen. In Abbildung 2.4 sind die Druckverteilungen der Tragflügel des Airbus A300 und des Airbus A310 in einer Auftragung zusammen dargestellt. Die Druckverteilung für den Airbus A310 macht die Weiterentwicklung gegenüber der Aerodynamik der Airbus A300-Tragfläche deutlich, wie wir nun nachfolgend sehen werden.

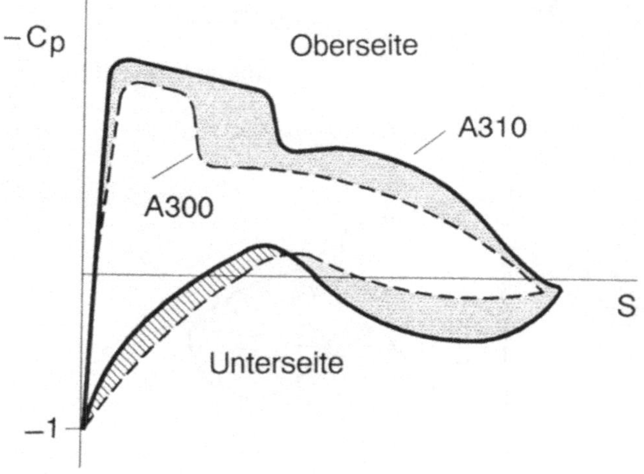

Abb. 2.4: Druckverteilungen der Tragflächen des Airbus A300 und A310

Wenn wir die beiden genannten Druckverteilungen miteinander vergleichen, stellen wir fest, daß der Stoß auf dem Airbus A300-Tragflügel wesentlich stärker ist als auf dem Tragflügel des Airbus A310. Außerdem ist der Druckunterschied zwischen Saug- und Druckseite im vorderen Tragflügelbereich des A300 größer als bei dem Tragflügel des A310. Im hinteren Tragflügelbereich dagegen weist der Tragflügel des A310 einen größeren Druckunterschied zwischen der Saug- und Druckseite auf.

Der hintere Tragflügelbereich des Airbus A310 trägt also mehr zum Auftrieb bei als der entsprechende hintere Tragflügelabschnitt des Airbus A300. Dafür ist wiederum im vorderen Bereich des Tragflügels des Airbus A310 der Druckunterschied zwischen Druck- und Saugseite nicht so groß wie beim Airbus A300. Durch die Verlagerung der Auftriebsverteilung in den hinteren Bereich der Tragfläche wird beim Airbus A310 erreicht, daß die Stoßstärke des Verdichtungsstoßes auf der Saugseite des Airbus A310 nicht so stark ist wie beim Airbus A300, wodurch die Strömungsverluste über den Stoß verringert werden.

Herkömmliche transsonische Tragflügel (z.B. Airbus A300) zeigen, wie bereits erläutert, einen starken Verdichtungsstoß auf dem Tragflügel (s. Abbildung 2.4). Die Auslegung moderner transsonischer Tragflügel (z.B. Airbus A310) realisiert zur Widerstandsreduzierung einen schwächeren Stoß bei gleichzeitiger Erhöhung

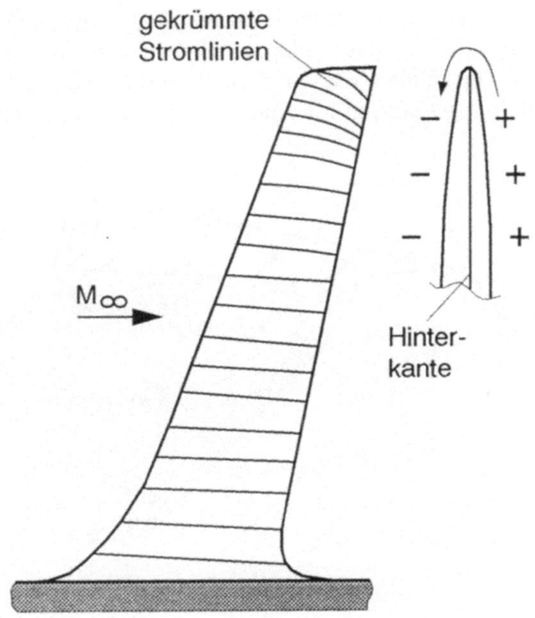

Abb. 2.5: Stromlinien auf einer gepfeilten Tragfläche

des Auftriebs. Der Gewinn in der Druckverteilung ist in Abbildung 2.4 als dunkelgraue Fläche dargestellt, der dabei in Kauf genommene Verlust auf der Unterseite des Tragflügels ist schraffiert gekennzeichnet. Insgesamt ergibt sich mit der verbesserten Auslegung des transsonischen Tragflügels eine Widerstandsreduzierung von 10%, die zu einem geringeren Treibstoffverbrauch führt.

Bis jetzt sind wir davon ausgegangen, daß die Stromlinien in senkrechten Ebenen verlaufen, die parallel zur Zuströmung sind. Mit unseren weiteren Betrachtungen werden wir nachfolgend sehen, daß dies nur näherungsweise zutrifft.

In Abbildung 2.5 ist der Airbus-Tragflügel von hinten zu sehen. Da auf der Saugseite ein Unterdruck gegenüber der Druckseite existiert, hat die Luft das Bestreben, über die Seitenkante des Tragflügels von der Unter- zur Oberseite zu strömen. Das bewirkt, daß die Stromlinien auf der Druckseite, in Strömungsrichtung betrachtet, leicht zur Seitenkante tendieren, während sie auf der Saugseite in die entgegengesetzte Richtung, also in Strömungsrichtung gesehen von der Seitenkante weg, abgelenkt sind. Die Stromlinien verlaufen also nur näherungsweise parallel zur Zuströmung. (s. Abbildung 2.5).

Stromab der Hinterkante besitzen die Stromlinien der zusammentreffenden Strömungen der Saug- und Druckseite einen Richtungsunterschied und bilden eine sogenannte Trennfläche, die das Bestreben hat, sich weiter stromab zu einem Wirbel aufzurollen. (s. Abbildung 2.6).

Der in Abbildung 2.6 gezeigte Wirbel enthält kinetische Energie. Wenn wir uns vorstellen, daß der Tragflügel nicht ruhend angeströmt wird, sondern durch die Luft geschleppt wird, so erfordert das Schleppen eine Antriebskraft zur Überwindung des Widerstandes. Der Widerstand ist deshalb vorhanden, weil die Luft auf die Tragfläche eine Reibungskraft ausübt, und weil der Tragflügel beim Schleppen den

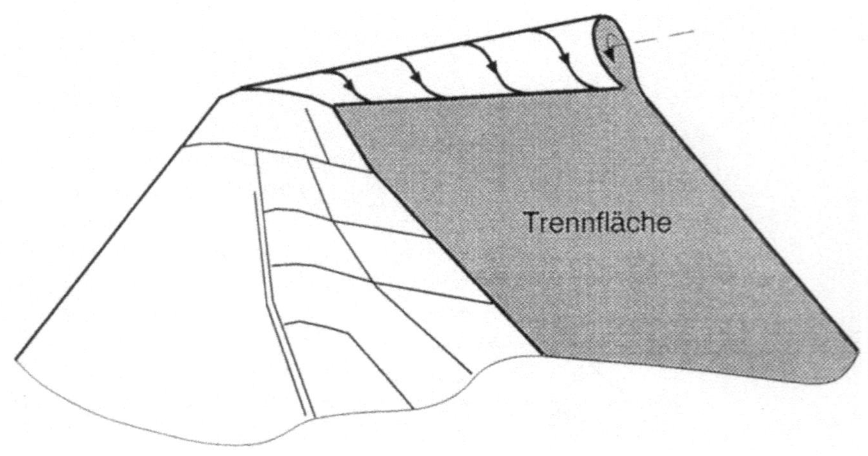

Abb. 2.6: Wirbelbildung hinter einer Tragfläche

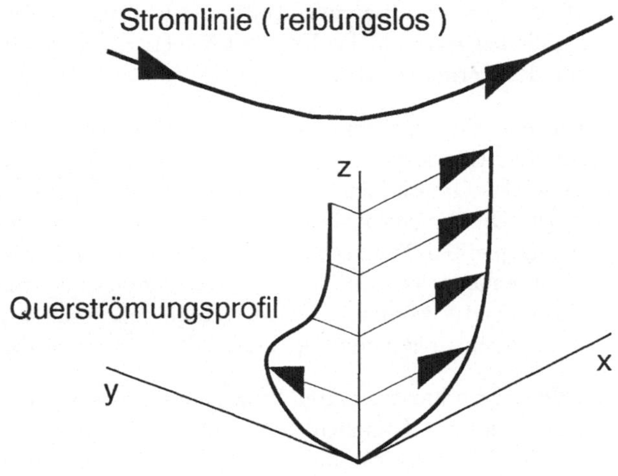

Abb. 2.7: Dreidimensionale Grenzschicht auf dem Tragflügel

eben diskutierten Wirbel erzeugt, dessen kinetische Energie ein Teil der Arbeit ist, die beim Schleppen geleistet werden muß. Der Widerstandsanteil, der auf das Entstehen des Wirbels zurückzuführen ist, wird in der Aerodynamik als induzierter Widerstand bezeichnet. Wir kommen auf ihn im letzten Kapitel dieses Buches zurück.

Wir wollen nun das Grenzschichtverhalten auf der Tragfläche diskutieren. Wie wir bereits gelernt haben, verlaufen die Stromlinien auf der Tragfläche nicht in vertikalen Ebenen, die parallel zur Zuströmung sind. Die Stromlinien sind also nicht nur in vertikaler Richtung, sondern auch in horizontaler Richtung gekrümmt, was insbesondere für den Vorderkantenbereich des Pfeilflügels zutrifft (auf die Auswirkungen und Vorteile der Pfeilung werden wir später noch ausführlich eingehen). Die horizontale Krümmung bewirkt, daß sich ein dreidimensionales Grenzschichtprofil ausbildet, wie wir nun nachfolgend sehen werden.

In Abbildung 2.7 ist ein dreidimensionales Grenzschichtprofil zusammen mit einer gekrümmten Stromlinie der reibungslosen Außenströmung dargestellt. Wir wollen zunächst ein Fluidteilchen, das sich auf der gekrümmten Stromlinie der reibungsfreien Außenströmung befindet, betrachten. Auf das Teilchen wirkt aufgrund der gekrümmten Bahn, die es durchläuft, eine Zentrifugalkraft. Die Zentrifugalkraft wird durch eine resultierende Druckkraft, die aus dem Druckgradienten in Richtung zur Normalen der Stromlinie resultiert, kompensiert.

Wir betrachten nun ein Teilchen innerhalb der Grenzschicht. Die Zentrifugalkraft ist nicht mehr so groß wie in der freien Außenströmung, da die Geschwindigkeit des Teilchens in der Grenzschicht kleiner ist. Der Druckgradient normal zur Bewegungsrichtung des Teilchens verändert sich jedoch gegenüber der Außenströmung nicht, denn gemäß der Prandtlschen Grenzschichttheorie wird der Druck der freien Außenströmung der Grenzschicht aufgeprägt. Auf das Fluidteilchen innerhalb der

Grenzschicht wirkt also eine resultierende Kraft in Richtung zur Normalen der Bewegungsrichtung, die bewirkt, daß das Fluidteilchen eine Geschwindigkeitskompontene in Richtung der Normalen erhält.

Es bildet sich neben dem Grundströmungsprofil aufgrund dieses Kräfteungleichgewichts ein sogenanntes Querströmungsprofil in der Grenzschicht aus (vgl. Abbildung 2.7). Eine solche Grenzschicht wird auch als dreidimensionale Grenzschicht bezeichnet. Die Dreidimensionalität der Grenzschicht, die bereits bei der Umströmung einer ungepfeilten Tragfläche auftritt, ist beim gepfeilten Flügel im Vorder- und Hinterkantenbereich wesentlich stärker ausgeprägt als beim ungepfeilten Flügel. Diese Problematik werden wir wieder aufgreifen, wenn wir später die Strömungsphänomene in einem gesonderten Kapitel diskutieren werden.

Das dreidimensionale Grenzschichtverhalten kann komplizierte Strukturen annehmen. Dies gilt dann, wenn die Grenzschicht ablöst, sowie für den Bereich der Wechselwirkung zwischen Grenzschicht und Stoß. Wir werden das dreidimensionale Ablöseverhalten und das Verhalten einer Grenzschicht, die durch den Drucksprung eines Stoßes beeinflußt wird, in dem Kapitel diskutieren, in dem die Phänomene erklärt werden.

An dieser Stelle wollen wir zunächst die Tragflügelströmung nicht weiterbehandeln, nachdem wir uns bereits einen Eindruck über die Strömungsbereiche verschafft haben. Die Kenntnis über die Strömungsphänomene, wie z.B. den Verdichtungsstoß, die Wirbelbildung an den Tragflügelenden und das mit den gekrümmten Stromlinien verbundene dreidimensionale Grenzschichtverhalten, wird später für die Auswahl der Grundgleichungen und der Berechnungsmethoden notwendig sein.

2.2 Die Kraftfahrzeugumströmung

Wir betrachten ein Fahrzeug, das sich mit konstanter Geschwindigkeit U_∞ auf einer waagerechten, ebenen Fahrbahn geradlinig bewegt. Wenn wir in diesem Fahrzeug säßen, könnten wir die Relativbewegung zwischen dem Fahrzeug und der Luft an verschiedenen Stellen der Karosserie verfolgen, vorausgesetzt natürlich, daß die Luft sichtbar wäre.

Wir werden in der nachfolgenden Beschreibung diese Betrachtung beibehalten und werden außerdem davon ausgehen, daß die Strömung um das Fahrzeug nicht durch Wind oder Böen beeinflußt wird. Wollten wir eine solche Umströmung in einem Windkanal möglichst genau simulieren, so müßten wir das Windkanalmodell von vorne anströmen und dabei gleichzeitig die Relativbewegung zwischen Fahrzeug und Fahrbahn berücksichtigen, indem wir z.B. unter dem Windkanalmodell ein in Strömungsrichtung laufendes Band anordnen.

Die Umströmung eines Kraftfahrzeuges kann mit guter Näherung im Gegensatz zur bereits betrachteten Tragflügelströmung eines Verkehrsflugzeuges als inkompressibel angenommen werden, da die Dichteänderungen klein sind und deshalb näherungsweise $\rho = const$ gilt. Diese Aussage begründet sich mit der Formel

$$\frac{\rho_\infty}{\rho_s} = \frac{1}{\left(1 + \frac{\kappa-1}{2} \cdot M_\infty^2\right)^{\frac{1}{\kappa-1}}} \quad ,$$

die für eindimensionale, kompressible Strömungen gilt (s. ZIEREP 1993). ρ_∞ und ρ_s stehen für die Dichte der freien Zuströmung bzw. für die Staupunktdichte. M_∞ bezeichnet die Machzahl der Zuströmung. Wenden wir die Gleichung z.B. für die bereits erwähnte Windkanalströmung entlang einer Stromlinie von der freien Zuströmung bis zum Staupunkt des Windkanalmodells an und gehen davon aus, daß die Zuströmmachzahl $M_\infty = 0.24$ (entspricht einer Strömungsgeschwindigkeit von $U_\infty = 300 \; km/h$) und die Zuströmdichte $\rho_\infty = 1.225 \; kg/m^3$ betragen, so erhalten wir für die Staupunktdichte den Wert $\rho_s = 1.261 \; kg/m^3$. Die maximale Dichteänderung bezogen auf ρ_∞ beträgt also im Strömungsfeld der Kraftfahrzeugumströmung $(\rho_s - \rho_\infty)/\rho_\infty \approx 3\%$. In Abbildung 2.8 sind mehrere Geschwindigkeitsprofile in der Symmetrieebene parallel zur Zuströmung sowie mehrere Strömungsbereiche skizziert. Die Strömung um ein Kraftfahrzeug wird durch große Ablösegebiete bestimmt, die in der Regel instationär und zusätzlich turbulent sind. Die dargestellten Geschwindigkeitsprofile sind deshalb als zeitlich gemittelte Verläufe aufzufassen. Wir werden in diesem Abschnitt die in Abbildung 2.8 gekennzeichneten Bereiche diskutieren, zu denen die Strömung im Bereich Motorhaube/Windschutzscheibe (Bereich I), die Nachlaufströmung (Bereich II) und die Unterbodenströmung (Bereich III) gehören.

Für die meisten Bereiche der Strömung um ein Kraftfahrzeug sind nicht die vereinfachten Gleichungen wie die Euler-Gleichungen oder die Potentialgleichung gültig. Das Strömungsverhalten muß in den Bereichen, in denen die Strömung von der Wand ablöst, durch die Navier-Stokes Gleichungen beschrieben werden. Dies trifft ebenfalls für die Nachlaufströmung zu. Nur für wenige Bereiche gelten die Grenz-

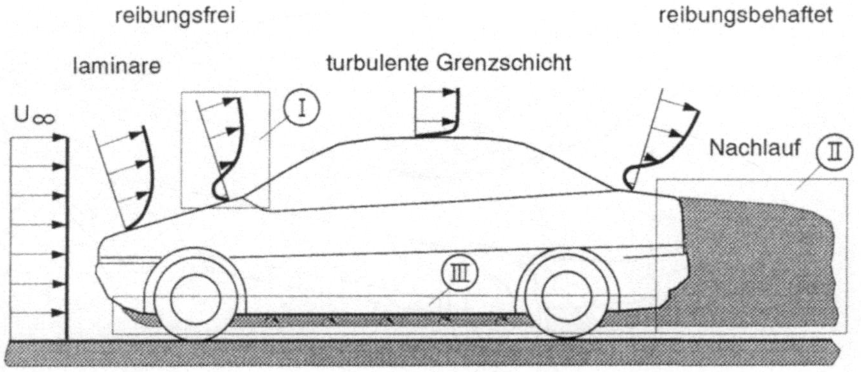

Abb. 2.8: Strömungsbereiche um ein Kraftfahrzeug

schichtgleichungen. Diese sind für die Strömung auf der Motorhaube in der Nähe der Vorderkante und für die Strömung in unmittelbarer Nähe der Dachkontur gültig. Weiter stromab verlieren sie infolge des Ablösegebietes auf der Kofferraumkontur ihre Gültigkeit.

Im Bereich I wird die über die Motorhaube auf die Windschutzscheibe strömende Luft vor der Windschutzscheibe verzögert. Die Verzögerung ist mit einem Druckanstieg in der Strömung verbunden. Der positive Druckgradient in Strömungsrichtung kann bewirken, daß die Strömung vor der Windschutzscheibe ablöst (s. Abbildung 2.8). Diese Ablöseblase ist bei modernen Fahrzeugen sehr klein.

Auf der Windschutzscheibe wird die Strömung wieder beschleunigt. Die Beschleunigung wiederum bewirkt, daß sich die Strömung stromab wieder anlegt. Im Übergang von der Motorhaube zur Windschutzscheibe bildet sich eine Ablöseblase, deren räumliche Ausdehnung vornehmlich vom Neigungswinkel der Windschutzscheibe abhängig ist.

Bei der Optimierung der Aerodynamik eines Kraftfahrzeuges müssen die Ausdehnungen der Ablösegebiete möglichst klein gehalten werden. In einer Ablöseblase zirkuliert das Fluid. Zusätzlich wirken infolge der großen Geschwindigkeitsgradienten in der Blase große Reibungskräfte (Newtonsches Reibungsgesetz $\tau = \mu \cdot du/dn$), so daß in diesem Bereich große Strömungsverluste entstehen, die wiederum einen erhöhten Umströmungswiderstand bewirken.

In Abbildung 2.9 ist das Ablösegebiet räumlich dargestellt. Die Lage der Ablöse- und Wiederanlegelinie wird, wie bereits gesagt, vornehmlich durch den Neigungswinkel der Windschutzscheibe bestimmt. Mit zunehmender Steilheit der Windschutzscheibe verlagert sich die Ablöselinie stromauf und die Wiederanlegelinie stromab. Die Ablöseblase wird also größer.

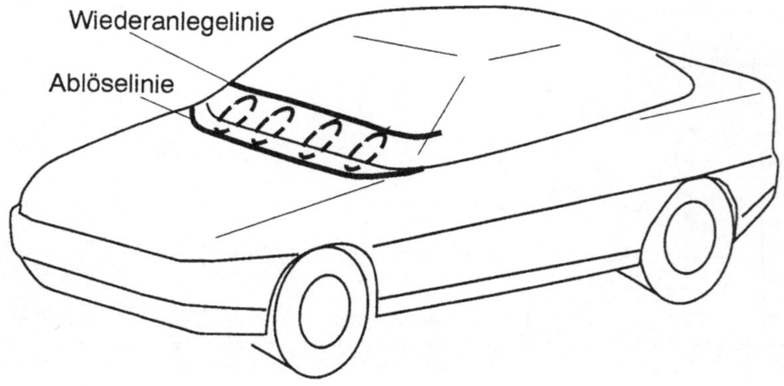

Abb. 2.9: Ablöseblase vor der Windschutzscheibe

Wir betrachten nun den Bereich II in Abbildung 2.8. Die Struktur der Strömung ist im Nachlaufbereich kompliziert, da alle Einflüsse der Kontur stromauf in der Nachlaufströmung enthalten sind. In Abbildung 2.8 ist schematisch die Abgrenzung der Nachlaufströmung für ein Fahrzeug mit Stufenheck in der Symmetrieebene skizziert. In diesem Bereich ist die Strömung instationär und turbulent. Im vorliegenden Buch werden wir jedoch auf die Details der komplizierten dreidimensionalen und instationären Strukturen der Nachlaufströmung nicht eingehen.

Nachfolgend wenden wir uns der Strömung unter dem Fahrzeug zu (Bereich III). Auch dieser Teil der Strömung ist größtenteils einer Berechnung schwer zugänglich, da der Unterboden des Fahrzeuges durch eine Vielzahl von Unterbauten zerklüftet ist. Die Unterbodenströmung können wir als eine Spaltströmung auffassen, deren obere Begrenzung "rauh" ist. Der Mittelwert der "Rauhigkeitsspitzen" beträgt bei Personenkraftwagen bis zu $\approx 15\ cm$, so daß wir die Strömung in der unmittelbaren Umgebung der oberen Wand als verwirbelt annehmen können. Um diese Verwirbelungen zu vermeiden, werden bei vielen Personenkraftwagen Frontspoiler im unteren Bereich des Fahrzeuges vor dem Einlauf des Spaltes angeordnet. Damit wird erreicht, daß sich ein großer Teil der Strömung nicht unter dem Fahrzeug einstellt, wo infolge der Verwirbelungen eine Erhöhung des Umströmungswiderstandes hervorgerufen würde. Die dadurch erzielbaren Einsparungen sind größer als die Verluste, die durch den Druckwiderstand des Spoilers verursacht werden.

Abschließend werden wir noch die qualitative Druckverteilung auf der Fahrzeugkontur diskutieren. In Abbildung 2.10 und 2.11 ist die Druckverteilung für ein Fahrzeug mit Stufenheck bzw. für ein Fahrzeug mit Vollheck dargestellt. Wir erkennen in den zuletzt genannten Abbildungen, daß der statische Druck auf der Heckkontur kleiner und auf der Bugkontur größer ist als in der freien Zuströmung. Daraus resultiert ein Druckwiderstand, der einen wesentlichen Anteil des gesamten Umströmungswiderstandes ausmacht.

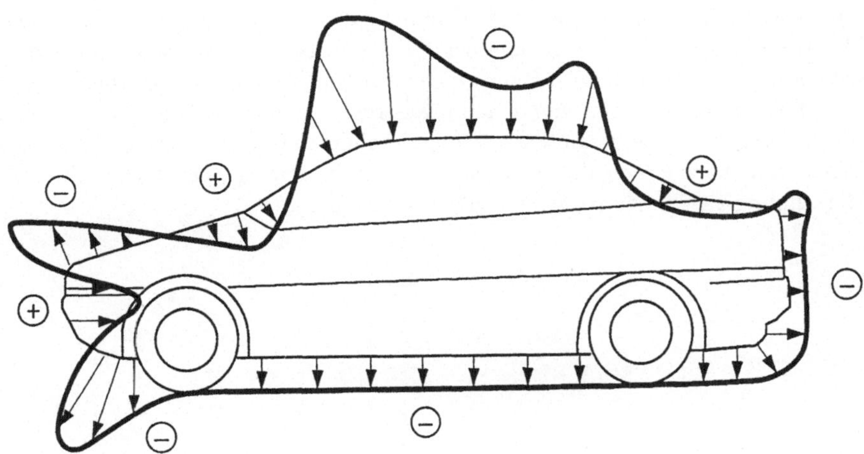

Abb. 2.10: Druckverteilung auf Fahrzeug mit Stufenheck

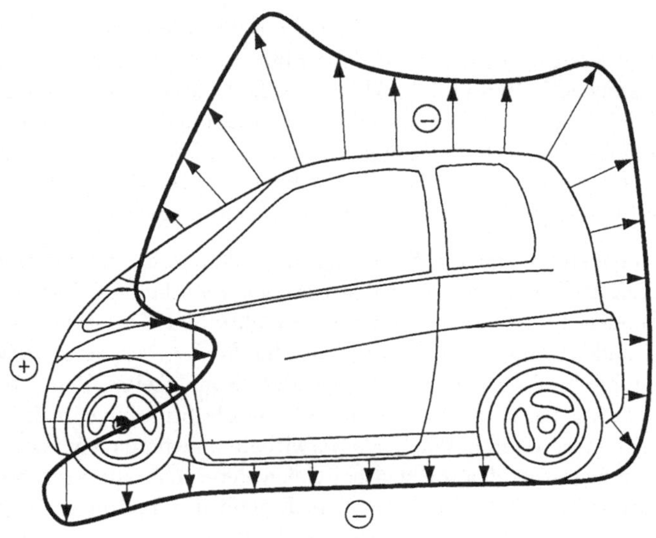

Abb. 2.11: Druckverteilung auf der Fahrzeugkontur mit Vollheck

Weiterhin ist der statische Druck auf der oberen Kontur in den meisten Bereichen wesentlich kleiner als unter dem Fahrzeug, so daß dieser Druckunterschied
einen Auftrieb bewirkt. Bei der aerodynamischen Auslegung wird nun angestrebt,
sowohl den Auftrieb als auch den Druckwiderstand klein zu halten. Dazu werden, wie bereits bei der Diskussion der Unterbodenströmung erwähnt, in vielen
Anwendungsfällen Konturänderungen vorgenommen und Spoiler eingesetzt, die
die Strömung dahingehend umlenken, daß das Fahrzeug z.B. zusätzlichen Abtrieb
erfährt.

An dieser Stelle beenden wir die Beschreibung der Umströmungsprobleme, die uns
als Grundlage für die Anwendung der Berechnungsverfahren dienen. Zusammenfassend merken wir uns für die noch folgenden Kapitel, daß es Umströmungen mit
geringen Ablösebereichen gibt (Tragflügelströmung) und Strömungen, bei denen
die Ablösegebiete die gesamte Strömung dominieren (Kraftfahrzeugumströmung).
Wir werden noch lernen, daß die zuerst genannte Strömung wesentlich leichter einer
Berechnung zugänglich ist als die zuletzt erwähnte.

2.3 Der Drehmomentenwandler

In Abbildung 2.12 ist das Prinzipbild eines Drehmomentenwandlers dargestellt. Seine wesentlichen Bauteile sind das Pumpenrad, das Turbinenrad und das Gehäuse, in dem die Umlenkschaufeln integriert sind.

Über die Antriebswelle wird ein Pumpenrad angetrieben, welches das im Wandler befindliche Öl im Kreislauf fördert. Am Austritt des Pumpenrades schließt sich ein Turbinenrad an. Das durch die Turbine strömende Öl übt ein Drehmoment auf das Turbinenrad aus, welches über die Abtriebswelle weitergeleitet wird. Nach dem Turbinenrad folgen die Umlenkschaufeln (Reaktionsglied), auf die von der Strömung ein Moment übertragen wird. Die Umlenkschaufeln wiederum sind fest mit dem Gehäuse verbunden.

Nun gilt gemäß eines einfachen Momentengleichgewichts:

$$M_P + M_T + M_R = 0 \quad . \tag{2.2}$$

M_P, M_T und M_R stehen für das Antriebsmoment des Pumpenrades, das Abtriebsmoment des Turbinenrades bzw. für das Reaktionsmoment, das auf die Umlenkschaufeln wirkt. Die Momente M_P und M_T haben in der Regel den gleichen Drehsinn. So können das Antriebsdrehmoment M_P und das Abtriebsmoment M_T als positiv angenommen werden. Das Reaktionsmoment M_R hingegen kann, in Abhängigkeit vom Betriebspunkt, positiv oder negativ sein. Aus der Gleichung (2.2) wird erkennbar, daß der Betrag des Abtriebsmoments M_T der Turbine größer oder kleiner als das Antriebsmoment M_P sein kann.

In Abbildung 2.13 ist der Momentenverlauf des Turbinenrades über dem Drehzahlverhältnis n_T/n_P dargestellt. n_T und n_P stehen für die Drehzahlen der Turbine bzw. der Pumpe. Der Kennlinienverlauf bezieht sich auf den Fall, daß das Antriebsmoment M_P und die Antriebsdrehzahl n_P konstant sind.

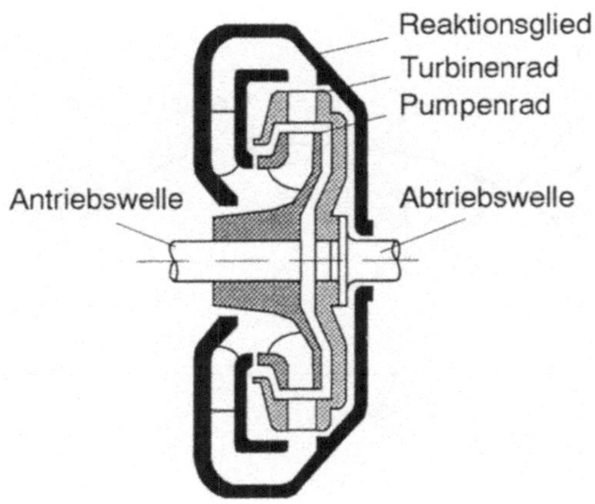

Abb. 2.12: Prinzipskizze eines Drehmomentenwandlers

Für das Drehzahlverhältnis $n_T/n_P = 0$ (Turbinenrad steht) ist das Abtriebsmoment M_T am größten. Mit zunehmender Drehzahl nimmt das Turbinenmoment ab und ist für das Drehzahlverhältnis $(n_T/n_P)_0$ gleich Null. Der gezeigte Momentenverlauf ist z.B. bei Lokomotiven erwünscht, die beim Anfahren (kleine Abtriebsdrehzahlen) ein großes Antriebsmoment benötigen. Mit zunehmender Fahrgeschwindigkeit (zunehmende Abtriebsdrehzahl) ist für den Vortrieb nur ein kleineres Moment notwendig, das über den Wandler stufenlos verringert wird.

In Abbildung 2.13 ist ebenfalls der Wirkungsgrad η des Wandlers über dem Drehzahlverhältnis n_T/n_P aufgetragen. Er ist definiert als das Verhältnis von Nutzen zu Aufwand. Der Aufwand entspricht der Antriebsleistung P_P; der Nutzen ist mit der Abtriebsleistung P_T gleichzusetzen. Die An- und Abtriebsleistung berechnen sich mit den Formeln (ω steht für die Winkelgeschwindigkeiten der An- bzw. Abtriebsseite)

$$P_P = \omega_P \cdot M_P \quad , \quad P_T = \omega_T \cdot M_T \quad , \tag{2.3}$$

so daß sich für den Wirkungsgrad η gemäß des genannten Verhältnisses die folgende Formel ergibt:

$$\eta = \frac{P_T}{P_P} = \frac{\omega_T \cdot M_T}{\omega_P \cdot M_P} = \frac{n_T \cdot M_T}{n_P \cdot M_P} \quad . \tag{2.4}$$

Bezeichnen wir das Drehzahlverhältnis n_T/n_P mit ν und das Verhältnis der Drehmomente M_T/M_P mit μ, so läßt sich der Wirkungsgrad η mit der Formel

$$\eta = \nu \cdot \mu \tag{2.5}$$

angeben. μ wird auch als Wandlung bezeichnet.

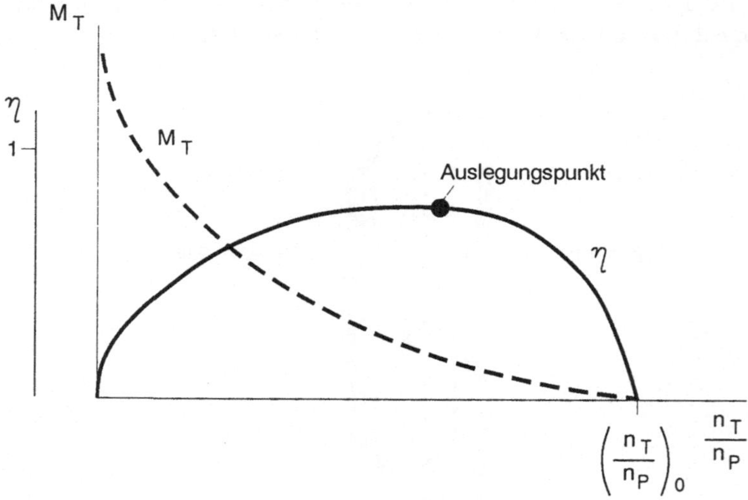

Abb. 2.13: Verlauf des Abtriebsmoments und des Wirkungsgrades über dem Drehzahlverhältnis

Der Wirkungsgrad ist verständlicherweise für $n_T/n_P = 0$ und für $(n_T/n_P)_0$ gleich Null, da für den zuerst genannten Fall die Abtriebsdrehzahl gleich Null ist bzw. im anderen Fall das Abtriebsmoment M_T verschwindet (s. Gleichung (2.3)). Zwischen den Drehzahlverhältnissen $n_T/n_P = 0$ und $(n_T/n_P)_0$ gibt es ein Drehzahlverhältnis, für das der Wirkungsgrad optimal ist. Für diesen Punkt der Kennlinie, der auch als Konstruktionspunkt oder als Auslegungspunkt bezeichnet wird, wird der Wandler ausgelegt.

Für die gesamte Maschine müssen die beiden folgenden Gleichungen erfüllt sein:

$$M_P + M_T + M_R = 0 \qquad (2.6)$$

$$P_P = P_M + P_V \quad . \qquad (2.7)$$

Gleichung (2.6) haben wir bereits diskutiert. Die zweite Gleichung (2.7) beinhaltet das Leistungsgleichgewicht. Die Antriebsleistung P_P teilt sich auf in eine Abtriebsleistung P_M, die an der Abtriebswelle abgenommen wird, und in eine Verlustleistung P_V, die das Erwärmen der Maschine und des Öls bewirkt.

Für eine erste Auslegung der Maschine werden entsprechend der Strömungsmechanik Grundlagenvorlesung die folgenden Gleichungen der eindimensionalen Stromfadentheorie zusammen mit den Gleichungen (2.6) und (2.7) angewendet:

- **Kontinuitätsgleichung:**

  Der Massenstrom $\dot{m}$ ist im Strömungskreislauf konstant. Da $\rho = const$ ist, ist auch $\dot{V} = const$.

- **Bernoulligleichung (mit Strömungsverlusten):** Die mechanische Energie $[J/m^3]$ ist gemäß der folgenden Formel in die Anteile Geschwindigkeit, Druck und Höhe aufteilbar:

$$p + \frac{\rho}{2} \cdot C^2 + \rho \cdot g \cdot H = const \qquad (2.8)$$

  Die Energiezu- und abfuhr über die Schaufelräder sowie die Strömungsverluste werden mit dem Höhenglied berücksichtigt.

- **Drehimpulssatz:**

  Aus dem Drehimpulssatz resultiert die Eulersche Turbinengleichung (s. dazu ZIEREP 1993). Sie lautet:

$$M = \dot{m} \cdot [(R \cdot C_u)_A - (R \cdot C_u)_E] \qquad (2.9)$$

C_u steht für die Umfangskomponente des Geschwindigkeitsvektors der Absolutgeschwindigkeit C (Geschwindigkeit relativ zum Gehäuse) am Austritt (Index A) bzw. am Eintritt (Index E) des Pumpen-, Turbinenrades bzw. der Umlenkschaufeln. Mit R ist der zum Eintritt und Austritt eines Rades zugehörige Radius gemeint. In Abbildung 2.14 sind die Geschwindigkeitsvektoren am Eintritt und Austritt des Pumpenrades dargestellt.

In Abbildung 2.14 steht U für die Umfangsgeschwindigkeit des Rades am Eintritt (Index E) bzw. am Austritt (Index A). W kennzeichnet die Relativgeschwindigkeit der Strömung zum Rad. Die vektorielle Addition von Relativgeschwindigkeit und Umfangsgeschwindigkeit ergibt die Absolutgeschwindigkeit. Die Relativgeschwindigkeit zeigt am Ein- und Austritt ungefähr in die tangentiale Richtung der Schaufelblätter (vgl. Abbildung 2.14), wenn die Maschine im Auslegungspunkt (Punkt des optimalen Wirkungsgrades) arbeitet.

Die Gleichung (2.9) beinhaltet den Zusammenhang zwischen dem auf die Welle wirkenden Moment M und den Strömungsgrößen am Ein- und Austritt des jeweiligen Rades.

- **Potentialwirbel**

  Für die Bereiche des Wandlers, in dem sich keine Schaufeln oder Räder befinden, findet die Gleichung des Potentialwirbels

$$R \cdot C_u = const \tag{2.10}$$

ihre Anwendung. Sie gilt streng genommen nur für reibungslose und drehungsfreie Strömungen!

Mit den aufgelisteten Grundlagen der Strömungsmechanik wird der Drehmomentenwandler in einem ersten Entwurfsschritt ausgelegt. Die Strömung in der Maschine ist allerdings nicht eindimensional, wie es bei der Anwendung der Stromfadentheorie angenommen wird, sondern überall dreidimensional. Deshalb werden

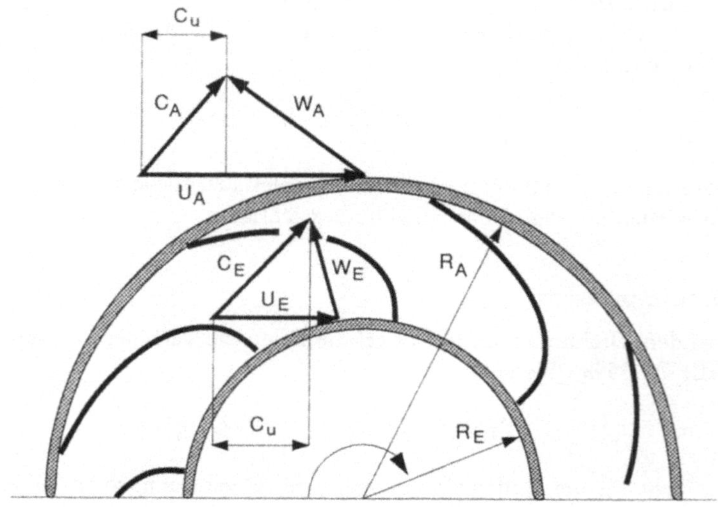

Abb. 2.14: Geschwindigkeitsdreiecke am Pumpenrad

wir nun diskutieren, wie die räumliche Strömung in der Maschine beschaffen ist, um diese Kenntnisse beim verfeinerten Entwurf berücksichtigen zu können.

Wir beginnen mit der Diskussion der Strömung im oberen Umlenkkanal. In Abbildung 2.15 sind Geschwindigkeitsprofile der Meridiankomponente an verschiedenen Stellen dargestellt (in Umfangsrichtung, senkrecht zur Zeichenebene, besitzt die Strömung zusätzlich die Drallkomponente). Bei unserer folgenden Betrachtung gehen wir davon aus, daß die Strömung überall turbulent ist. Die Reynoldszahl $Re = C \cdot D/\nu$ ist von der Größenordnung $5 \cdot 10^5$. C und D stehen für die mittlere Strömungsgeschwindigkeit in der Maschine bzw. für den äußeren Durchmesser des Wandlers.

Die Geschwindigkeitsprofile 1 und 2 sind sich relativ ähnlich. Durch die Fliehkraftwirkung auf die Strömung in der ersten Umlenkung ist das Geschwindigkeitsprofil 3 in der Nähe der oberen Kanalwandung ein wenig ausgebeult. Weiter stromab ist das Geschwindigkeitsprofil 4 wieder relativ homogen und neigt an der Kanalinnenwand zu einer kaum erkennbaren Ausbeulung, die durch die Fliehkraftwirkung in der zweiten Umlenkung wieder ausgeglichen wird (s. Geschwindigkeitprofil 5).

Insgesamt gesehen sind die Geschwindigkeitsprofile relativ homogen, was für die Auslegung der Maschine angestrebt wird, damit die Laufräder und die Umlenkschaufeln optimal angeströmt werden. Diese homogenen Strömungsbedingungen ändern sich, wenn die Krümmung des Umlenkkanals zu groß wird. Für diesen Fall wird die Fliehkraftwirkung zu groß, und an der Kanalinnenwand bewegt sich die Strömung gegen die Hauptströmungsrichtung.

Da die Strömung im Wandler Ablösegebiete enthält (dies trifft insbesondere dann zu, wenn die Maschine nicht im Auslegungspunkt arbeitet) und eine Einteilung der Strömung in reibungsbehaftete und reibungslose Strömungsbereiche nicht möglich

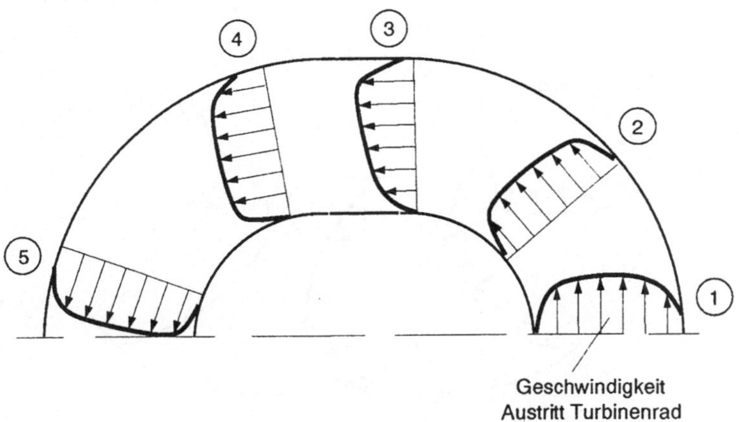

Abb. 2.15: Geschwindigkeitsprofile der Meridiankomponente im oberen Umlenkkanal

ist, müssen für die Berechnung dieser Innenströmung die Navier-Stokes Gleichungen
gelöst werden. Außerdem ist die Strömung überall turbulent. Deshalb muß beim
Lösen der Navier-Stokes Gleichungen die Turbulenz mit Modellen berücksichtigt
werden.

Eine stärkere Umlenkung erfährt die Strömung im unteren Umlenkkanal unmittelbar hinter den Umlenkschaufeln (s. Abbildung 2.16). Das Geschwindigkeitsprofil 1
ist noch vergleichsweise homogen. Weiter stromab wird die Strömung zuerst aufgrund der Krümmung innen beschleunigt (s. Geschwindigkeitsprofil 2). Danach
beult das Geschwindigkeitsprofil wegen der Fliehkraftwirkung zur äußeren Kanalwandung aus (Geschwindigkeitsprofil 3).

Der relative Zuströmwinkel β_{P1} wird durch die Absolutgeschwindigkeit C_{P1} und
die Umfangsgeschwindigkeit U des Laufrades festgelegt (s. dazu Abbildung 2.17).
Wie wir der Abbildung 2.16 entnehmen können, ist C_{P1} über der Höhe im Zu-
laufkanal des Pumpenrades nicht konstant. Im oberen Bereich (s. Strömungsebene
A-A) ist sie kleiner als im unteren Bereich (s. Strömungsebene B-B). Bedenken wir
zusätzlich, daß im oberen Bereich die Umfangsgeschwindigkeit des Pumpenrades
größer ist als im unteren Bereich (s. Abbildung 2.17), so resultiert aus dieser Über-
legung, daß der Strömungswinkel β_{P1} im oberen Bereich wesentlich kleiner ist als
im unteren Zuströmbereich.

Gehen wir davon aus, daß der geometrische Winkel der Schaufel über dem gesamten
Pumpeneintrittsradius konstant ist und gleich dem Strömungswinkel in der Ebene
B-B ist, so unterscheidet sich folglich in der Strömungsebene A-A der geometrische
Schaufelwinkel vom Strömungswinkel. In der Strömungsebene A-A werden also
die Schaufelblätter nicht optimal angeströmt, und es entstehen dadurch größere
Strömungsverluste als in der Strömungsebene B-B.

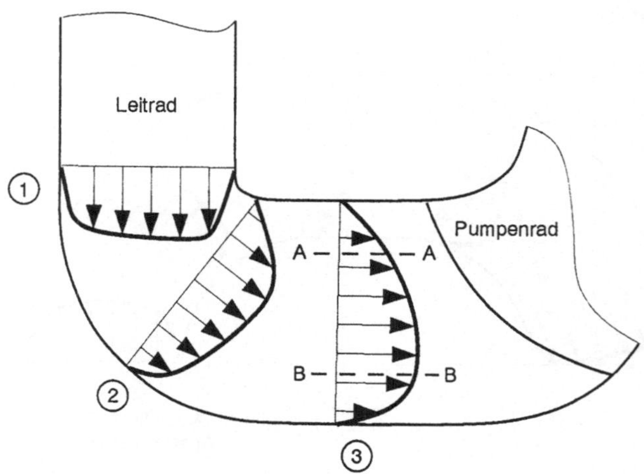

Abb. 2.16: Geschwindigkeitsprofile der Meridiankomponente im unteren Umlenkkanal

Wir erkennen nun deutlich die Nachteile der Stromfadentheorie, die uns aus der Strömungsmechanik-Grundlagenvorlesung bekannt ist. Sie berücksichtigt nicht die unterschiedlichen Strömungszustände über der Höhe des Kanals. Wenn wir beim Entwurf die beschriebenen Nachteile der Zuströmung vermeiden wollen, dann müssen wir die Geschwindigkeitsprofile der Zuströmung kennen, um anschließend die Geometrie des Laufrades den Zuströmbedingungen anpassen zu können.

Die Methode zur Berechnung der Geschwindigkeitsprofile wird in diesem Buch beschrieben. Wir werden die für die Berechnung gültigen Gleichungen der reibungsbehafteten Strömung herleiten und zeigen, wie wir mit ihnen die Strömung unter Berücksichtigung der Turbulenz berechnen können. Zur Berechnung der Strömung im Wandler eignen sich die Reynoldsgleichungen (Navier-Stokes Gleichungen mit Termen zur Berücksichtigung der turbulenten Schwankungsbewegungen), auf die wir noch ausführlich eingehen werden.

Im verbleibenden Teil dieses Kapitels schließen wir noch die Diskussion ausgewählter Strömungsphänomene, die im Drehmomentenwandler auftreten, an. Wir wenden uns zunächst den Umlenkschaufeln zu (s. Abbildung 2.18). Die Umlenkschaufeln, die fest mit dem Gehäuse verbunden sind, lenken die Strömung um und nehmen dabei den Drall aus der Strömung. Wegen der Dralländerung wird von der Strömung ein Moment auf die Umlenkschaufeln ausgeübt. Sie werden deshalb auch als Reaktionsglied bezeichnet.

Die Strömung im Bereich der Umlenkschaufeln wird durch die Grenzschichten auf den Schaufeln und den Gehäusewänden sowie durch die Wechselwirkung der Schaufel- und Gehäusegrenzschichten bestimmt. Für den Auslegungspunkt müssen die Schaufeln in der Maschine so angeordnet werden, daß weder die Profil- noch die Gehäusegrenzschichten ablösen, um die Zuströmbedingungen für das im Strömungskreislauf nachfolgende Pumpenrad optimal zu halten. Bei starken Abwei-

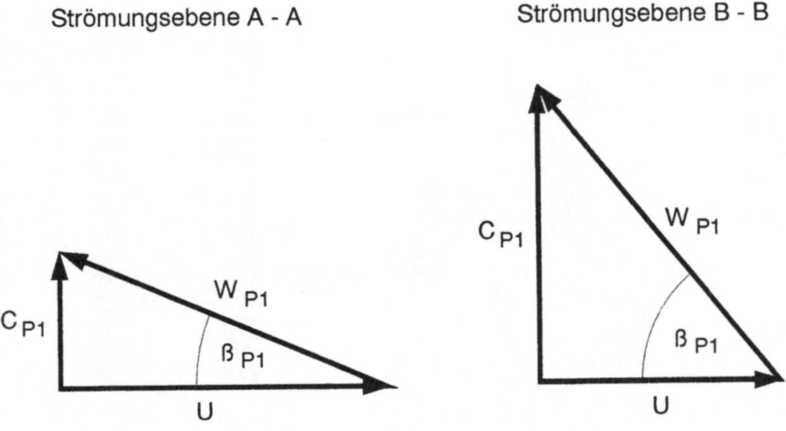

Abb. 2.17: Geschwindigkeitsdreiecke für die Ebenen A-A und B-B

chungen vom Auslegungspunkt lösen die Schaufel- und/oder Gehäusegrenzschichten ab, und es bilden sich komplizierte Ablösegebiete, in denen große Strömungsverluste entstehen.

In Abbildung 2.19 ist der c_p-Verlauf der Druckverteilung auf den Schaufelprofilen dargestellt. Im vorderen Bereich auf der Saugseitenkontur wird die Strömung vom Staupunkt aus stark beschleunigt (Druckabfall) und weiter stromab zur Hinterkante wieder verzögert (Druckanstieg). Entlang der Druckseite verläuft der c_p-Verlauf ähnlich; jedoch sind die Grenzschichten nicht so stark durch einen positiven Druckgradienten belastet wie auf der Saugseite und deshalb weiter von der Ablösegrenze entfernt.

Die Strömung relativ zum Gehäuse vor dem Reaktionsglied wird einerseits durch die Umlenkung verzögert, da die Drallkomponente abgebaut wird; anderseits wird sie aber auch beschleunigt, da sich in der Hauptströmungsrichtung vom Eintritt zum Austritt des Reaktionsgliedes der Strömungsquerschnitt verengt. Die Meridiankomponente nimmt also von außen nach innen zu.

Wir wollen nun die Strömung im Pumpenrad diskutieren. Für die Diskussion dieser Strömung ist nicht mehr die Strömung C (Strömung relativ zum Gehäuse), sondern die Relativströmung W in bezug auf das Laufrad von Interesse (vgl. dazu nochmals Abbildung 2.14). Wir wollen zunächst nur das Wesentliche der Laufradströmung verstehen und betrachten dazu ein Fluidteilchen auf einer Stromlinie der Relativströmung vom Eintritt bis zum Austritt eines Schaufelkanals (s. Abbildung 2.20).

Auf das Fluidteilchen wirken die folgenden Kräfte (s. Abbildung 2.20):

- **Trägheitskraft** $dm \cdot W \cdot dW/ds$ infolge der Beschleunigung in Richtung des Stromfadens (nicht eingezeichnet).

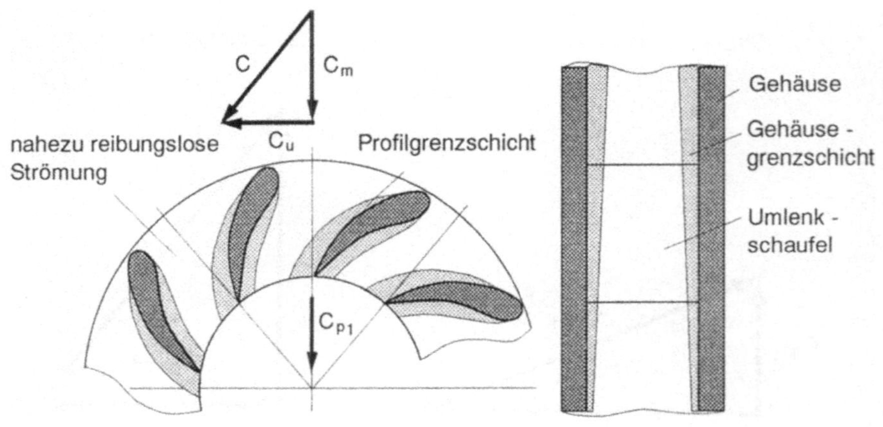

Abb. 2.18: Umlenkschaufeln (Reaktionsglied)

- **Druckkräfte** infolge des Druckgradienten entlang bzw. senkrecht zum Stromfaden. Es sind nur die Druckkräfte, die in Strömungsrichtung wirken, eingezeichnet.

- **Zentrifugalkraft** $dF_Z = dm \cdot r \cdot \omega^2$ infolge der Rotation der gesamten Strömung um die Drehachse des Laufrades.

- **Zentrifugalkraft** $dF_{Z'}$ infolge der Krümmung der Stromlinie.

- **Corioliskraft** dF_C infolge der Relativgeschwindigkeit des Teilchens und der Rotation der gesamten Strömung um die Drehachse des Laufrades.

- **Reibungskräfte** , die wegen der Übersichtlichkeit nicht eingezeichnet sind.

Aufgrund der Rotation des Kanals wirken auf das Fluidelement die Zentrifugalkraft dF_Z und die Corioliskraft dF_C. Die übrigen Kräfte, die in Abbildung 2.20 eingezeichnet sind, würden auch in einem nicht rotierenden Kanal am Fluidelement angreifen. Wir müssen bei der Berechnung der räumlichen Strömung die Zentrifugalkräfte dF_Z und die Corioliskräfte dF_C berücksichtigen. Im nächsten Kapitel, in dem die Grundgleichungen aufgestellt werden, kommen wir auf dieses Problem zurück.

Wenn wir uns zunächst auf eine reibungslose Strömung beschränken, dann können wir gemäß der eingezeichneten Kräften die Bernoulligleichung im rotierenden System herleiten. Gemäß eines Kräftegleichgewichts in Strömungsrichtung erhalten wir die folgende Euler-Gleichung (vgl. dazu ZIEREP 1993):

$$-dm \cdot W \cdot \frac{dW}{ds} + p \cdot A - (p + dp) \cdot A + dm \cdot \omega^2 \cdot r \cdot \cos\varphi = 0 \quad . \qquad (2.11)$$

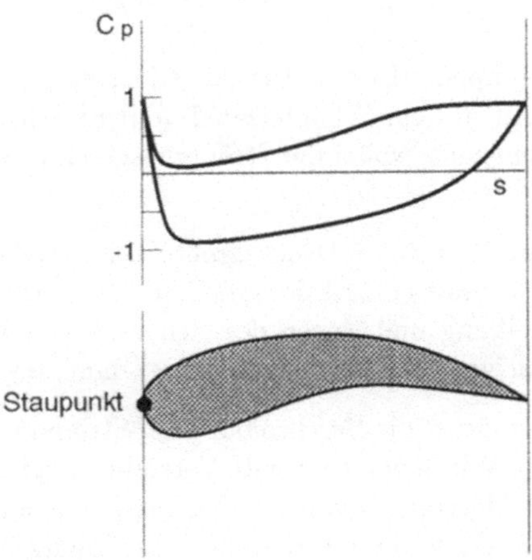

Abb. 2.19: Druckverteilung auf den Umlenkschaufeln

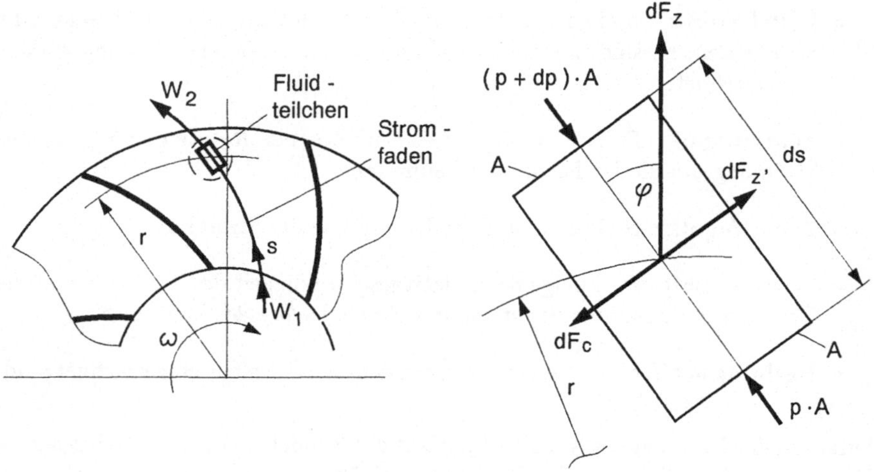

Abb. 2.20: Relativströmung im Pumpenrad und Kräfte am Fluidelement

Mit $dm = \rho \cdot A \cdot ds$ und $\cos\varphi = dr/ds$ sowie einer Integration der Gleichung (2.11) vom Eintritt bis zum Austritt erhalten wir die Bernoulligleichung für die rotierende Relativströmung (dm steht für die Masse des Teilchens, A steht für die Querschnittsfläche des Fluidteilchens). Sie lautet:

$$-\frac{\rho}{2} \cdot (W_{P2}^2 - W_{P1}^2) - (p_2 - p_1) + \frac{\rho}{2} \cdot \omega^2 \cdot (r_{P2}^2 - r_{P1}^2) = 0 \quad . \tag{2.12}$$

Wenn wir Gleichung (2.12) umformen und dabei berücksichtigen, daß gilt $U_{P2} = \omega \cdot r_{P2}$ und $U_{P1} = \omega \cdot r_{P1}$, erhalten wir die endgültige Formel

$$p_2 - p_1 = \frac{\rho}{2} \cdot (U_{P2}^2 - U_{P1}^2) - \frac{\rho}{2} \cdot (W_{P2}^2 - W_{P1}^2) \quad . \tag{2.13}$$

Die Strömung erfährt im Pumpenrad einen Druckanstieg, da U_{P2} größer als U_{P1} ist. Die Relativströmung wird in dem Schaufelkanal vom Eintrittswinkel β_{P1} auf den Austrittswinkel β_{P2} umgelenkt, wobei die Strömungsgeschwindigkeit W kaum beschleunigt wird.

Im nachfolgenden Turbinenrad wird der Druck größtenteils wieder abgebaut. Es folgen dann die Umlenkkanäle und das Reaktionsglied, in denen der statische Druck der Strömung wegen der Reibung und wegen des sich verengenden Querschnitts weiter abnimmt. Unmittelbar vor dem Pumpenrad ist er dann am geringsten.

An dieser Stelle werden wir zunächst die Beschreibung der Strömung in einem Drehmomentenwandler abbrechen. Wir haben eine erste Vorstellung von den Strömungsverhältnissen in einer solchen Maschine entwickelt und werden in den nachfolgenden Kapiteln die Gleichungen herleiten, die die räumliche Strömug beschreiben und mit denen die Strömung sowohl in den Umlenkkanälen als auch in den rotierenden Kanälen berechnet werden kann. Später kommen wir auf das Phänomen der Strömungsablösung einer Kanalströmung zurück.

3 Grundgleichungen der Strömungsmechanik

Wir betrachten wieder die im vorigen Abschnitt diskutierte Tragflügelströmung
und stellen uns nun die Aufgabe, die Grundgleichungen aufzustellen, mit denen
diese Strömung berechnet werden kann. Mit der Berechnung der Strömung sollen
die drei Geschwindigkeitskomponenten u, v, w des Geschwindigkeitsvektors $\vec{v}$, die
Dichte ρ, der Druck p und die Temperatur T der Strömung in Abhängigkeit von
den drei kartesischen Koordinaten x, y und z ermittelt werden.

Es gelten die Erhaltungssätze für Masse, Impuls und Energie. Wir betrachten ein
infinitesimal kleines Volumenelement, dessen linke vordere untere Ecke sich an einer beliebigen Stelle im Strömungsfeld mit den Koordinaten (x, y, z) befindet und
dessen Kanten jeweils parallel zu den entsprechenden Koordinatenachsen sind (s.
Abbildung 3.1). Das betrachtete Volumenelement ist raumfest, d.h. seine Begren-
zungen bewegen sich nicht mit der Strömung mit.

Wir setzen voraus, daß das Gas homogen ist und daß es einem Kontinuum entspricht.

Nacheinander werden nun die zeitlichen Änderungen von Masse, Impuls und Energie innerhalb des Volumenelements betrachtet. Wir beginnen mit der Betrachtung
der zeitlichen Änderung der Masse und stellen als erste Gleichung die Kontinuitätsgleichung auf.

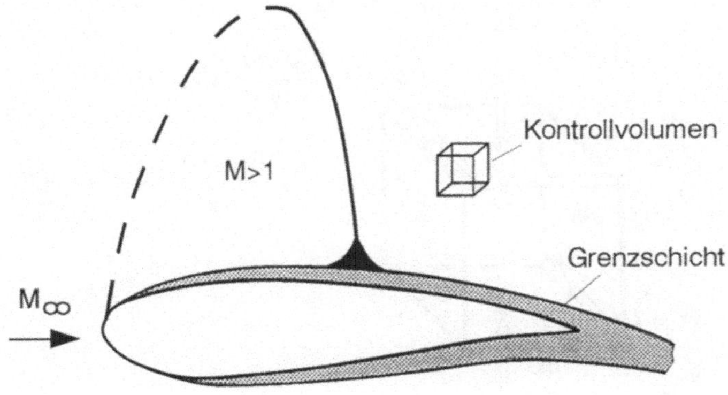

Abb. 3.1: Tragflügelströmung

3.1 Kontinuitätsgleichung (Erhaltung der Masse)

> **Die zeitliche Änderung der Masse im Volumenelement =**
> $\sum$ **der einströmenden Massenströme in das Volumenelement −**
> $\sum$ **der ausströmenden Massenströme aus dem Volumenelement**

In der Abbildung 3.2 ist das Volumenelement nochmals groß dargestellt. Seine entsprechenden Kanten besitzen die Längen dx, dy und dz. Durch die linke Oberfläche des Volumenelements mit der Fläche $dy \cdot dz$ tritt der Massenstrom $\rho \cdot u \cdot dy \cdot dz$ ein. Die Größe $\rho \cdot u$ ändert ihren Wert von der Stelle x zur Stelle $x + dx$ in x-Richtung um $\partial(\rho \cdot u)/\partial x \cdot dx$, so daß sich der durch die rechte Oberfläche $dy \cdot dz$ des Volumenelements austretende Massenstrom mit dem Ausdruck

$$(\rho \cdot u + \frac{\partial(\rho \cdot u)}{\partial x} \cdot dx) \cdot dy \cdot dz$$

angeben läßt. Für die y- und z-Richtung gelten die analogen Größen auf den entsprechenden Oberflächen $dx \cdot dz$ und $dx \cdot dy$ (s. Abbildung 3.2).

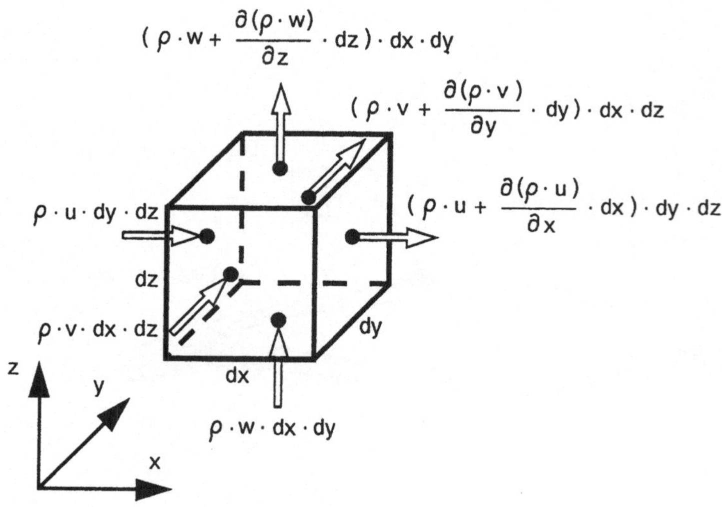

Abb. 3.2: Ein- und ausströmende Massenströme

Die zeitliche Änderung der Masse innerhalb des betrachteten Volumenelements entspricht nach der Erhaltung der Masse der Differenz aus eintretenden und austretenden Massenströmen. Der Term

$$\frac{\partial(\rho \cdot dx \cdot dy \cdot dz)}{\partial t} = \frac{\partial \rho}{\partial t} \cdot dx \cdot dy \cdot dz$$

entspricht dem mathematischen Ausdruck für die zeitliche Änderung der Masse im Volumenelement. Gemäß der vorigen Überlegungen gilt:

$$\frac{\partial \rho}{\partial t} \cdot dx \cdot dy \cdot dz = \left(\rho \cdot u - (\rho \cdot u + \frac{\partial(\rho \cdot u)}{\partial x} \cdot dx) \right) \cdot dy \cdot dz +$$
$$\left(\rho \cdot v - (\rho \cdot v + \frac{\partial(\rho \cdot v)}{\partial y} \cdot dy) \right) \cdot dx \cdot dz +$$
$$\left(\rho \cdot w - (\rho \cdot w + \frac{\partial(\rho \cdot w)}{\partial z} \cdot dz) \right) \cdot dx \cdot dy \quad .$$

Damit erhält man die Kontinuitätsgleichung:

$$\frac{\partial \rho}{\partial t} + \frac{\partial(\rho \cdot u)}{\partial x} + \frac{\partial(\rho \cdot v)}{\partial y} + \frac{\partial(\rho \cdot w)}{\partial z} = 0 \qquad (3.1)$$

Für ein inkompressibles Fluid vereinfacht sie sich zu:

$$\frac{\partial u}{\partial x} + \frac{\partial v}{\partial y} + \frac{\partial w}{\partial z} = 0 \qquad (3.2)$$

In koordinatenfreier Vektorschreibweise lauten die hergeleiteten Gleichungen:

$$\frac{\partial \rho}{\partial t} + \nabla \cdot (\rho \cdot \vec{v}) = 0 \qquad bzw. \qquad \nabla \cdot \vec{v} = 0 \qquad (3.3)$$

Mit dem Operator $\nabla \cdot$ ist die Divergenz des jeweiligen Vektors gemeint, auf den der Operator angewendet wird. Der Nabla-Operator ∇ enthält die folgenden Komponenten:

$$\nabla = (\frac{\partial}{\partial x}, \frac{\partial}{\partial y}, \frac{\partial}{\partial z})^T \quad .$$

3.2 Navier-Stokes Gleichungen (Erhaltung des Impulses)

Die zeitliche Änderung des Impulses im Volumenelement =
$\sum$ **der eintretenden Impulsströme in das Volumenelement −**
$\sum$ **der ausströmenden Impulsströme aus dem Volumenelement +**
$\sum$ **der auf die Masse des Volumenelements wirkenden Kräfte.**

Wir kommen wieder auf das in Abbildung 3.2 gezeigte Volumenelement im Strömungsfeld zurück und betrachten nun in analoger Weise zur Herleitung der Kontinuitätsgleichung die zeitliche Änderung des Impulses innerhalb des Volumenelements. Der Impuls entspricht dem Produkt aus Masse und Geschwindigkeit. Das Fluid innerhalb des Volumens besitzt also den Impuls $\rho \cdot dx \cdot dy \cdot dz \cdot \vec{v}$, dessen zeitliche Änderung sich mit dem Ausdruck

$$\frac{\partial(\rho \cdot dx \cdot dy \cdot dz \cdot \vec{v})}{\partial t} = \frac{\partial(\rho \cdot \vec{v})}{\partial t} \cdot dx \cdot dy \cdot dz \qquad (3.4)$$

beschreiben läßt.

Wir wollen zunächst nur eine Komponente des Impulsvektors $\rho \cdot dx \cdot dy \cdot dz \cdot \vec{v}$ betrachten, und zwar die Komponente, die in x-Richtung zeigt. Ihre zeitliche Änderung läßt sich wie folgt ausdrücken:

$$\frac{\partial(\rho \cdot dx \cdot dy \cdot dz \cdot u)}{\partial t} = \frac{\partial(\rho \cdot u)}{\partial t} \cdot dx \cdot dy \cdot dz \quad . \qquad (3.5)$$

Es stellt sich nun die Frage, wodurch sich der Impuls bzw. die Impulskomponente innerhalb des betrachteten Volumenelementes zeitlich ändert.

Ähnlich wie bei der Betrachtung der Massenströme tritt pro Zeiteinheit durch die Oberflächen des Volumenelements ein Impuls in das Volumen ein bzw. aus. Bei der Herleitung der Kontinuitätsgleichung verwendeten wir die Größe ρ (Masse pro Volumen). Nun benutzen wir die Größe $(\rho \cdot u)$ (Impuls pro Volumen) und können mit dieser Größe, analog zur Herleitung der Kontinuitätsgleichung, die ein- und ausströmenden Impulsströme angeben.

Wir betrachten dazu wieder das Volumenelement, das zusammen mit den Impulsströmen in der Abbildung 3.3 dargestellt ist. Weiterhin beschränken wir uns zunächst, wie bereits gesagt, auf die x-Richtung der zeitlichen Änderung des Impulses $\rho \cdot dx \cdot dy \cdot dz \cdot \vec{v}$.

Durch die linke Oberfläche $dy \cdot dz$ des Volumenelements tritt der Impulsstrom

$$(\rho \cdot u) \cdot u \cdot dy \cdot dz = \rho \cdot u \cdot u \cdot dy \cdot dz \qquad (3.6)$$

ein. Die Größe $\rho \cdot u \cdot u$ ändert ihren Wert in x-Richtung um

$$\frac{\partial(\rho \cdot u \cdot u)}{\partial x} \cdot dx \quad , \qquad (3.7)$$

so daß sich der auf der rechten Oberfläche $dy \cdot dz$ des Volumenelements austretende Impulsstrom mit dem Ausdruck

$$(\rho \cdot u \cdot u + \frac{\partial(\rho \cdot u \cdot u)}{\partial x} \cdot dx) \cdot dy \cdot dz \tag{3.8}$$

bezeichnen läßt.

Weiterhin tritt der in x-Richtung wirkende Impuls $\rho \cdot u$ auch über die verbleibenden Oberflächen $dx \cdot dz$ und $dx \cdot dy$ ein bzw. aus; allerdings strömt er jeweils mit der Geschwindigkeitskomponente v bzw. w durch die Oberflächen.

Für die y- und z-Richtungen gelten die analogen Überlegungen, so daß sich insgesamt auf jeder Oberfläche drei Impulsströme angeben lassen (vgl. Abbildung 3.3).

Nun sind die ein- und ausströmenden Impulsströme nicht die alleinige Ursache für die zeitliche Änderung des Impulses innerhalb des Volumenelements. Der Impuls innerhalb des Volumens wird zusätzlich durch die am Volumen angreifenden Kräfte geändert. Zu diesen Kräften gehören:

- Normal- und Schubspannungen: Sie sind in Abbildung 3.4 dargestellt. Ihre Größen ändern sich in x-, y- und z-Richtung, so daß an den Stellen $x + dx$, $y + dy$ und $z + dz$ jeweils ihre Größen plus der entsprechenden Änderungen eingezeichnet sind.

  Bezüglich der Bezeichnung und des Vorzeichens der Normal- und Schubspannungen treffen wir die folgenden Vereinbarungen: Der erste Index gibt an, auf welcher Oberfläche die Spannung wirkt. Zeigt die Normale der Oberfläche, auf der die betrachtete Spannung wirkt, z.B. in x-Richtung, so wird dies mit einem x als erstem Index gekennzeichnet. Der zweite Index gibt dann an, in welche Koordinatenrichtung die aus der Spannung resultierende Kraft wirkt (vgl. dazu Abbildung 3.4).

  Eine Kraft zeigt zur Herleitung der Gleichungen in positive Koordinatenrichtung, wenn die Normale der Oberfläche in positive Koordinatenrichtung zeigt; sie zeigt in negative Richtung, wenn die Normale in negative Koordinatenrichtung weist.

- Volumenkräfte: Volumenkräfte sind die Kräfte, die auf die im Volumen befindliche Masse wirken. Zu ihnen gehört die Schwerkraft; jedoch können auch andere Volumenkräfte, wie z.B. elektrische und magnetische Kräfte, auf eine Strömung wirken. Wir bezeichnen sie mit $\vec{k} = (k_x, k_y, k_z)$. Die Einheit der Volumenkraft ist $[N/m^3]$.

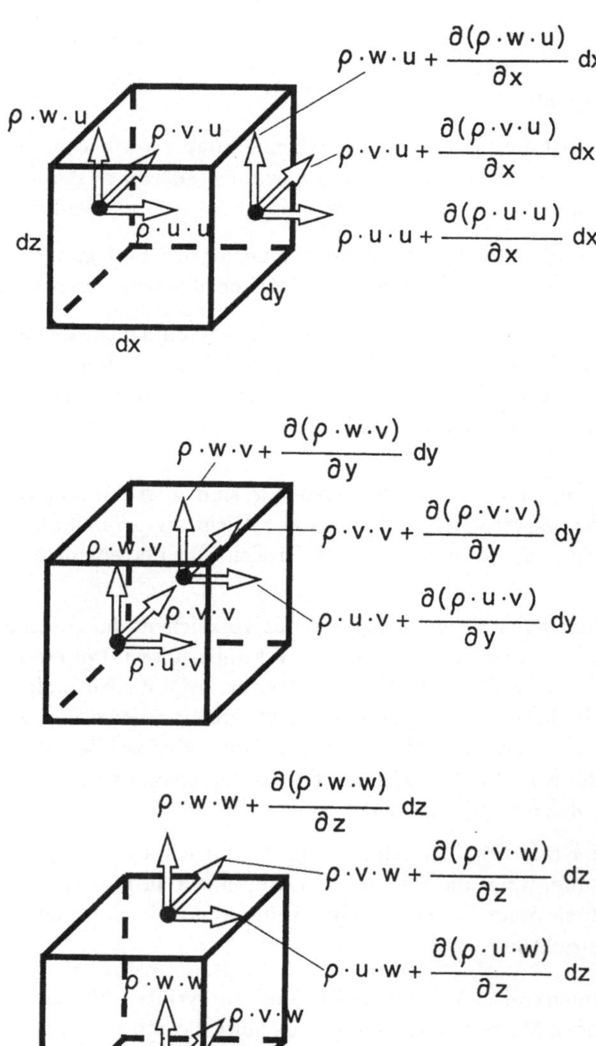

Abb. 3.3: Ein- und ausströmende Impulsströme

Entsprechend unseres Leitsatzes gilt:

> **Die zeitliche Änderung des Impulses im Volumenelement =**
> $\sum$ **der eintretenden Impulsströme in das Volumenelement −**
> $\sum$ **der ausströmenden Impulsströme aus dem Volumenelement +**
> $\sum$ **der auf die Masse des Volumenelements wirkenden Kräfte.**

Wir stellen nun die Gleichung für die zeitliche Änderung des u-Impulses auf. Gemäß des angegebenen Satzes und den in Abbildung 3.3 dargestellten Impulsströmen, sowie den in Abbildung 3.4 dargestellten Normal- und Schubspannungen, ergibt sich für die zeitliche Änderung des Impulses $\rho \cdot dx \cdot dy \cdot dz \cdot u$ die folgende Gleichung:

$$
\begin{aligned}
\frac{\partial(\rho \cdot u)}{\partial t} \cdot dx \cdot dy \cdot dz = {} & \left(\rho \cdot u \cdot u - \left(\rho \cdot u \cdot u + \frac{\partial(\rho \cdot u \cdot u)}{\partial x} \cdot dx \right) \right) \cdot dy \cdot dz + \\
& \left(\rho \cdot u \cdot v - \left(\rho \cdot u \cdot v + \frac{\partial(\rho \cdot u \cdot v)}{\partial y} \cdot dy \right) \right) \cdot dx \cdot dz + \\
& \left(\rho \cdot u \cdot w - \left(\rho \cdot u \cdot w + \frac{\partial(\rho \cdot u \cdot w)}{\partial z} \cdot dz \right) \right) \cdot dx \cdot dy + \\
& k_x \cdot dx \cdot dy \cdot dz + \\
& \left(-\tau_{xx} + \left(\tau_{xx} + \frac{\partial \tau_{xx}}{\partial x} \cdot dx \right) \right) \cdot dy \cdot dz + \\
& \left(-\tau_{yx} + \left(\tau_{yx} + \frac{\partial \tau_{yx}}{\partial y} \cdot dy \right) \right) \cdot dx \cdot dz + \\
& \left(-\tau_{zx} + \left(\tau_{zx} + \frac{\partial \tau_{zx}}{\partial z} \cdot dz \right) \right) \cdot dx \cdot dy \ .
\end{aligned}
\tag{3.9}
$$

Mit Vereinfachung der Gleichung (3.10) erhalten wir die erste vorläufige u-Impulsgleichung für die x-Richtung. Sie lautet:

$$
\frac{\partial(\rho \cdot u)}{\partial t} + \frac{\partial(\rho \cdot u \cdot u)}{\partial x} + \frac{\partial(\rho \cdot u \cdot v)}{\partial y} + \frac{\partial(\rho \cdot u \cdot w)}{\partial z} = k_x + \frac{\partial \tau_{xx}}{\partial x} + \frac{\partial \tau_{yx}}{\partial y} + \frac{\partial \tau_{zx}}{\partial z} \tag{3.10}
$$

Für die y- und z-Richtung erhalten wir mit einer analogen Rechnung die entsprechenden Gleichungen. Sie lauten wiederum:

$$
\frac{\partial(\rho \cdot v)}{\partial t} + \frac{\partial(\rho \cdot v \cdot u)}{\partial x} + \frac{\partial(\rho \cdot v \cdot v)}{\partial y} + \frac{\partial(\rho \cdot v \cdot w)}{\partial z} = k_y + \frac{\partial \tau_{xy}}{\partial x} + \frac{\partial \tau_{yy}}{\partial y} + \frac{\partial \tau_{zy}}{\partial z}
$$

$$
\frac{\partial(\rho \cdot w)}{\partial t} + \frac{\partial(\rho \cdot w \cdot u)}{\partial x} + \frac{\partial(\rho \cdot w \cdot v)}{\partial y} + \frac{\partial(\rho \cdot w \cdot w)}{\partial z} = k_z + \frac{\partial \tau_{xz}}{\partial x} + \frac{\partial \tau_{yz}}{\partial y} + \frac{\partial \tau_{zz}}{\partial z} \ .
$$

Diese Gleichungen beinhalten bereits die gesamte Physik bezüglich der Änderung des Impulses im Volumenelement. Jedoch stellen sich nun noch die folgenden Fragen:

1. In welchem Term finden wir die Größe des Flüssigkeitsdrucks bzw., wenn wir ein Gas betrachten, den thermodynamischen Druck wieder ?

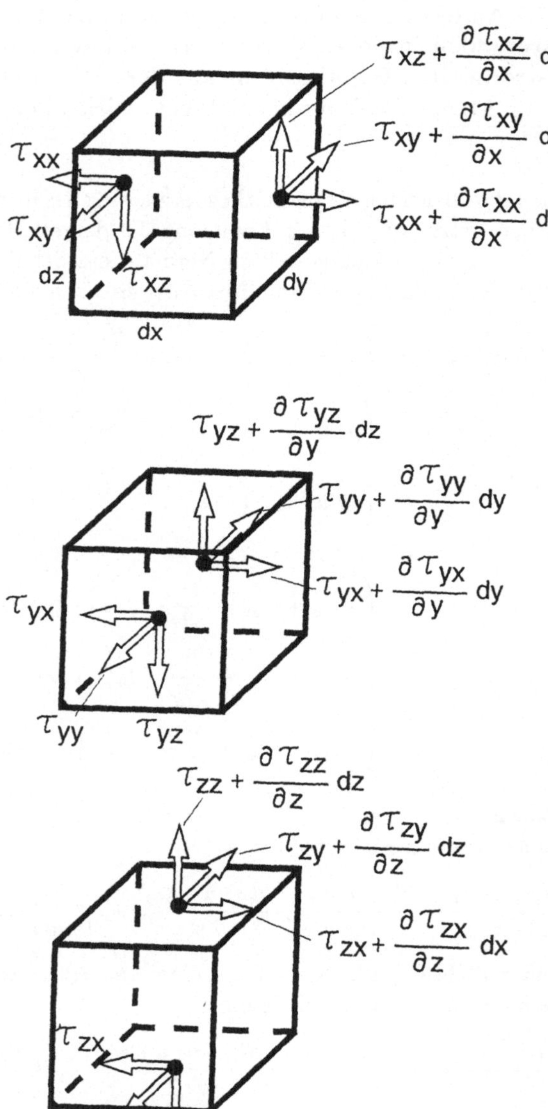

Abb. 3.4: Normal- und Schubspannungen

2. Welcher Zusammenhang besteht zwischen den Spannungen τ und den Geschwindigkeitskomponenten u, v und w? Ein ähnlicher Zusammenhang, allerdings nicht so umfangreich, ist uns bereits mit dem Newtonschen Reibungsgesetz $\tau = \mu \cdot \partial u / \partial z$ bekannt.

Wir diskutieren zunächst die erste Frage. In einer reibungslosen Strömung verschwinden alle Schubspannungen, und es wirken nur noch die Normalspannungen, die wiederum alle gleich sind und dem Flüssigkeitsdruck bzw., im Falle eines Gases, dem thermodynamischen Druck entsprechen. Deshalb ist es zweckmäßig, den Druck wie folgt zu definieren:

$$p = -\frac{\tau_{xx} + \tau_{yy} + \tau_{zz}}{3} \quad . \tag{3.11}$$

Das Minuszeichen berücksichtigt, daß der Druck als negative Normalspannung wirkt.

Die drei Normalspannungen τ_{xx}, τ_{yy} und τ_{zz} werden jeweils in zwei Anteile aufgespalten, und zwar in einen Anteil p, der als Druck bezeichnet wird, und in einen weiteren Anteil, der mit den Reibungseffekten des Fluids zusammenhängt und den wir nachfolgend, entsprechend der jeweiligen Richtung, mit σ_{xx}, σ_{yy} bzw. σ_{zz} bezeichnen werden. Drücken wir dies formelmäßig aus, erhalten wir:

$$\tau_{xx} = \sigma_{xx} - p \quad , \quad \tau_{yy} = \sigma_{yy} - p \quad , \quad \tau_{zz} = \sigma_{zz} - p \quad . \tag{3.12}$$

Setzen wir τ_{xx}, τ_{yy} und τ_{zz} gemäß der Gleichungen (3.12) in die entsprechenden Gleichungen ein, so erhalten wir:

$$\frac{\partial(\rho \cdot u)}{\partial t} + \frac{\partial(\rho \cdot u^2)}{\partial x} + \frac{\partial(\rho \cdot u \cdot v)}{\partial y} + \frac{\partial(\rho \cdot u \cdot w)}{\partial z} =$$
$$k_x - \frac{\partial p}{\partial x} + \frac{\partial \sigma_{xx}}{\partial x} + \frac{\partial \tau_{yx}}{\partial y} + \frac{\partial \tau_{zx}}{\partial z} \tag{3.13}$$

$$\frac{\partial(\rho \cdot v)}{\partial t} + \frac{\partial(\rho \cdot v \cdot u)}{\partial x} + \frac{\partial(\rho \cdot v^2)}{\partial y} + \frac{\partial(\rho \cdot v \cdot w)}{\partial z} =$$
$$k_y - \frac{\partial p}{\partial y} + \frac{\partial \tau_{xy}}{\partial x} + \frac{\partial \sigma_{yy}}{\partial y} + \frac{\partial \tau_{zy}}{\partial z} \tag{3.14}$$

$$\frac{\partial(\rho \cdot w)}{\partial t} + \frac{\partial(\rho \cdot w \cdot u)}{\partial x} + \frac{\partial(\rho \cdot w \cdot v)}{\partial y} + \frac{\partial(\rho \cdot w^2)}{\partial z} =$$
$$k_z - \frac{\partial p}{\partial z} + \frac{\partial \tau_{xz}}{\partial x} + \frac{\partial \tau_{yz}}{\partial y} + \frac{\partial \sigma_{zz}}{\partial z} \tag{3.15}$$

Es bleibt nun noch übrig, die zweite Frage zu beantworten. Wir suchen also den Zusammenhang zwischen den Spannungen σ bzw. τ und den Geschwindigkeitskomponenten u, v und w. Es geht um die Erweiterung des Newtonschen Reibungsgesetzes $\tau = \mu \cdot du/dz$, das einen linearen Ansatz zwischen den Geschwindigkeitsgradienten du/dz und der Schubspannung τ postuliert. Der nun folgende weiterreichende und für dreidimensionale Strömungen anzuwendende Stokessche Reibungsansatz, auf den wir nicht weiter eingehen wollen, beinhaltet das Newtonsche Reibungsgesetz.

Er lautet:

$$\sigma_{xx} = 2 \cdot \mu \cdot \frac{\partial u}{\partial x} - \frac{2}{3} \cdot \mu \cdot \left(\frac{\partial u}{\partial x} + \frac{\partial v}{\partial y} + \frac{\partial w}{\partial z} \right)$$

$$\sigma_{yy} = 2 \cdot \mu \cdot \frac{\partial v}{\partial y} - \frac{2}{3} \cdot \mu \cdot \left(\frac{\partial u}{\partial x} + \frac{\partial v}{\partial y} + \frac{\partial w}{\partial z} \right)$$

$$\sigma_{zz} = 2 \cdot \mu \cdot \frac{\partial w}{\partial z} - \frac{2}{3} \cdot \mu \cdot \left(\frac{\partial u}{\partial x} + \frac{\partial v}{\partial y} + \frac{\partial w}{\partial z} \right) \tag{3.16}$$

$$\tau_{yx} = \tau_{xy} = \mu \cdot \left(\frac{\partial v}{\partial x} + \frac{\partial u}{\partial y} \right) \quad , \quad \tau_{yz} = \tau_{zy} = \mu \cdot \left(\frac{\partial w}{\partial y} + \frac{\partial v}{\partial z} \right)$$

$$\tau_{zx} = \tau_{xz} = \mu \cdot \left(\frac{\partial u}{\partial z} + \frac{\partial w}{\partial x} \right)$$

Der Stokessche Reibungsansatz erfüllt die folgende Symmetriebedingung:

$$\tau_{yx} = \tau_{xy} \quad , \quad \tau_{yz} = \tau_{zy} \quad , \quad \tau_{zx} = \tau_{xz} \quad . \tag{3.17}$$

Eine Möglichkeit zum Nachweis dieser Symmetrie kann mit dem Aufstellen eines Momentengleichgewichts für die im Volumenelement enthaltene Masse erfolgen. Diese Betrachtung wird im Buch von H. SCHLICHTING 1968 erläutert, in dem auch der Stokessche Reibungsansatz erklärt wird.

Setzen wir die Normal- und Schubspannungen gemäß der Gleichungen (3.16) in die Impulsgleichungen (3.13), (3.14) und (3.15) ein, erhalten wir die Impulsgleichungen in Form der Navier-Stokes Gleichungen. Sie lauten:

$$\frac{\partial(\rho \cdot u)}{\partial t} + \frac{\partial(\rho \cdot u^2)}{\partial x} + \frac{\partial(\rho \cdot u \cdot v)}{\partial y} + \frac{\partial(\rho \cdot u \cdot w)}{\partial z} = k_x - \frac{\partial p}{\partial x} +$$

$$\frac{\partial}{\partial x} \left[\mu \cdot \left(2 \cdot \frac{\partial u}{\partial x} - \frac{2}{3} \cdot (\nabla \cdot \vec{v}) \right) \right] + \frac{\partial}{\partial y} \left[\mu \cdot \left(\frac{\partial u}{\partial y} + \frac{\partial v}{\partial x} \right) \right] + \frac{\partial}{\partial z} \left[\mu \cdot \left(\frac{\partial w}{\partial x} + \frac{\partial u}{\partial z} \right) \right]$$

$$\frac{\partial(\rho \cdot v)}{\partial t} + \frac{\partial(\rho \cdot v \cdot u)}{\partial x} + \frac{\partial(\rho \cdot v^2)}{\partial y} + \frac{\partial(\rho \cdot v \cdot w)}{\partial z} = k_y - \frac{\partial p}{\partial y} +$$

$$\frac{\partial}{\partial y} \left[\mu \cdot \left(2 \cdot \frac{\partial v}{\partial y} - \frac{2}{3} \cdot (\nabla \cdot \vec{v}) \right) \right] + \frac{\partial}{\partial z} \left[\mu \cdot \left(\frac{\partial v}{\partial z} + \frac{\partial w}{\partial y} \right) \right] + \frac{\partial}{\partial x} \left[\mu \cdot \left(\frac{\partial u}{\partial y} + \frac{\partial v}{\partial x} \right) \right]$$

$$\frac{\partial(\rho \cdot w)}{\partial t} + \frac{\partial(\rho \cdot w \cdot u)}{\partial x} + \frac{\partial(\rho \cdot w \cdot v)}{\partial y} + \frac{\partial(\rho \cdot w^2)}{\partial z} = k_z - \frac{\partial p}{\partial z} +$$

$$\frac{\partial}{\partial z} \left[\mu \cdot \left(2 \cdot \frac{\partial w}{\partial z} - \frac{2}{3} \cdot (\nabla \cdot \vec{v}) \right) \right] + \frac{\partial}{\partial x} \left[\mu \cdot \left(\frac{\partial w}{\partial x} + \frac{\partial u}{\partial z} \right) \right] + \frac{\partial}{\partial y} \left[\mu \cdot \left(\frac{\partial v}{\partial z} + \frac{\partial w}{\partial y} \right) \right]$$

Der Ausdruck $\nabla \cdot \vec{v}$ entspricht der Divergenz des Geschwindigkeitsvektors $\vec{v}$, d.h.

$$\nabla \cdot \vec{v} = \frac{\partial u}{\partial x} + \frac{\partial v}{\partial y} + \frac{\partial w}{\partial z} \quad .$$

Wir wollen nun noch mit einer einfachen Rechnung die linke Seite der ersten Navier-Stokes Gleichung anders schreiben. Auf analoge Weise lassen sich die linken Seiten der restlichen Navier-Stokes Gleichungen umschreiben. Mit der Anwendung der Produktregel erhalten wir für die linke Seite der ersten Navier-Stokes Gleichung:

$$
\frac{\partial(\rho \cdot u)}{\partial t} + \frac{\partial(\rho \cdot u^2)}{\partial x} + \frac{\partial(\rho \cdot u \cdot v)}{\partial y} + \frac{\partial(\rho \cdot u \cdot w)}{\partial z} =
$$

$$
\rho \cdot \frac{\partial u}{\partial t} + u \cdot \frac{\partial \rho}{\partial t} + u \cdot \frac{\partial(\rho \cdot u)}{\partial x} + \rho \cdot u \cdot \frac{\partial u}{\partial x} +
$$

$$
u \cdot \frac{\partial(\rho \cdot v)}{\partial y} + \rho \cdot v \cdot \frac{\partial u}{\partial y} + u \cdot \frac{\partial(\rho \cdot w)}{\partial z} + \rho \cdot w \cdot \frac{\partial u}{\partial z} =
$$

$$
\rho \cdot \left(\frac{\partial u}{\partial t} + u \cdot \frac{\partial u}{\partial x} + v \cdot \frac{\partial u}{\partial y} + w \cdot \frac{\partial u}{\partial z} \right) +
$$

$$
u \cdot \left(\frac{\partial \rho}{\partial t} + \frac{\partial(\rho \cdot u)}{\partial x} + \frac{\partial(\rho \cdot v)}{\partial y} + \frac{\partial(\rho \cdot w)}{\partial z} \right) \quad .
$$

Der letzte Klammerausdruck verschwindet wegen der Kontinuitätsgleichung (3.1), so daß gilt:

$$
\frac{\partial(\rho \cdot u)}{\partial t} + \frac{\partial(\rho \cdot u^2)}{\partial x} + \frac{\partial(\rho \cdot u \cdot v)}{\partial y} + \frac{\partial(\rho \cdot u \cdot w)}{\partial z} =
$$

$$
\rho \cdot \left(\frac{\partial u}{\partial t} + u \cdot \frac{\partial u}{\partial x} + v \cdot \frac{\partial u}{\partial y} + w \cdot \frac{\partial u}{\partial z} \right) \quad .
$$

Für die linken Seiten der restlichen Navier-Stokes Gleichungen gilt entsprechend:

$$
\frac{\partial(\rho \cdot v)}{\partial t} + \frac{\partial(\rho \cdot v \cdot u)}{\partial x} + \frac{\partial(\rho \cdot v^2)}{\partial y} + \frac{\partial(\rho \cdot v \cdot w)}{\partial z} =
$$

$$
\rho \cdot \left(\frac{\partial v}{\partial t} + u \cdot \frac{\partial v}{\partial x} + v \cdot \frac{\partial v}{\partial y} + w \cdot \frac{\partial v}{\partial z} \right)
$$

$$
\frac{\partial(\rho \cdot w)}{\partial t} + \frac{\partial(\rho \cdot w \cdot u)}{\partial x} + \frac{\partial(\rho \cdot w \cdot v)}{\partial y} + \frac{\partial(\rho \cdot w^2)}{\partial z} =
$$

$$
\rho \cdot \left(\frac{\partial w}{\partial t} + u \cdot \frac{\partial w}{\partial x} + v \cdot \frac{\partial w}{\partial y} + w \cdot \frac{\partial w}{\partial z} \right) \quad .
$$

Die Navier-Stokes Gleichungen lauten also in ihrer endgültigen Form für eine instationäre, dreidimensionale und kompressible Strömung:

$$\rho \cdot \left(\frac{\partial u}{\partial t} + u \cdot \frac{\partial u}{\partial x} + v \cdot \frac{\partial u}{\partial y} + w \cdot \frac{\partial u}{\partial z} \right) = k_x - \frac{\partial p}{\partial x} +$$

$$\frac{\partial}{\partial x} \left[\mu \cdot \left(2 \cdot \frac{\partial u}{\partial x} - \frac{2}{3} \cdot (\nabla \cdot \vec{v}) \right) \right] + \frac{\partial}{\partial y} \left[\mu \cdot \left(\frac{\partial u}{\partial y} + \frac{\partial v}{\partial x} \right) \right] + \frac{\partial}{\partial z} \left[\mu \cdot \left(\frac{\partial w}{\partial x} + \frac{\partial u}{\partial z} \right) \right]$$

$$\rho \cdot \left(\frac{\partial v}{\partial t} + u \cdot \frac{\partial v}{\partial x} + v \cdot \frac{\partial v}{\partial y} + w \cdot \frac{\partial v}{\partial z} \right) = k_y - \frac{\partial p}{\partial y} + \tag{3.18}$$

$$\frac{\partial}{\partial y} \left[\mu \cdot \left(2 \cdot \frac{\partial v}{\partial y} - \frac{2}{3} \cdot (\nabla \cdot \vec{v}) \right) \right] + \frac{\partial}{\partial z} \left[\mu \cdot \left(\frac{\partial v}{\partial z} + \frac{\partial w}{\partial y} \right) \right] + \frac{\partial}{\partial x} \left[\mu \cdot \left(\frac{\partial u}{\partial y} + \frac{\partial v}{\partial x} \right) \right]$$

$$\rho \cdot \left(\frac{\partial w}{\partial t} + u \cdot \frac{\partial w}{\partial x} + v \cdot \frac{\partial w}{\partial y} + w \cdot \frac{\partial w}{\partial z} \right) = k_z - \frac{\partial p}{\partial z} +$$

$$\frac{\partial}{\partial z} \left[\mu \cdot \left(2 \cdot \frac{\partial w}{\partial z} - \frac{2}{3} \cdot (\nabla \cdot \vec{v}) \right) \right] + \frac{\partial}{\partial x} \left[\mu \cdot \left(\frac{\partial w}{\partial x} + \frac{\partial u}{\partial z} \right) \right] + \frac{\partial}{\partial y} \left[\mu \cdot \left(\frac{\partial v}{\partial z} + \frac{\partial w}{\partial y} \right) \right]$$

Die Navier-Stokes Gleichungen bilden zusammen mit der Kontinuitätsgleichung (3.1) und der Energiegleichung, die noch hergeleitet wird, die Grundgleichungen der Strömungsmechanik. Aus ihnen lassen sich weitere vereinfachte Gleichungen zur Berechnung von technisch interessierenden Strömungen ableiten, von denen die wichtigsten in diesem Lehrbuch noch beschrieben werden.

Wir beschränken uns nun auf Newtonsche Medien ($\mu \neq f(\tau)$) und auf inkompressible Strömungen. Die Gleichungen (3.18) vereinfachen sich dann auf die folgenden Gleichungen (gemäß der Kontinuitätsgleichung (3.2) gilt $\nabla \cdot \vec{v} = 0$):

$$\rho \cdot \left(\frac{\partial u}{\partial t} + u \cdot \frac{\partial u}{\partial x} + v \cdot \frac{\partial u}{\partial y} + w \cdot \frac{\partial u}{\partial z} \right) = k_x - \frac{\partial p}{\partial x} + \mu \cdot \left(\frac{\partial^2 u}{\partial x^2} + \frac{\partial^2 u}{\partial y^2} + \frac{\partial^2 u}{\partial z^2} \right)$$

$$\tag{3.19}$$

$$\rho \cdot \left(\frac{\partial v}{\partial t} + u \cdot \frac{\partial v}{\partial x} + v \cdot \frac{\partial v}{\partial y} + w \cdot \frac{\partial v}{\partial z} \right) = k_y - \frac{\partial p}{\partial y} + \mu \cdot \left(\frac{\partial^2 v}{\partial x^2} + \frac{\partial^2 v}{\partial y^2} + \frac{\partial^2 v}{\partial z^2} \right)$$

$$\rho \cdot \left(\frac{\partial w}{\partial t} + u \cdot \frac{\partial w}{\partial x} + v \cdot \frac{\partial w}{\partial y} + w \cdot \frac{\partial w}{\partial z} \right) = k_z - \frac{\partial p}{\partial z} + \mu \cdot \left(\frac{\partial^2 w}{\partial x^2} + \frac{\partial^2 w}{\partial y^2} + \frac{\partial^2 w}{\partial z^2} \right) ,$$

die wir in koordinatenfreier Schreibweise der Vektoranalysis wie folgt zusammenfassen können:

$$\rho \cdot \left(\frac{\partial \vec{v}}{\partial t} + (\vec{v} \cdot \nabla) \vec{v} \right) = \vec{k} - \nabla p + \mu \cdot \triangle \vec{v} \tag{3.20}$$

In Gleichung (3.20) steht ∇p für den Gradienten von p und $(\vec{v} \cdot \nabla)$ für das Skalarprodukt aus Geschwindigkeitsvektor und Nabla-Operator. Dies ergibt einen Vektoroperator, der auf jede Komponente des Geschwindigkeitsvektors $\vec{v}$ angewandt wird. $\triangle \vec{v}$ steht für den auf $\vec{v}$ angewandten Laplace-Operator. Für diese Abkürzungen gelten gemäß der Schreibweise der Vektoranalysis die folgenden Vereinbarungen:

$$\nabla p = \left(\frac{\partial p}{\partial x}, \frac{\partial p}{\partial y}, \frac{\partial p}{\partial z}\right)^{T} \quad , \quad \vec{v} \cdot \nabla = u \cdot \frac{\partial}{\partial x} + v \cdot \frac{\partial}{\partial y} + w \cdot \frac{\partial}{\partial z} \quad ,$$

$$\triangle \vec{v} = \frac{\partial^2 \vec{v}}{\partial x^2} + \frac{\partial^2 \vec{v}}{\partial y^2} + \frac{\partial^2 \vec{v}}{\partial z^2} \tag{3.21}$$

Die Gleichungen (3.19) bilden zusammen mit der Kontinuitätsgleichung (3.2)

$$\nabla \cdot \vec{v} = 0 \tag{3.22}$$

ein Gleichungssystem, bestehend aus <u>vier</u> skalaren partiellen, nichtlinearen Differentialgleichungen von zweiter Ordnung, für die <u>vier</u> Unbekannten u, v, w und p, das für vorgegebene Anfangs- und Randbedingungen gelöst werden muß. Auf die Lösungsmethoden wird in diesem Buch später noch eingegangen.

Betrachten wir hingegen ein kompressibles Fluid, so haben wir als zusätzliche Unbekannte noch die Dichte ρ zu berücksichtigen. Dazu benötigen wir dann noch eine weitere Gleichung, und zwar die Energiegleichung, deren Herleitung noch erläutert wird. Bevor wir nun die Energiegleichung herleiten, wollen wir zunächst die physikalische Bedeutung der einzelnen Glieder der Navier-Stokes Gleichungen betrachten.

Die linke Seite der Navier-Stokes Gleichungen (3.18) läßt sich mit der koordinatenfreien Schreibweise in Vektorform wie folgt schreiben:

$$\rho \cdot \left(\frac{\partial \vec{v}}{\partial t} + (\vec{v} \cdot \nabla)\vec{v}\right) \quad . \tag{3.23}$$

Um die physikalische Bedeutung der beiden Summanden verstehen zu lernen, betrachten wir die in Abbildung 3.5 gezeigte Diffusorströmung an der Stelle (x_0, z_0). Wir gehen davon, daß die Strömung instationär ist, d.h. an der Stelle (x_0, z_0) ändern sich mit der Zeit die Strömungsgrößen. Würde sich die Strömung an der Stelle (x_0, z_0) nicht zeitlich ändern (stationäre Strömung), so wäre der erste Summand in der Gleichung (3.23) gleich Null.

Trotzdem erfährt das Fluid in einer stationären Strömung an der Stelle (x_0, z_0) eine Beschleunigung. Da sich der Querschnitt in Strömungsrichtung vergrößert, wird die Strömung verzögert (Unterschallströmung vorausgesetzt). Diese Beschleunigung wird durch den zweiten Summanden in der Gleichung (3.23) beschrieben, der in der Literatur als konvektiver Term bezeichnet wird.

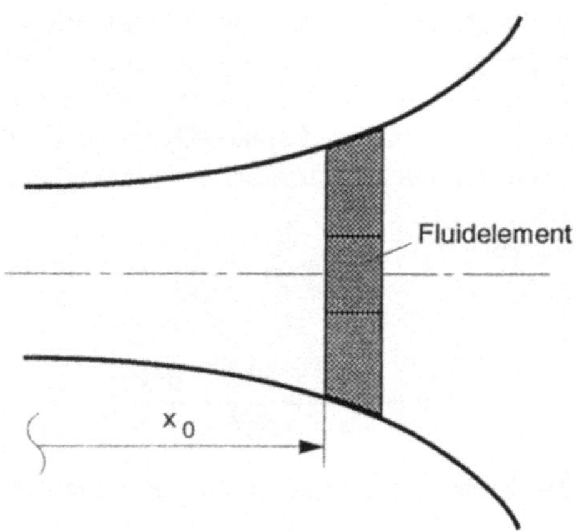

Abb. 3.5: Diffusorströmung

Kommen wir wieder zum allgemeinen Fall der instationären Strömung zurück, so verstehen wir nun die beiden Anteile, aus denen sich die gesamte Beschleunigung der Strömung zusammensetzt. Der erste Anteil wird durch die zeitliche Abhängigkeit der Strömung verursacht, der zweite Anteil ist auf die durch die Querschnittserweiterung verursachte Verzögerung der Strömung zurückzuführen. Die gesamte Änderung des Impulses $\rho \cdot \vec{v}$ wird als substantielle Änderung bezeichnet und formelmäßig durch $\rho \cdot (D\vec{v}/Dt)$ ausgedrückt, also ist:

$$\rho \cdot \frac{D\vec{v}}{Dt} = \rho \cdot \left(\frac{\partial \vec{v}}{\partial t} + (\vec{v} \cdot \nabla)\vec{v} \right) \quad . \tag{3.24}$$

3.3 Energiegleichung (Erhaltung der Energie)

> Die zeitliche Änderung der inneren und kinetischen Energie im Volumenelement=
> $\sum$ der durch die Strömung ein- und ausfließenden Energieströme +
> $\sum$ der durch Wärmeleitung ein- und ausfließenden Energieströme +
> $\sum$ der durch die Druck-, Normalspannungs- und Schubspannungskräfte am Volumenelement geleisten Arbeiten pro Zeit +
> der Energiezufuhr von außen +
> Arbeit pro Zeit, die durch das Wirken der Volumenkräfte verursacht wird.

Wir leiten nun die Energiegleichung her. Dazu betrachten wir die zeitliche Änderung der Energie in dem infinitesimal kleinen Volumenelement. Die im Volumenelement befindliche Energie setzt sich aus der inneren Energie $\rho \cdot e \cdot dx \cdot dy \cdot dz$ (e $[J/Kg]$) und der kinetischen Energie $\rho \cdot V^2/2 \cdot dx \cdot dy \cdot dz = 1/2 \cdot \rho \cdot (u^2 + v^2 + w^2) \cdot dx \cdot dy \cdot dz$ des Gases zusammen ($\vec{v} \cdot \vec{v} =: V^2$). Die zeitliche Änderung der im Volumenelement befindlichen Energie läßt sich wie folgt ausdrücken:

$$\frac{\partial[\rho \cdot (e + V^2/2) \cdot dx \cdot dy \cdot dz]}{\partial t} = \frac{\partial[\rho \cdot (e + V^2/2)]}{\partial t} \cdot dx \cdot dy \cdot dz \quad . \tag{3.25}$$

Die im Volumenelement befindliche Energie wird durch die nachfolgend aufgelisteten Vorgänge geändert:

- Durch die mit der Strömung in das Volumenelement hinein- und heraustransportierte innere und kinetische Energie pro Zeit. Wir bezeichnen diesen Anteil der Änderung nachfolgend mit $d\dot{E}$.

- Durch den Transport von Energie, die pro Zeiteinheit durch Wärmeleitung in das Volumen ein- bzw. austritt. Diesen Anteil der Änderung bezeichnen wir nachfolgend mit $d\dot{Q}$.

- Durch die am Volumenelement durch die Druck-, Normalspannungs- und Schubspannungskräfte geleistete Arbeit pro Zeit. Wir bezeichnen diesen Anteil der Änderung nachfolgend mit $d\dot{A}$.

- Durch Energie pro Zeit, die von außen dem im Volumenelement befindlichen Gas zugeführt wird. Dies kann z.B. durch Strahlung und/oder durch im Gas ablaufende Verbrennungsprozesse erfolgen. Wir bezeichnen diesen Anteil bzw. diese Anteile bezogen auf die im Volumenelement befindliche Masse zusammenfassend mit $\dot{q}_s$ $[J/(kg \cdot s)]$.

- Durch die Arbeit, die am Volumenelement durch das Wirken der Volumenkraft $\vec{k}$ $[N/m^3]$ pro Zeit geleistet wird. Zu den Volumenkräften zählen die Schwerkraft sowie magnetische und elektrische Kräfte, die ggf. auf die Strömung wirken. Die zeitliche Änderung der Energie des im Volumenelement befindlichen Gases, die durch die Kraft $\vec{k} \cdot dx \cdot dy \cdot dz$ bewirkt wird, entspricht der Leistung $(\vec{k} \cdot \vec{v}) \cdot dx \cdot dy \cdot dz$.

Wir beginnen mit der Betrachtung von $d\dot{E}$. In der Abbildung 3.6 sind die ein- und ausfließenden Energieströme dargestellt. Mit einer analogen Betrachtung wie bei der Herleitung der Navier-Stokes Gleichungen erhalten wir für den Term $d\dot{E}$:

$$
\begin{aligned}
d\dot{E} = &\left(\rho \cdot [e + V^2/2] \cdot u - \left(\rho \cdot [e + V^2/2] \cdot u + \frac{\partial(\rho \cdot [e + V^2/2] \cdot u)}{\partial x} \cdot dx\right)\right) \cdot dy \cdot dz \;+ \\
&\left(\rho \cdot [e + V^2/2] \cdot v - \left(\rho \cdot [e + V^2/2] \cdot v + \frac{\partial(\rho \cdot [e + V^2/2] \cdot v)}{\partial y} \cdot dy\right)\right) \cdot dx \cdot dz \;+ \\
&\left(\rho \cdot [e + V^2/2] \cdot w - \left(\rho \cdot [e + V^2/2] \cdot w + \frac{\partial(\rho \cdot [e + V^2/2] \cdot w)}{\partial z} \cdot dz\right)\right) \cdot dx \cdot dy \quad .
\end{aligned}
$$

Durch Vereinfachung erhält man:

$$
\begin{aligned}
d\dot{E} = -\Bigg(&\frac{\partial(\rho \cdot [e + V^2/2] \cdot u)}{\partial x} + \frac{\partial(\rho \cdot [e + V^2/2] \cdot v)}{\partial y} + \\
&\frac{\partial(\rho \cdot [e + V^2/2] \cdot w)}{\partial z}\Bigg) \cdot dx \cdot dy \cdot dz \quad . \qquad (3.26)
\end{aligned}
$$

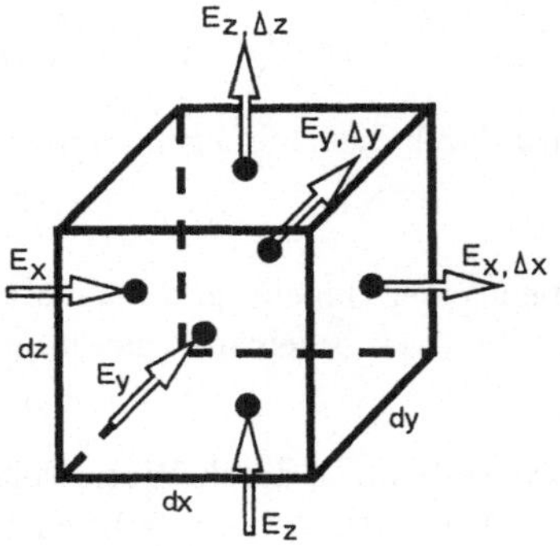

$$E_x = \rho \cdot \left[e + \frac{V^2}{2}\right] \cdot u \cdot dy \cdot dz$$

$$E_y = \rho \cdot \left[e + \frac{V^2}{2}\right] \cdot v \cdot dx \cdot dz$$

$$E_z = \rho \cdot \left[e + \frac{V^2}{2}\right] \cdot w \cdot dx \cdot dy$$

$$E_{x,\Delta x} = \left(\rho \cdot \left[e + \frac{V^2}{2}\right] \cdot u + \frac{\partial\left(\rho \cdot \left[e + \frac{V^2}{2}\right] \cdot u\right)}{\partial x} \cdot dx\right) \cdot dy \cdot dz$$

$$E_{y,\Delta y} = \left(\rho \cdot \left[e + \frac{V^2}{2}\right] \cdot v + \frac{\partial\left(\rho \cdot \left[e + \frac{V^2}{2}\right] \cdot v\right)}{\partial y} \cdot dy\right) \cdot dx \cdot dz$$

$$E_{z,\Delta z} = \left(\rho \cdot \left[e + \frac{V^2}{2}\right] \cdot w + \frac{\partial\left(\rho \cdot \left[e + \frac{V^2}{2}\right] \cdot w\right)}{\partial z} \cdot dz\right) \cdot dx \cdot dy$$

Abb. 3.6: Konvektive Energieströme

Wir stellen nun die Gleichung für den Anteil $d\dot{Q}$ auf. Gemäß des Fourierschen Wärmeleitungsgesetzes fließt die Wärmeenergie in Richtung abnehmender Temperaturen. Z.B. gilt für ein eindimensionales Wärmeleitungsproblem die Gleichung $\dot{q} = -\lambda \cdot dT/dx$. $\dot{q}$ steht für den Wärmefluß pro Fläche $[W/m^2]$ und λ für die Wärmeleitfähigkeit $[W/(m \cdot K)]$, die im allgemeinen von dem jeweiligen Fluid, dem Druck und der Temperatur abhängig ist. Wenden wir das Fouriersche Wärmeleitungsgesetz zur Berechnung des Anteils $d\dot{Q}$ an, so erhalten wir für den gesamten Energiefluß durch Wärmeleitung in bzw. aus dem Volumenelement den nachfolgenden Ausdruck

$$
\begin{aligned}
d\dot{Q} = {} & \left(-\lambda \cdot \frac{\partial T}{\partial x} - \left[-\lambda \cdot \frac{\partial T}{\partial x} + \frac{\partial}{\partial x}\left(-\lambda \cdot \frac{\partial T}{\partial x}\right) \cdot dx\right]\right) \cdot dy \cdot dz + \\[2mm]
& \left(-\lambda \cdot \frac{\partial T}{\partial y} - \left[-\lambda \cdot \frac{\partial T}{\partial y} + \frac{\partial}{\partial y}\left(-\lambda \cdot \frac{\partial T}{\partial y}\right) \cdot dy\right]\right) \cdot dx \cdot dz + \\[2mm]
& \left(-\lambda \cdot \frac{\partial T}{\partial z} - \left[-\lambda \cdot \frac{\partial T}{\partial z} + \frac{\partial}{\partial z}\left(-\lambda \cdot \frac{\partial T}{\partial z}\right) \cdot dz\right]\right) \cdot dx \cdot dy \quad .
\end{aligned}
\tag{3.27}
$$

Durch Vereinfachung erhält man:

$$
d\dot{Q} = \left(\frac{\partial}{\partial x}\left(\lambda \cdot \frac{\partial T}{\partial x}\right) + \frac{\partial}{\partial y}\left(\lambda \cdot \frac{\partial T}{\partial y}\right) + \frac{\partial}{\partial z}\left(\lambda \cdot \frac{\partial T}{\partial z}\right)\right) \cdot dx \cdot dy \cdot dz \quad .
\tag{3.28}
$$

Nachfolgend werden wir nun die Beziehungen für die durch die Druck-, Normalspannungs- und Schubspannungskräfte am Volumenelement geleisteten Arbeiten aufstellen. Auf jeder Oberfläche des Volumenelements wirken drei Spannungen, die auf die Reibung zurückzuführen sind, und der statische Druck. Die durch den Druck und die Spannungen resultierenden Kräfte leisten Arbeit an dem Volumenelement. Die Arbeit pro Zeit, die wir auch als Leistung bezeichnen können, ergibt sich jeweils aus dem Produkt der Geschwindigkeit und der Kraft, die in Richtung der jeweiligen Geschwindigkeitskomponente wirkt. Eine Arbeit pro Zeit wird mit einem positiven Vorzeichen berücksichtigt, wenn die Geschwindigkeitskomponente in Richtung der Druck-, Normalspannungs- bzw. Schubspannungskraft zeigt. Trifft dies nicht zu, wird die Arbeit pro Zeit mit einem negativen Vorzeichen versehen.

Wir wollen uns zunächst nur auf die Leistung $d\dot{A}_x$ beschränken, die dem Volumenelement über die beiden Oberflächen mit dem Flächeninhalt $dy \cdot dz$ zu- bzw. abgeführt wird. Für die verbleibenden Leistungen $d\dot{A}_y$ und $d\dot{A}_z$ erhalten wir analoge Ausdrücke (s. dazu nochmals Abbildung 3.4). Wir erhalten für $d\dot{A}_x$ gemäß der folgenden Rechnung den Ausdruck

$$
\begin{aligned}
d\dot{A}_x = {} & p \cdot dy \cdot dz \cdot u - \left(p \cdot dy \cdot dz \cdot u + \frac{\partial(p \cdot dy \cdot dz \cdot u)}{\partial x} \cdot dx\right) - \\[2mm]
& \sigma_{xx} \cdot dy \cdot dz \cdot u + \left(\sigma_{xx} \cdot dy \cdot dz \cdot u + \frac{\partial(\sigma_{xx} \cdot dy \cdot dz \cdot u)}{\partial x} \cdot dx\right) - \\[2mm]
& \tau_{xy} \cdot dy \cdot dz \cdot v + \left(\tau_{xy} \cdot dy \cdot dz \cdot v + \frac{\partial(\tau_{xy} \cdot dy \cdot dz \cdot v)}{\partial x} \cdot dx\right) - \\[2mm]
& \tau_{xz} \cdot dy \cdot dz \cdot w + \left(\tau_{xz} \cdot dy \cdot dz \cdot w + \frac{\partial(\tau_{xz} \cdot dy \cdot dz \cdot w)}{\partial x} \cdot dx\right) \quad .
\end{aligned}
\tag{3.29}
$$

48

Durch Vereinfachung erhält man:

$$d\dot{A}_x = \left(-\frac{\partial(p \cdot u)}{\partial x} + \frac{\partial(\sigma_{xx} \cdot u)}{\partial x} + \frac{\partial(\tau_{xy} \cdot v)}{\partial x} + \frac{\partial(\tau_{xz} \cdot w)}{\partial x}\right) \cdot dx \cdot dy \cdot dz \quad . \quad (3.30)$$

Für die y- und z-Richtung erhalten wir entsprechende Ausdrücke für $d\dot{A}_y$ und $d\dot{A}_z$. Sie lauten:

$$d\dot{A}_y = \left(-\frac{\partial(p \cdot v)}{\partial y} + \frac{\partial(\tau_{yx} \cdot u)}{\partial y} + \frac{\partial(\sigma_{yy} \cdot v)}{\partial y} + \frac{\partial(\tau_{yz} \cdot w)}{\partial y}\right) \cdot dx \cdot dy \cdot dz \quad (3.31)$$

$$d\dot{A}_z = \left(-\frac{\partial(p \cdot w)}{\partial z} + \frac{\partial(\tau_{zx} \cdot u)}{\partial z} + \frac{\partial(\tau_{zy} \cdot v)}{\partial z} + \frac{\partial(\sigma_{zz} \cdot w)}{\partial z}\right) \cdot dx \cdot dy \cdot dz \quad (3.32)$$

$d\dot{A}$ ergibt sich nun aus der Summe von $d\dot{A}_x$, $d\dot{A}_y$ und $d\dot{A}_z$.

Wir können nun die Energiegleichung in ihrer vorläufigen Form aufstellen. Der Leitsatz dazu lautet:

Die zeitliche Änderung der inneren und kinetischen Energie im Volumenelement=
$\sum$ der durch die Strömung ein- und ausströmenden Energieströme +
$\sum$ der durch Wärmeleitung ein- und ausströmden Energieströme +
$\sum$ der durch die Druck-, Normalspannungs- und Schubspannungskräfte am Volumenelement geleisten Arbeiten pro Zeit +
der Energiezufuhr von außen +
Arbeit pro Zeit, die durch das Wirken der Volumenkräfte verursacht wird.

Gemäß des Leitsatzes und den Gleichungen (3.25), (3.26), (3.28), (3.30), (3.31), (3.32) sowie den Ausdrücken $(\rho \cdot \dot{q}_s) \cdot dx \cdot dy \cdot dz$ und $(\vec{k} \cdot \vec{v}) \cdot dx \cdot dy \cdot dz$ lautet der Energiesatz in seiner vorläufigen Form (der Term $dx \cdot dy \cdot dz$ kürzt sich auf beiden Seiten heraus):

$$\frac{\partial[\rho \cdot (e + V^2/2)]}{\partial t} =$$

$$-\left(\frac{\partial(\rho \cdot [e + V^2/2] \cdot u)}{\partial x} + \frac{\partial(\rho \cdot [e + V^2/2] \cdot v)}{\partial y} + \frac{\partial(\rho \cdot [e + V^2/2] \cdot w)}{\partial z}\right) +$$

$$\left(\frac{\partial}{\partial x}\left(\lambda \cdot \frac{\partial T}{\partial x}\right) + \frac{\partial}{\partial y}\left(\lambda \cdot \frac{\partial T}{\partial y}\right) + \frac{\partial}{\partial z}\left(\lambda \cdot \frac{\partial T}{\partial z}\right)\right) +$$

$$\left(-\frac{\partial(p \cdot u)}{\partial x} + \frac{\partial(\sigma_{xx} \cdot u)}{\partial x} + \frac{\partial(\tau_{xy} \cdot v)}{\partial x} + \frac{\partial(\tau_{xz} \cdot w)}{\partial x}\right) + \quad (3.33)$$

$$\left(-\frac{\partial(p \cdot v)}{\partial y} + \frac{\partial(\tau_{yx} \cdot u)}{\partial y} + \frac{\partial(\sigma_{yy} \cdot v)}{\partial y} + \frac{\partial(\tau_{yz} \cdot w)}{\partial y}\right) +$$

$$\left(-\frac{\partial(p \cdot w)}{\partial z} + \frac{\partial(\tau_{zx} \cdot u)}{\partial z} + \frac{\partial(\tau_{zy} \cdot v)}{\partial z} + \frac{\partial(\sigma_{zz} \cdot w)}{\partial z}\right) +$$

$$\vec{k} \cdot \vec{v} + \rho \cdot \dot{q}_s \quad .$$

Die Gleichung (3.33) beinhaltet bereits die vollständige Physik, und es bleibt nun
die Aufgabe übrig, die Energiegleichung in eine für das weitere Arbeiten geeignetere
Form zu überführen und für die Normal- und Schubspannungen die entsprechenden Ausdrücke gemäß des Stokesschen Reibungsgesetzes (3.16) einzusetzen. Zuerst
werden wir die Gleichung (3.33) in eine andere Form bringen. Durch Umformen
und Differenzieren erhalten wir die folgende Gleichung:

$$\left(e + V^2/2\right) \cdot \left(\frac{\partial \rho}{\partial t} + \frac{\partial(\rho \cdot u)}{\partial x} + \frac{\partial(\rho \cdot v)}{\partial y} + \frac{\partial(\rho \cdot w)}{\partial z}\right) +$$

$$\rho \cdot \left(\frac{\partial e}{\partial t} + u \cdot \frac{\partial e}{\partial x} + v \cdot \frac{\partial e}{\partial y} + w \cdot \frac{\partial e}{\partial z}\right) +$$

$$\rho \cdot \left(\frac{\partial(V^2/2)}{\partial t} + u \cdot \frac{\partial(V^2/2)}{\partial x} + v \cdot \frac{\partial(V^2/2)}{\partial y} + w \cdot \frac{\partial(V^2/2)}{\partial z}\right) =$$

$$\left(\frac{\partial}{\partial x}\left(\lambda \cdot \frac{\partial T}{\partial x}\right) + \frac{\partial}{\partial y}\left(\lambda \cdot \frac{\partial T}{\partial y}\right) + \frac{\partial}{\partial z}\left(\lambda \cdot \frac{\partial T}{\partial z}\right)\right) -$$

$$p \cdot (\nabla \cdot \vec{\mathbf{v}}) - \left(u \cdot \frac{\partial p}{\partial x} + v \cdot \frac{\partial p}{\partial y} + w \cdot \frac{\partial p}{\partial z}\right) + \qquad (3.34)$$

$$u \cdot \left(\frac{\partial \sigma_{xx}}{\partial x} + \frac{\partial \tau_{yx}}{\partial y} + \frac{\partial \tau_{zx}}{\partial z}\right) + v \cdot \left(\frac{\partial \tau_{xy}}{\partial x} + \frac{\partial \sigma_{yy}}{\partial y} + \frac{\partial \tau_{zy}}{\partial z}\right) +$$

$$w \cdot \left(\frac{\partial \tau_{xz}}{\partial x} + \frac{\partial \tau_{yz}}{\partial y} + \frac{\partial \sigma_{zz}}{\partial z}\right) +$$

$$\sigma_{xx} \cdot \frac{\partial u}{\partial x} + \tau_{yx} \cdot \frac{\partial u}{\partial y} + \tau_{zx} \cdot \frac{\partial u}{\partial z} +$$

$$\tau_{xy} \cdot \frac{\partial v}{\partial x} + \sigma_{yy} \cdot \frac{\partial v}{\partial y} + \tau_{zy} \cdot \frac{\partial v}{\partial z} +$$

$$\tau_{xz} \cdot \frac{\partial w}{\partial x} + \tau_{yz} \cdot \frac{\partial w}{\partial y} + \sigma_{zz} \cdot \frac{\partial w}{\partial z} +$$

$$\vec{\mathbf{k}} \cdot \vec{\mathbf{v}} + \rho \cdot \dot{q}_s \quad .$$

Der erste Summand in der Gleichung (3.34) ist wegen der Kontinuitätsgleichung
(3.1) gleich Null. Ebenfalls können wir den dritten Summanden der linken Seite
der Gleichung (3.34) und die Terme

$$\left(u \cdot \frac{\partial p}{\partial x} + v \cdot \frac{\partial p}{\partial y} + w \cdot \frac{\partial p}{\partial z}\right) \, ,$$

$$u \cdot \left(\frac{\partial \sigma_{xx}}{\partial x} + \frac{\partial \tau_{yx}}{\partial y} + \frac{\partial \tau_{zx}}{\partial z}\right) \, ,$$

$$v \cdot \left(\frac{\partial \tau_{xy}}{\partial x} + \frac{\partial \sigma_{yy}}{\partial y} + \frac{\partial \tau_{zy}}{\partial z}\right) \, ,$$

$$w \cdot \left(\frac{\partial \tau_{xz}}{\partial x} + \frac{\partial \tau_{yz}}{\partial y} + \frac{\partial \sigma_{zz}}{\partial z}\right) \qquad (3.35)$$

herausstreichen. Die für diese Vereinfachung dazugehörige Rechnung soll hier nicht
vorgeführt werden. Sie wird nachfolgend nur kurz beschrieben.

50

- Man multipliziert die erste Gleichung (3.13) mit u, die zweite Gleichung (3.14) mit v und die dritte Gleichung (3.15) mit w.

- Danach addiert man die so erhaltenen Gleichungen und erhält eine resultierende Gleichung, die man von der Gleichung (3.34) wiederum subtrahiert.

Wenn wir die genannte Rechnung mit Gleichung (3.34) durchführen, erhalten wir die folgende Energiegleichung. Sie lautet:

$$\rho \cdot \left(\frac{\partial e}{\partial t} + u \cdot \frac{\partial e}{\partial x} + v \cdot \frac{\partial e}{\partial y} + w \cdot \frac{\partial e}{\partial z} \right) =$$

$$\left(\frac{\partial}{\partial x} \left(\lambda \cdot \frac{\partial T}{\partial x} \right) + \frac{\partial}{\partial y} \left(\lambda \cdot \frac{\partial T}{\partial y} \right) + \frac{\partial}{\partial z} \left(\lambda \cdot \frac{\partial T}{\partial z} \right) \right) - p \cdot (\nabla \cdot \vec{v}) + \vec{k} \cdot \vec{v} + \rho \cdot \dot{q}_s +$$

$$\sigma_{xx} \cdot \frac{\partial u}{\partial x} + \tau_{yx} \cdot \frac{\partial u}{\partial y} + \tau_{zx} \cdot \frac{\partial u}{\partial z} + \tau_{xy} \cdot \frac{\partial v}{\partial x} + \sigma_{yy} \cdot \frac{\partial v}{\partial y} + \tag{3.36}$$

$$\tau_{zy} \cdot \frac{\partial v}{\partial z} + \tau_{xz} \cdot \frac{\partial w}{\partial x} + \tau_{yz} \cdot \frac{\partial w}{\partial y} + \sigma_{zz} \cdot \frac{\partial w}{\partial z} \quad .$$

Es bleibt nun nur noch übrig, in die Gleichung (3.36) die Normal- und Schubspannungsterme gemäß des Stokesschen Reibungsgesetzes (3.16) einzusetzen. Mit einer weiteren einfachen Rechnung erhält man dann die Energiegleichung in der endgültigen Form. Sie lautet:

$$\rho \cdot \left(\frac{\partial e}{\partial t} + u \cdot \frac{\partial e}{\partial x} + v \cdot \frac{\partial e}{\partial y} + w \cdot \frac{\partial e}{\partial z} \right) =$$

$$\left(\frac{\partial}{\partial x} \left(\lambda \cdot \frac{\partial T}{\partial x} \right) + \frac{\partial}{\partial y} \left(\lambda \cdot \frac{\partial T}{\partial y} \right) + \frac{\partial}{\partial z} \left(\lambda \cdot \frac{\partial T}{\partial z} \right) \right) -$$

$$p \cdot (\nabla \cdot \vec{v}) + \vec{k} \cdot \vec{v} + \rho \cdot \dot{q}_s + \mu \cdot \Phi \tag{3.37}$$

mit

$$\Phi = 2 \cdot \left[\left(\frac{\partial u}{\partial x} \right)^2 + \left(\frac{\partial v}{\partial y} \right)^2 + \left(\frac{\partial w}{\partial z} \right)^2 \right] + \left(\frac{\partial v}{\partial x} + \frac{\partial u}{\partial y} \right)^2 + \left(\frac{\partial w}{\partial y} + \frac{\partial v}{\partial z} \right)^2 +$$

$$\left(\frac{\partial u}{\partial z} + \frac{\partial w}{\partial x} \right)^2 - \frac{2}{3} \cdot \left(\frac{\partial u}{\partial x} + \frac{\partial v}{\partial y} + \frac{\partial w}{\partial z} \right)^2 \tag{3.38}$$

Φ wird als Dissipationsfunktion bezeichnet. Sie enthält nur quadratische Glieder und ist deshalb an jeder Stelle im Strömungsfeld größer als Null.

Bei der Herleitung der Energiegleichung haben wir bis jetzt noch keine Einschränkungen gemacht. Sie gilt noch vollkommen allgemein und beschreibt den Energiehaushalt in einem kleinen Volumenelement auch für Strömungen, in denen z.B. chemische Prozesse ablaufen oder, was gleichbedeutend ist, Verbrennungsprozesse stattfinden. Wir haben nur vorausgesetzt, daß die Strömung homogen ist (es dürfen also z.B. keine Rußpartikel in der Strömung vorhanden sein), und daß das Fluid ein Newtonsches Medium ist. Nachfolgend werden wir nun die Energiegleichung speziell für kalorisch perfekte Gase aufstellen.

Für ein kalorisch perfektes Gas sind die spezifischen Wärmekapazitäten c_p und c_v keine Funktion der Temperatur, und es gelten die folgenden thermodynamischen Beziehungen:

$$e = c_v \cdot T \quad , \qquad h = e + \frac{p}{\rho} = c_p \cdot T \tag{3.39}$$

oder

$$e = c_p \cdot T - \frac{p}{\rho} \quad . \tag{3.40}$$

Die linke Seite der Gleichung (3.40) in Gleichung (3.37) für e eingesetzt, ergibt mit einer kleineren Rechnung, die hier nicht im einzelnen gezeigt wird, unter Ausnutzung der Kontinuitätsgleichung (3.1) die Energiegleichung für ein kalorisch perfektes Gas. Wir erhalten:

$$
\begin{aligned}
\rho \cdot c_p \cdot \left(\frac{\partial T}{\partial t} + u \cdot \frac{\partial T}{\partial x} + v \cdot \frac{\partial T}{\partial y} + w \cdot \frac{\partial T}{\partial z} \right) = \\
\left(\frac{\partial p}{\partial t} + u \cdot \frac{\partial p}{\partial x} + v \cdot \frac{\partial p}{\partial y} + w \cdot \frac{\partial p}{\partial z} \right) + \\
\left(\frac{\partial}{\partial x} \left(\lambda \cdot \frac{\partial T}{\partial x} \right) + \frac{\partial}{\partial y} \left(\lambda \cdot \frac{\partial T}{\partial y} \right) + \frac{\partial}{\partial z} \left(\lambda \cdot \frac{\partial T}{\partial z} \right) \right) + \\
\vec{k} \cdot \vec{v} + \rho \cdot \dot{q}_s + \mu \cdot \Phi
\end{aligned}
\tag{3.41}
$$

Wir kommen nun auf unser ursprüngliches Problem zurück, das wir uns am Anfang dieses Kapitels gestellt haben. Es sollten die Gleichungen zur Berechnung der inkompressiblen Fahrzeug- und Wandlerströmung sowie der kompressiblen Tragflügelströmung aufgestellt werden. Nachfolgend wollen wir die Anwendungen der Gleichungen auf die genannten Probleme erläutern.

- **Die inkompressible Fahrzeugumströmung:** Mit der Kontinuitätsgleichung (3.2) und den Navier-Stokes Gleichungen (3.19) haben wir <u>vier</u> Gleichungen für die <u>vier</u> Unbekannten u, v, w und p zur Verfügung. Die Zähigkeit μ setzen wir als bekannt und nicht abhängig von der Temperatur voraus. Die Navier-Stokes Gleichungen (3.19) sind nichtlinear und von zweiter Ordnung. Es stellt sich nun die Frage, wie wir diese partiellen Differentialgleichungen mit geeigneten Randbedingungen lösen können.

Die Lösungsverfahren werden in diesem Buch zu einem späteren Zeitpunkt erklärt. Jedoch soll an dieser Stelle bereits erwähnt werden, daß alle strömungsmechanischen Grundgleichungen nur unter Berücksichtigung der Strömungsphysik gelöst werden können, die wir im einzelnen noch diskutieren müssen.

- **Die Strömung im Drehmomentenwandler:** Die Strömung im Wandler ist ebenfalls inkompressibel. Im Gegensatz zur Strömung um ein Kraftfahrzeug ist sie allerdings heiß, und aufgrund der Temperaturunterschiede im Öl sind die Dichte ρ und die Zähigkeit μ nicht konstant. Zum Lösen der Navier-Stokes Gleichungen müssen die Zähigkeit und die Dichte, die eine Funktion der Temperatur sind, an jeder Stelle im Strömungsfeld bekannt sein. Zur Berechnung dieser Strömung haben wir, wie für die Berechnung der Strömung um ein Kraftfahrzeug, die Kontinuitätsgleichung und drei Navier-Stokes Gleichungen für die <u>vier</u> Unbekannten u, v, w und p zur Verfügung.

  Zusätzlich müssen wir jedoch die Energiegleichung lösen, um die Temperaturverteilung im Strömungsfeld zu ermitteln, mit der wir wiederum die Dichte- und Zähigkeitsverteilung bestimmen können. Die Berechnung der Strömung im Wandler erfolgt iterativ; d.h. zu Beginn der Rechnung wird die Dichte- und Zähigkeitsverteilung geschätzt und die Strömung mit der Kontinuitätsgleichung und den Navier-Stokes Gleichungen berechnet. Danach wird mit der Energiegleichung (3.41) die Temperaturverteilung ermittelt und mit dieser Kenntnis die Dichte- und Zähigkeitswerte korrigiert. Dieser Berechnungsvorgang wird solange wiederholt bis sich die Dichte- und Zähigkeitsverteilung nicht mehr ändern.

- **Die kompressible Tragflügelströmung:** Bei der Berechnung von kompressiblen Strömungen muß neben den Größen u, v, w und p noch die Dichte ρ in Abhängigkeit von den drei Koordinaten x, y und z berechnet werden. Mit der Kontinuitätsgleichung (3.1), den Navier-Stokes Gleichungen (3.18) und der Energiegleichung (3.41) haben wir <u>fünf</u> Gleichungen für die <u>fünf</u> Unbekannten u, v, w, p und T zur Verfügung. Die Dichte können wir nach der Berechnung der zuletzt genannten Größen mit der thermischen Gasgleichung

$$p = \rho \cdot R \cdot T$$

berechnen.

Auch diese Gleichungen sind, wie die Gleichungen für inkompressible Strömungen, nicht linear und können in der Regel für technische Probleme nur mit numerischen Verfahren auf leistungsfähigen Rechnern gelöst werden. Die Lösungsmethoden werden später noch behandelt.

Insbesondere bei der Berechnung von kompressiblen Strömungsfeldern muß die Strömungsphysik mitberücksichtigt werden. So wissen wir bereits, daß in kompressiblen Strömungen Verdichtungsstöße auftreten können, über die sich die Strömungsgrößen unstetig ändern. Jedoch sind unsere aufgestellten Differentialgleichungen an der Stelle solcher Unstetigkeiten nicht gültig, so daß sich nun die Frage stellt, wie man an diesen Stellen die Strömung berechnen kann. Es gibt in der numerischen Strömungsmechanik geeignete Techniken, Unstetigkeiten im Strömungsfeld zu berücksichtigen. Diese Techniken werden später einführend vorgestellt.

- **Die heiße kompressible Strömung:** Das Gas der kompressiblen Tragflügelströmung kann als kalorisch perfektes Gas angenommen werden. Wird jedoch die Zuströmmachzahl groß ($M_\infty > 2$) oder sogar sehr groß ($M_\infty > 5$), so verhält sich das Gas nicht mehr kalorisch perfekt. Diese Fälle treten z.B. bei der Umströmung von Überschallflugzeugen (z.B Concorde) und Raumfahrtfluggeräten (z.B. Space Shuttle) auf, die die Erdatmosphäre verlassen oder wiedereintreten. In solchen Fällen kann die Energiegleichung (3.41) für kalorisch perfekte Gase nicht mehr angewendet werden. Es muß dann die allgemeingültigere Energiegleichung (3.37) zur Lösung des Problems herangezogen werden. Weitere Beziehungen für die innere Energie e sowie für die Werte der Zähigkeit μ und der Wärmeleitfähigkeit λ müssen der Thermodynamik entnommen werden. Hier beginnt das interessante Gebiet der Aerothermodynamik, das die Strömungsmechanik idealer Gase mit der Chemie heißer Gase verknüpft. Für viele Probleme der Aerothermodynamik reichen die hier aufgestellten Gleichungen wegen der Hochtemperatureffekte nicht mehr aus, und sie müssen deshalb für die Aufgaben und Fragestellungen der Aerothermodynamik erweitert werden (s. dazu H. OERTEL jr. et al 1994).

3.4 Dimensionslose Grundgleichungen in Erhaltungsform

In diesem Abschnitt wollen wir noch die Grundgleichungen in ihrer dimensionslosen Schreibweise angeben, so wie man sie z.B. für die numerische Lösung mit einem Rechner benötigt. Dazu führen wir die nachfolgenden dimensionslosen Größen ein, wobei wir die dimensionslosen Größen während der Herleitung der Grundgleichungen in Erhaltungsform in diesem Abschnitt mit einem hochgestellten Stern kennzeichnen.

$$\rho^* = \frac{\rho}{\rho_\infty}, \qquad u^* = \frac{u}{U_\infty}, \quad v^* = \frac{v}{U_\infty}, \quad w^* = \frac{w}{U_\infty},$$

$$p^* = \frac{p}{\rho_\infty \cdot U_\infty^2}, \quad x^* = \frac{x}{L}, \quad y^* = \frac{y}{L}, \quad z^* = \frac{z}{L},$$

$$t^* = t \cdot \frac{U_\infty}{L}, \qquad \mu^* = \frac{\mu}{\mu_\infty}, \qquad \lambda^* = \frac{\lambda}{\lambda_\infty},$$

$$k_x^* = k_x \cdot \frac{L}{\rho_\infty \cdot U_\infty^2}, \quad k_y^* = k_y \cdot \frac{L}{\rho_\infty \cdot U_\infty^2}, \quad k_z^* = k_z \cdot \frac{L}{\rho_\infty \cdot U_\infty^2},$$

$$e^* = \frac{e}{c_p \cdot T_\infty}, \qquad T^* = \frac{T}{T_\infty}.$$

U_∞, L und ρ_∞ sowie λ_∞, μ_∞ und c_p (isobare Wärmekapazität) sind geeignet wählbare Bezugsgrößen der Strömung bzw. Stoffgrößen. Bei der Tragflügelströmung verwendet man zweckmäßigerweise die Zuströmgeschwindigkeit, die Zuströmdichte und die Flügeltiefe als Bezugsgrößen. Ebenfalls sind λ_∞, c_p und μ_∞ die entsprechenden Stoffgrößen der Zuströmung.

Wir kommen nochmals zurück auf die Kontinuitätsgleichung (3.1), die Impulsgleichungen (3.13), (3.14), (3.15) und die Energiegleichung (3.33) und wollen diese Gleichungen mit den dimensionslosen Größen ausdrücken. Die Gleichungen, die

54

nachfolgend in der dimensionslosen Form angegeben sind, entsprechen der sogenannten Erhaltungsform, d.h. daß wir in den Gleichungen die Divergenz einer physikalischen Größe wiederfinden. So enthält die Kontinuitätsgleichung als Divergenz den Ausdruck $\nabla \cdot (\rho \cdot \vec{v})$ (Massenstrom pro Fläche), die Impulsgleichungen als Divergenz den Ausdruck $\nabla \cdot (\rho \cdot \vec{v}\vec{v})$ (Impulsströme pro Fläche) und letztlich die Energiegleichung als Divergenz den Ausdruck $\nabla \cdot (\rho \cdot e_{ges} \cdot \vec{v})$ (Energiestrom pro Fläche, $e_{ges} = e + V^2/2$, $[e_{ges}] = J/kg$). Die Gleichungen lauten (es wird dem Leser empfohlen, die Rechnungen zur Aufstellung der dimensionslosen Gleichungen selbst durchzuführen):

Kontinuitätsgleichung:

$$\frac{\partial \rho^*}{\partial t^*} + \frac{\partial(\rho^* \cdot u^*)}{\partial x^*} + \frac{\partial(\rho^* \cdot v^*)}{\partial y^*} + \frac{\partial(\rho^* \cdot w^*)}{\partial z^*} = 0 \tag{3.42}$$

Navier-Stokes Gleichungen:

$$\frac{\partial(\rho^* \cdot u^*)}{\partial t^*} + \frac{\partial(\rho^* \cdot u^{*2})}{\partial x^*} + \frac{\partial(\rho^* \cdot u^* \cdot v^*)}{\partial y^*} + \frac{\partial(\rho^* \cdot u^* \cdot w^*)}{\partial z^*} =$$
$$k_x^* - \frac{\partial p^*}{\partial x^*} + \frac{1}{Re_\infty} \cdot \left(\frac{\partial \sigma_{xx}^*}{\partial x^*} + \frac{\partial \tau_{yx}^*}{\partial y^*} + \frac{\partial \tau_{zx}^*}{\partial z^*} \right) \tag{3.43}$$

$$\frac{\partial(\rho^* \cdot v^*)}{\partial t^*} + \frac{\partial(\rho^* \cdot v^* \cdot u^*)}{\partial x^*} + \frac{\partial(\rho^* \cdot v^{*2})}{\partial y^*} + \frac{\partial(\rho^* \cdot v^* \cdot w^*)}{\partial z^*} =$$
$$k_y^* - \frac{\partial p^*}{\partial y^*} + \frac{1}{Re_\infty} \cdot \left(\frac{\partial \tau_{xy}^*}{\partial x^*} + \frac{\partial \sigma_{yy}^*}{\partial y^*} + \frac{\partial \tau_{zy}^*}{\partial z^*} \right) \tag{3.44}$$

$$\frac{\partial(\rho^* \cdot w^*)}{\partial t^*} + \frac{\partial(\rho^* \cdot w^* \cdot u^*)}{\partial x^*} + \frac{\partial(\rho^* \cdot w^* \cdot v^*)}{\partial y^*} + \frac{\partial(\rho^* \cdot w^{*2})}{\partial z^*} =$$
$$k_z^* - \frac{\partial p^*}{\partial z^*} + \frac{1}{Re_\infty} \cdot \left(\frac{\partial \tau_{xz}^*}{\partial x^*} + \frac{\partial \tau_{yz}^*}{\partial y^*} + \frac{\partial \sigma_{zz}^*}{\partial z^*} \right) \tag{3.45}$$

Energiegleichung:

$$\frac{\partial \rho^* \cdot e_{ges}^*}{\partial t^*} + \left(\frac{\partial(\rho^* \cdot e_{ges}^* \cdot u^*)}{\partial x^*} + \frac{\partial(\rho^* \cdot e_{ges}^* \cdot v^*)}{\partial y^*} + \frac{\partial(\rho^* \cdot e_{ges}^* \cdot w^*)}{\partial z^*} \right) =$$
$$(\kappa - 1) \cdot M_\infty^2 \cdot (\vec{k}^* \cdot \vec{v}^* + \rho^* \cdot \dot{q}_s^*) +$$

$$\frac{1}{Re_\infty \cdot Pr_\infty} \cdot \left(\frac{\partial}{\partial x^*}\left(\lambda^* \cdot \frac{\partial T^*}{\partial x^*} \right) + \frac{\partial}{\partial y^*}\left(\lambda^* \cdot \frac{\partial T^*}{\partial y^*} \right) + \frac{\partial}{\partial z^*}\left(\lambda^* \cdot \frac{\partial T^*}{\partial z^*} \right) \right) +$$
$$(\kappa - 1) \cdot M_\infty^2 \cdot \left(-\frac{\partial(p^* \cdot u^*)}{\partial x^*} + \frac{1}{Re_\infty} \cdot \left[\frac{\partial(\sigma_{xx}^* \cdot u^*)}{\partial x^*} + \frac{\partial(\tau_{xy}^* \cdot v^*)}{\partial x^*} + \frac{\partial(\tau_{xz}^* \cdot w^*)}{\partial x^*} \right] \right) +$$
$$(\kappa - 1) \cdot M_\infty^2 \cdot \left(-\frac{\partial(p^* \cdot v^*)}{\partial y^*} + \frac{1}{Re_\infty} \cdot \left[\frac{\partial(\tau_{yx}^* \cdot u^*)}{\partial y^*} + \frac{\partial(\sigma_{yy}^* \cdot v^*)}{\partial y^*} + \frac{\partial(\tau_{yz}^* \cdot w^*)}{\partial y^*} \right] \right) +$$
$$(\kappa - 1) \cdot M_\infty^2 \cdot \left(-\frac{\partial(p^* \cdot w^*)}{\partial z^*} + \frac{1}{Re_\infty} \cdot \left[\frac{\partial(\tau_{zx}^* \cdot u^*)}{\partial z^*} + \frac{\partial(\tau_{zy}^* \cdot v^*)}{\partial z^*} + \frac{\partial(\sigma_{zz}^* \cdot w^*)}{\partial z^*} \right] \right) \tag{3.46}$$

κ steht für den Isentropenexponenten der Zuströmung. Die Größen Re_∞, Pr_∞ und M_∞ entsprechen der Reynolds-, Prandtl- bzw. Machzahl. Sie lauten:

$$Re_\infty = \frac{\rho_\infty \cdot U_\infty \cdot L}{\mu_\infty} \quad , \quad Pr_\infty = \frac{c_p \cdot \mu_\infty}{\lambda_\infty} \quad , \quad M_\infty = \frac{U_\infty}{a_\infty} \quad , \qquad (3.47)$$

wobei a_∞ wiederum für die Schallgeschwindigkeit der Zuströmung steht. Mit den Vektoren $\vec{k}^*$ und $\vec{v}^*$ sind die folgenden Vektoren mit den entsprechenden dimensionslosen Komponenten gemeint:

$$\vec{k}^* = (k_x^*, k_y^*, k_z^*) \quad , \quad \vec{v}^* = (v_x^*, v_y^*, v_z^*) \quad .$$

Die dimensionslosen Schubspannungen berechnen sich mit den Formeln

$$\sigma_{ii}^* = \mu^* \cdot \left(2 \cdot \frac{\partial u_i^*}{\partial x_i^*} - \frac{2}{3} \cdot (\nabla \cdot \vec{v}^*) \right) \quad , \quad \tau_{ij}^* = \mu^* \cdot \left(\frac{\partial u_i^*}{\partial x_j^*} + \frac{\partial u_j^*}{\partial x_i^*} \right) \quad .$$

Die Indizes i und j stehen für die Zahlen 1, 2 und 3, mit denen die jeweiligen Koordinatenrichtungen bzw. Geschwindigkeitskomponenten indiziert werden. Es gilt: $x^* = x_1^*, y^* = x_2^*, z^* = x_3^*$ und $u^* = u_1^*, v^* = u_2^*, w^* = u_3^*$.

Mit Hilfe der dimensionslosen Gleichungen wird folgendes verständlich:

- Inkompressible reibungsbehaftete Strömungen, für deren Berechnung man nur die Kontinuitäts- (3.42) und Navier-Stokes Gleichungen (3.43), (3.44), (3.45) benötigt, werden ausschließlich durch die Reynoldszahl charakterisiert. Eine andere dimensionslose Zahl kommt in den zuletzt genannten Gleichungen nicht vor.

- Kompressible reibungsbehaftete Strömungen dagegen, für deren Berechnung man zusätzlich die Energiegleichung benötigt, werden durch die Mach-, Reynolds- und Prandtlzahl bestimmt.

- Für den Fall, daß die Reynoldszahl gegen Unendlich geht, verschwinden die Reibungsterme in den Gleichungen, d.h. die Gleichungen beschreiben dann das Verhalten eines reibungslosen Fluids. In einem reibungslosen Fluid tritt weiterhin keine Wärmeleitung auf.

In diesem Abschnitt über die Herleitung der dimensionslosen Grundgleichungen in Erhaltungsform waren wir gezwungen, für die dimensionslosen Größen einen eigenen Index '*' einzuführen, um sie von den dimensionsbehafteten Größen gleicher Bezeichnung unterscheiden zu können. Diesem Unterscheidungsproblem ist man in der Strömungsmechanik immer wieder ausgesetzt. Wir wollen daher an dieser Stelle einige grundsätzliche Anmerkungen zu diesem Problem machen, um Konfusion zu vermeiden. Diejenigen Gleichungen, in denen die in Gleichung (3.47) eingeführten dimensionslosen Kenngrößen $Re_\infty, Pr_\infty, M_\infty$ etc. auftreten, sind in der Regel per definitionem dimensionslos. Im weiteren Verlauf dieses Buches werden wir daher immer dort, wo Mißverständnisse auftreten können, explizit in Worten darauf hinweisen, wenn eine Gleichung dimensionslos zu verstehen ist.

Abschließend wollen wir noch die dimensionslosen Gleichungen in einer zusammenfassenden Form angeben, die in der numerischen Strömungsmechanik häufig benutzt wird:

$$\frac{\partial \mathbf{U}}{\partial t} + \frac{\partial \mathbf{F}}{\partial x} + \frac{\partial \mathbf{G}}{\partial y} + \frac{\partial \mathbf{H}}{\partial z} = \mathbf{S} \tag{3.48}$$

mit

$$\mathbf{U} = \begin{pmatrix} \rho \\ \rho \cdot u \\ \rho \cdot v \\ \rho \cdot w \\ \rho \cdot e_{ges} \end{pmatrix} \quad , \quad \mathbf{S} = \begin{pmatrix} 0 \\ k_x \\ k_y \\ k_z \\ (\kappa - 1) \cdot M_\infty^2 \cdot (\vec{k} \cdot \vec{v} + \rho \cdot \dot{q}_s) \end{pmatrix}$$

$$\mathbf{F} = \begin{pmatrix} \rho \cdot u \\ \rho \cdot u^2 + p - \frac{1}{Re_\infty} \cdot \sigma_{xx} \\ \rho \cdot u \cdot v - \frac{1}{Re_\infty} \cdot \tau_{xy} \\ \rho \cdot u \cdot w - \frac{1}{Re_\infty} \cdot \tau_{xz} \\ (\rho \cdot e_{ges} + (\kappa - 1) \cdot M_\infty^2 \cdot p) \cdot u - \frac{(\kappa-1) \cdot M_\infty^2}{Re_\infty}(\sigma_{xx} \cdot u + \tau_{xy} \cdot v + \tau_{xz} \cdot w) - \frac{1}{Re_\infty \cdot Pr_\infty} \cdot \lambda \cdot \frac{\partial T}{\partial x} \end{pmatrix}$$

$$\mathbf{G} = \begin{pmatrix} \rho \cdot v \\ \rho \cdot u \cdot v - \frac{1}{Re_\infty} \cdot \tau_{yx} \\ \rho \cdot v^2 + p - \frac{1}{Re_\infty} \cdot \sigma_{yy} \\ \rho \cdot w \cdot v - \frac{1}{Re_\infty} \cdot \tau_{yz} \\ (\rho \cdot e_{ges} + (\kappa - 1) \cdot M_\infty^2 \cdot p) \cdot v - \frac{(\kappa-1) \cdot M_\infty^2}{Re_\infty}(\sigma_{yy} \cdot v + \tau_{yz} \cdot w + \tau_{yx} \cdot u) - \frac{1}{Re_\infty \cdot Pr_\infty} \cdot \lambda \cdot \frac{\partial T}{\partial y} \end{pmatrix}$$

$$\mathbf{H} = \begin{pmatrix} \rho \cdot w \\ \rho \cdot u \cdot w - \frac{1}{Re_\infty} \cdot \tau_{zx} \\ \rho \cdot v \cdot w - \frac{1}{Re_\infty} \cdot \tau_{zy} \\ \rho \cdot w^2 + p - \frac{1}{Re_\infty} \cdot \sigma_{zz} \\ (\rho \cdot e_{ges} + (\kappa - 1) \cdot M_\infty^2 \cdot p) \cdot w - \frac{(\kappa-1) \cdot M_\infty^2}{Re_\infty}(\sigma_{zz} \cdot w + \tau_{zy} \cdot v + \tau_{zx} \cdot u) - \frac{1}{Re_\infty \cdot Pr_\infty} \cdot \lambda \cdot \frac{\partial T}{\partial z} \end{pmatrix}$$

und den ebenfalls dimensionslosen Bestimmungsgleichungen für die Normalspannungen σ_{ii} und die Schubspannungen τ_{ij}

$$\sigma_{ii} = \mu \cdot \left(2 \cdot \frac{\partial u_i}{\partial x_i} - \frac{2}{3} \cdot (\nabla \cdot \vec{v}) \right) \quad , \quad \tau_{ij} = \mu \cdot \left(\frac{\partial u_i}{\partial x_j} + \frac{\partial u_j}{\partial x_i} \right) \quad .$$

3.5 Reynolds-Gleichungen für turbulente Strömungen

In den vorigen Abschnitten haben wir die Grundgleichungen der Strömungsmechanik hergeleitet. Diese Gleichungen sind, zumindest aus der Sicht des Ingenieurs, als vollkommen exakt anzusehen. Wenn wir sie mit analytischen und/oder numerischen Methoden für alle technischen Probleme lösen könnten, so könnten wir an dieser Stelle das Kapitel "Grundgleichungen der Strömungsmechanik" beenden und zu den Lösungsverfahren übergehen.

Die Gleichungen sind aber für die Mehrzahl der technischen Probleme nicht lösbar, und deshalb gibt es eine Reihe von modifizierten und vereinfachten Gleichungen, mit denen man das Wesentliche der Strömungungsphysik erfassen und berechnen kann. Als Ingenieur muß man lernen, ein Strömungsproblem zu beurteilen und auf dies die geeignet vereinfachten Gleichungen anzuwenden, so daß die Strömung genau berechnet bzw. mit einem Rechner simuliert wird.

Wir denken in diesem Zusammenhang an die Strömungsbereiche der in Kapitel 2 diskutierten Strömungsprobleme. Auf dem Tragflügel sind die Grenzschichten und die Nachlaufströmung turbulent. Die Strömung um ein Kraftfahrzeug wird ebenfalls durch große turbulente Strömungsbereiche bestimmt, und bei der Innenströmung in einem Drehmomentenwandler können wir davon ausgehen, daß die Strömung nahezu überall turbulent ist.

In diesem Abschnitt wollen wir uns mit den modifizierten Grundgleichungen zur Berechnung von turbulenten Strömungen auseinandersetzen. Die vereinfachten Grundgleichungen werden dann in den nachfolgenden Abschnitten hergeleitet und deren Anwendungen erläutert. Bevor wir nun die modifizierten Gleichungen zur Berechnung von turbulenten Strömungen herleiten, müssen wir uns ergänzend zur Strömungsmechanik-Grundvorlesung zunächst nochmals mit dem Phänomen "Turbulenz" beschäftigen.

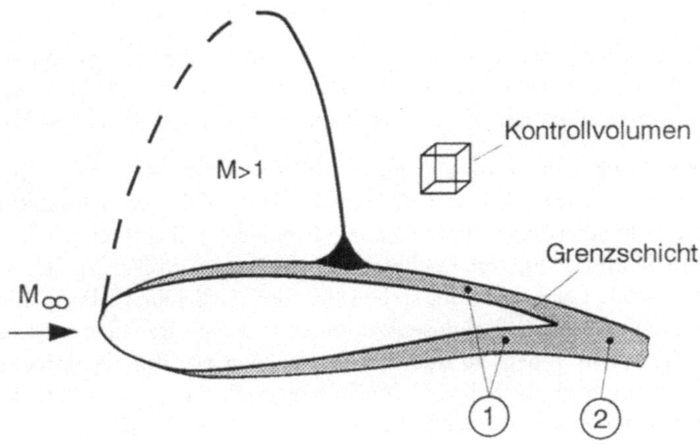

Abb. 3.7: Tragflügelströmung

58

3.5.1 Kompressible Strömungen

Um turbulente Strömungen technischer Probleme verstehen zu lernen, betrachten wir wieder die Tragflügelströmung an zwei verschiedenen Stellen (s. Abbildung 3.7). Die erste Stelle, sie wird mit dem Index 1 gekennzeichnet, liegt im hinteren turbulenten Teil der Grenzschicht, an der die Strömung quasi-stationär (der Begriff wird noch erklärt) ist. Weiterhin betrachten wir die Strömung an der Stelle mit dem Index 2 im turbulenten Nachlauf, wo die Strömung ebenfalls turbulent ist und zusätzlich instationär.

In der Abbildung 3.8 sind die zeitlichen Verläufe des Betrages einer Strömungsgröße f (z.B. Geschwindigkeit, Druck etc.) an den Stellen 1 und 2 dargestellt. An beiden Stellen ändert sich die Strömung mit der Zeit, also sind streng genommen beide Strömungen als instationär anzusehen. Allerdings besitzt die Strömung an der Stelle 1 einen zeitlichen Mittelwert $\bar{f}$, der über der Zeit konstant ist, und die betrachtete Strömungsgröße f schwankt mit nur kleinen Aussschlägen f' um diesen gemittelten Wert. Eine solche Strömung bezeichnet man als quasi-stationär. Ihren Mittelwert $\bar{f}$ können wir mit der Formel

$$\bar{f} = \lim_{T \to \infty} \frac{1}{T} \cdot \int_0^T f \cdot dt \qquad (3.49)$$

berechnen. Dabei gilt weiterhin:

$$\lim_{T \to \infty} \frac{1}{T} \cdot \int_0^T f' \cdot dt = 0 \quad . \qquad (3.50)$$

An der Stelle 2 hingegen ändert sich der Mittelwert $\bar{f}$ mit der Zeit, und die Strömung wird dort als turbulent und instationär bezeichnet. Wir benutzen zur Definition wieder die bereits verwendetete Formel

$$\bar{f} = \frac{1}{T} \cdot \int_0^T f \cdot dt \quad . \qquad (3.51)$$

Jedoch müssen wir das Mittelungsintervall $[0, T]$ geeignet groß wählen. Wird es zu groß gewählt, so wird der instationäre Verlauf herausgemittelt; wird es zu klein gewählt, so repräsentiert der berechnete Wert nicht den tatsächlichen Mittelwert.

Die Grundgleichungen der Strömungsmechanik, die wir in den vorigen Abschnitten hergeleitet haben, beinhalten natürlich auch die Physik der Schwankungsbewegungen. Um diese allerdings für technische Probleme mit numerischen Verfahren berechnen zu können, müßten Rechner mit einer sehr großen Speicherkapazität und Rechenleistung zur Verfügung stehen, um die zeitlichen Verläufe und räumlichen Strukturen ausreichend auflösen zu können. Solche Rechner wird es auch in absehbarer Zeit nicht geben, so daß man gezwungen ist, für die Berechnung von technischen Strömungen die Schwankungsbewegungen mit sogenannten Turbulenzmodellen näherungsweise zu modellieren.

In diesem Abschnitt wollen wir nun die Grundgleichungen der Strömungsmechanik dahingehend modifizieren, daß in ihnen die Turbulenzmodelle berücksichtigt werden können. Dazu werden wir die Grundgleichungen zeitlich mitteln. Die Turbulenzmodellierung, die immer noch ein Aufgabengebiet der Forschung ist, wird in einem nachfolgenden Abschnitt in ersten Ansätzen ausgeführt.

Wir führen zunächst die folgenden massengemittelten Größen ein:

$$\tilde{u} = \frac{\overline{\rho \cdot u}}{\bar{\rho}} \quad , \quad \tilde{v} = \frac{\overline{\rho \cdot v}}{\bar{\rho}} \quad , \quad \tilde{w} = \frac{\overline{\rho \cdot w}}{\bar{\rho}} \quad , \quad \tilde{T} = \frac{\overline{\rho \cdot T}}{\bar{\rho}} \quad , \quad \tilde{e} = \frac{\overline{\rho \cdot e}}{\bar{\rho}} \quad . \tag{3.52}$$

Mit dem Überstreichen der Produkte, z.B. von $\overline{\rho \cdot u}$, ist gemäß der Formel (3.49) (bzw. gemäß Gleichung (3.51)) die zeitliche Mittelung

$$\overline{\rho \cdot u} = \lim_{T \to \infty} \frac{1}{T} \cdot \int_0^T (\rho \cdot u) \cdot dt \tag{3.53}$$

gemeint, die man auch FAVRE-Mittelung nennt.

Die Größen u, v usw. lassen sich nun aus den zeitlichen Mittelwerten gemäß den Gleichungen (3.52) und einer Schwankungsgröße, die wir nachfolgend mit zwei Strichen kennzeichnen, zusammensetzen. Dabei werden der Druck p und die Dichte ρ (trivialerweise) nicht massengemittelt. Ihre Schwankungsgrößen werden mit nur einem Strich gekennzeichnet. Wir definieren also die folgenden Größen:

$$\begin{aligned} \rho &= \bar{\rho} + \rho' \quad , \quad p = \bar{p} + p' \quad , \\ u &= \tilde{u} + u'' \quad , \quad v = \tilde{v} + v'' \quad , \quad w = \tilde{w} + w'' \quad , \\ T &= \tilde{T} + T'' \quad , \quad e = \tilde{e} + e'' \quad . \end{aligned} \tag{3.54}$$

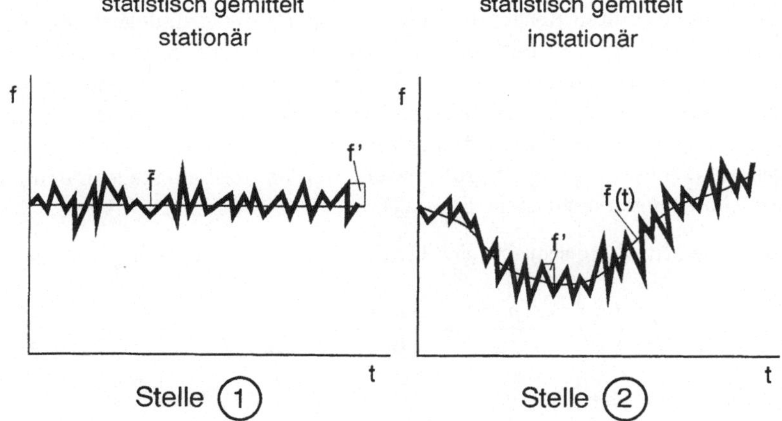

Abb. 3.8: Zeitlich gemittelte Größen

Es ist wichtig zu vermerken, daß die zeitlich gemittelten Größen von f'' (f'' steht für eine beliebige Schwankungsgröße um $\tilde{u}$, $\tilde{v}$, usw.), also $\overline{f''}$, nicht Null sind. Hingegen ist die Größe $\overline{\rho \cdot f''}$, wie nachfolgend gezeigt, Null. Um dies zu zeigen, betrachten wir das Produkt $\rho \cdot u$. Gemäß der eingeführten Definition gilt:

$$\rho \cdot u = \rho \cdot (\tilde{u} + u'') = \rho \cdot \tilde{u} + \rho \cdot u'' \quad .$$

Durch das zeitliche Mitteln des Ausdrucks erhalten wir:

$$\overline{\rho \cdot u} = \lim_{T \to \infty} \frac{1}{T} \cdot \int_0^T (\rho \cdot \tilde{u} + \rho \cdot u'') \cdot dt =$$
$$= \lim_{T \to \infty} \frac{1}{T} \cdot \int_0^T (\rho \cdot \tilde{u}) \cdot dt + \lim_{T \to \infty} \frac{1}{T} \cdot \int_0^T (\rho \cdot u'') \cdot dt =$$
$$= \tilde{u} \cdot \lim_{T \to \infty} \frac{1}{T} \cdot \int_0^T \rho \cdot dt + \overline{\rho \cdot u''} = \bar{\rho} \cdot \tilde{u} + \overline{\rho \cdot u''} \quad .$$

Also ist

$$\frac{\overline{\rho \cdot u}}{\bar{\rho}} = \tilde{u} + \frac{\overline{\rho \cdot u''}}{\bar{\rho}} \quad .$$

Vergleichen wir diese Gleichung mit der Definitionsgleichung für $\tilde{u}$, so erkennen wir, daß gilt: $\overline{\rho \cdot u''} = 0$.

Weiterhin gelten die folgenden Rechenregeln für zwei beliebige Größen f und g (dem Leser wird empfohlen, die Rechenregeln selbst nachzuvollziehen):

$$\overline{\frac{\partial f}{\partial s}} = \frac{\partial \bar{f}}{\partial s} \quad , \quad \overline{f + g} = \bar{f} + \bar{g} \quad , \quad \overline{\rho' \cdot \tilde{u}} = 0 \tag{3.55}$$

Mit den nun bekannten Rechenregeln ist es möglich, die Grundgleichungen zeitlich zu mitteln. Wir beginnen mit der zeitlichen Mittelung der Kontinuitätsgleichung, d.h wir wollen herausfinden, wie sich die Gleichung verändert, wenn wir sie nicht nur für einen Zeitpunkt betrachten, sondern für ein Zeitintervall. Da wir die Gleichungen für eine instationäre Strömung mitteln wollen, muß das Zeitintervall $[0, T]$, wie bereits diskutiert, geeignet groß gewählt werden (deshalb steht in den nachfolgenden Gleichungen nicht mehr $\lim_{T \to \infty}$).

Die zeitliche Mittelung schreibt sich für die Kontinuitätsgleichung wie folgt:

$$\frac{1}{T} \cdot \int_0^T \left(\frac{\partial \rho}{\partial t} + \frac{\partial(\rho \cdot u)}{\partial x} + \frac{\partial(\rho \cdot v)}{\partial y} + \frac{\partial(\rho \cdot w)}{\partial z} \right) \cdot dt = 0 \quad ,$$

oder, anders geschrieben,

$$\overline{\frac{\partial \rho}{\partial t} + \frac{\partial(\rho \cdot u)}{\partial x} + \frac{\partial(\rho \cdot v)}{\partial y} + \frac{\partial(\rho \cdot w)}{\partial z}} = 0 \quad . \tag{3.56}$$

Setzen wir in die Gleichung (3.56) die Größen u, v und w gemäß der Gleichungen (3.54) ein, so können wir mit den Rechenregeln (3.55) und mit $\overline{\rho \cdot f''} = 0$ die folgende Rechnung durchführen:

$$\frac{\overline{\partial \rho}}{\partial t} + \frac{\overline{\partial [\rho \cdot (\tilde{u} + u'')]}}{\partial x} + \frac{\overline{\partial [\rho \cdot (\tilde{v} + v'')]}}{\partial y} + \frac{\overline{\partial [\rho \cdot (\tilde{w} + w'')]}}{\partial z} = 0$$

$$\frac{\partial \bar{\rho}}{\partial t} + \frac{\overline{\partial [\rho \cdot (\tilde{u} + u'')]}}{\partial x} + \frac{\overline{\partial [\rho \cdot (\tilde{v} + v'')]}}{\partial y} + \frac{\overline{\partial [\rho \cdot (\tilde{w} + w'')]}}{\partial z} = 0$$

$$\frac{\partial \bar{\rho}}{\partial t} + \frac{\partial \overline{[\rho \cdot (\tilde{u}_i + u''_i)]}}{\partial x_i} = 0$$

Der zweite Summand beinhaltet wieder eine abkürzende Schreibweise für die drei Koordinaten- und Geschwindigkeitsrichtungen ($i = 1, \ldots, 3$). Für ihn gilt weiterhin:

$$\frac{\partial \overline{[\rho \cdot (\tilde{u}_i + u''_i)]}}{\partial x_i} = \frac{\partial \overline{(\rho \cdot \tilde{u}_i)}}{\partial x_i} + \frac{\partial \overline{(\rho \cdot u''_i)}}{\partial x_i} = \frac{\partial (\bar{\rho} \cdot \tilde{u}_i)}{\partial x_i} \quad .$$

Die zeitlich gemittelte Kontinuitätsgleichung lautet also:

$$\boxed{\frac{\partial \bar{\rho}}{\partial t} + \frac{\partial (\bar{\rho} \cdot \tilde{u})}{\partial x} + \frac{\partial (\bar{\rho} \cdot \tilde{v})}{\partial y} + \frac{\partial (\bar{\rho} \cdot \tilde{w})}{\partial z} = 0} \qquad (3.57)$$

Sie hat sich gegenüber der ursprünglichen Kontinuitätsgleichung rein äußerlich kaum verändert und enthält jetzt nicht mehr die Größen ρ und u_i, sondern $\bar{\rho}$ und $\tilde{u}_i$.

Es folgt nun die zeitliche Mittelung der Navier-Stokes Gleichungen, die in analoger Weise wie die Mittelung der Kontinuitätsgleichung durchgeführt wird. Dabei beschränken wir uns wieder auf die Gleichung für die x-Richtung und schreiben (s. dazu Gleichung (3.13)):

$$\frac{\overline{\partial (\rho \cdot u)}}{\partial t} + \frac{\partial (\rho \cdot u^2)}{\partial x} + \frac{\partial (\rho \cdot u \cdot v)}{\partial y} + \frac{\partial (\rho \cdot u \cdot w)}{\partial z} =$$
$$\overline{k_x - \frac{\partial p}{\partial x} + \frac{\partial \sigma_{xx}}{\partial x} + \frac{\partial \tau_{yx}}{\partial y} + \frac{\partial \tau_{zx}}{\partial z}}$$

mit

$$\sigma_{xx} = \mu \cdot \left(2 \cdot \frac{\partial u}{\partial x} - \frac{2}{3} \cdot (\nabla \cdot \vec{v}) \right) \quad , \quad \tau_{ij} = \mu \cdot \left(\frac{\partial u_i}{\partial x_j} + \frac{\partial u_j}{\partial x_i} \right) \quad .$$

Mit den eingeführten Rechenregeln (3.55) erhalten wir:

$$\frac{\partial \overline{(\rho \cdot u)}}{\partial t} + \frac{\partial \overline{(\rho \cdot u^2)}}{\partial x} + \frac{\partial \overline{(\rho \cdot u \cdot v)}}{\partial y} + \frac{\partial \overline{(\rho \cdot u \cdot w)}}{\partial z} =$$
$$k_x - \frac{\partial \bar{p}}{\partial x} + \frac{\partial \bar{\sigma}_{xx}}{\partial x} + \frac{\partial \bar{\tau}_{yx}}{\partial y} + \frac{\partial \bar{\tau}_{zx}}{\partial z} \quad . \quad (3.58)$$

Gemäß der Definition von $\tilde{u}$ ist $\overline{\rho \cdot u} = \bar{\rho} \cdot \tilde{u}$, so daß in der Gleichung (3.58) alle Summanden der linken und rechten Seite gemittelt bekannt sind, außer drei Summanden der linken Seite, die die räumlichen partiellen Ableitungen enthalten (diese Terme heißen auch "konvektive Glieder"). Sie wollen wir nachfolgend weiter betrachten, indem wir in diese Glieder für u, v und w die entsprechenden Ausdrücke gemäß der Gleichungen (3.54) einsetzen. Wir erhalten:

$$\frac{\partial \overline{[\rho \cdot (\tilde{u} + u'')^2]}}{\partial x} + \frac{\partial \overline{[\rho \cdot (\tilde{u} + u'') \cdot (\tilde{v} + v'')]}}{\partial y} + \frac{\partial \overline{[\rho \cdot (\tilde{u} + u'') \cdot (\tilde{w} + w'')]}}{\partial z} =$$

$$\frac{\partial \overline{(\rho \cdot \tilde{u}^2)}}{\partial x} + \frac{\partial \overline{(\rho \cdot u''^2)}}{\partial x} + \frac{\partial \overline{(2 \cdot \rho \cdot \tilde{u} \cdot u'')}}{\partial x} +$$

$$\frac{\partial \overline{(\rho \cdot \tilde{u} \cdot \tilde{v})}}{\partial y} + \frac{\partial \overline{(\rho \cdot \tilde{u} \cdot v'')}}{\partial y} + \frac{\partial \overline{(\rho \cdot u'' \cdot \tilde{v})}}{\partial y} + \frac{\partial \overline{(\rho \cdot u'' \cdot v'')}}{\partial y} +$$

$$\frac{\partial \overline{(\rho \cdot \tilde{u} \cdot \tilde{w})}}{\partial z} + \frac{\partial \overline{(\rho \cdot \tilde{u} \cdot w'')}}{\partial z} + \frac{\partial \overline{(\rho \cdot u'' \cdot \tilde{w})}}{\partial z} + \frac{\partial \overline{(\rho \cdot u'' \cdot w'')}}{\partial z} =$$

$$\frac{\partial (\bar{\rho} \cdot \tilde{u}^2)}{\partial x} + \frac{\partial \overline{(\rho \cdot u''^2)}}{\partial x} + \frac{\partial (\bar{\rho} \cdot \tilde{u} \cdot \tilde{v})}{\partial y} + \frac{\partial \overline{(\rho \cdot u'' \cdot v'')}}{\partial y} +$$

$$+\frac{\partial (\bar{\rho} \cdot \tilde{u} \cdot \tilde{w})}{\partial z} + \frac{\partial \overline{(\rho \cdot u'' \cdot w'')}}{\partial z} \quad .$$

Setzen wir das Ergebnis der Rechnung in die Gleichung (3.58) ein, erhalten wir die massengemittelte Reynoldsgleichung für die x-Richtung. Sie lautet:

$$\frac{\partial (\bar{\rho} \cdot \tilde{u})}{\partial t} + \frac{\partial (\bar{\rho} \cdot \tilde{u}^2)}{\partial x} + \frac{\partial (\bar{\rho} \cdot \tilde{u} \cdot \tilde{v})}{\partial y} + \frac{\partial (\bar{\rho} \cdot \tilde{u} \cdot \tilde{w})}{\partial z} = k_x - \frac{\partial \bar{p}}{\partial x} +$$

$$\frac{\partial \bar{\sigma}_{xx}}{\partial x} + \frac{\partial \bar{\tau}_{yx}}{\partial y} + \frac{\partial \bar{\tau}_{zx}}{\partial z} - \left(\frac{\partial \overline{(\rho \cdot u''^2)}}{\partial x} + \frac{\partial \overline{(\rho \cdot u'' \cdot v'')}}{\partial y} + \frac{\partial \overline{(\rho \cdot u'' \cdot w'')}}{\partial z} \right) \quad . \quad (3.59)$$

Für die zeitlich gemittelten Normal- und Schubspannungen σ_{xx}, τ_{yx} und τ_{zx} erhalten wir mit einer einfachen zusätzlichen Rechnung die ergänzenden Gleichungen

$$\bar{\sigma}_{xx} = \mu \cdot \left(2 \cdot \frac{\partial \tilde{u}}{\partial x} - \frac{2}{3} \cdot (\nabla \cdot \tilde{\mathbf{v}}) \right) + \mu \cdot \left(2 \cdot \frac{\partial u''}{\partial x} - \frac{2}{3} \cdot (\nabla \cdot \vec{\mathbf{v}}'') \right) \quad (3.60)$$

$$\bar{\tau}_{ij} = \mu \cdot \left(\frac{\partial \tilde{u}_i}{\partial x_j} + \frac{\partial \tilde{u}_j}{\partial x_i} \right) + \mu \cdot \left(\frac{\partial u''_i}{\partial x_j} + \frac{\partial u''_j}{\partial x_i} \right) \quad . \quad (3.61)$$

Die Ausdrücke $\nabla \cdot \tilde{\mathbf{v}}$ und $\nabla \cdot \vec{\mathbf{v}}''$ stehen für die Divergenzen

$$\frac{\partial \tilde{u}}{\partial x} + \frac{\partial \tilde{v}}{\partial y} + \frac{\partial \tilde{w}}{\partial z} \quad , \quad \frac{\partial u''}{\partial x} + \frac{\partial v''}{\partial y} + \frac{\partial w''}{\partial z} \quad .$$

Die Gleichung (3.59) enthält im Vergleich zu der Navier-Stokes Gleichung auf der rechten Seite zusätzliche Glieder, mit denen die Schwankungsbewegungen der Strömung berücksichtigt werden. Diese Glieder sind, physikalisch gesehen, Trägheitsglieder, denn sie rühren von den konvektiven, nichtlinearen Termen her.

Die durch die Schwankungen verursachten Trägheitskräfte in der Strömung erwecken den Eindruck, daß in der Strömung eine zusätzliche Reibung wirksam ist. Deshalb werden diese Schwankungsterme auch als zusätzliche Reibungsglieder interpretiert, obwohl sie direkt nichts mit den Reibungseffekten gemeinsam haben. Man spricht in diesem Zusammenhang auch von turbulenter Scheinreibung.

Weiterhin haben die Schwankungsbewegungen einen Einfluß auf die zeitlich gemittelten Normal- und Schubspannungen, wie wir es jeweils an dem zweiten Summanden der Gleichungen (3.60) und (3.61) erkennen können. Diese zuletzt genannten Summanden werden jedoch bei der Berechnung von Strömungsfeldern vernachlässigt, da ihr Einfluß auf die Ergebnisse der Strömungsberechnungen bekannterweise gering ist.

Die zusätzlichen Terme in der Gleichung (3.59) müssen für turbulente Strömungen geeignet modelliert werden (für laminare Strömungen sind sie verständlicherweise Null). Dazu gibt es Turbulenzmodelle.

Nachfolgend werden nun alle drei Reynoldsgleichungen für die x-, y- und z-Richtung angegeben. Sie lauten:

$$\frac{\partial(\bar{\rho}\cdot\tilde{u})}{\partial t} + \frac{\partial(\bar{\rho}\cdot\tilde{u}^2)}{\partial x} + \frac{\partial(\bar{\rho}\cdot\tilde{u}\cdot\tilde{v})}{\partial y} + \frac{\partial(\bar{\rho}\cdot\tilde{u}\cdot\tilde{w})}{\partial z} = k_x - \frac{\partial\bar{p}}{\partial x} + \frac{\partial\bar{\sigma}_{xx}}{\partial x} + \frac{\partial\bar{\tau}_{yx}}{\partial y} + \frac{\partial\bar{\tau}_{zx}}{\partial z} -$$

$$- \left(\frac{\partial\overline{(\rho\cdot u''^2)}}{\partial x} + \frac{\partial\overline{(\rho\cdot u''\cdot v'')}}{\partial y} + \frac{\partial\overline{(\rho\cdot u''\cdot w'')}}{\partial z} \right) \qquad (3.62)$$

$$\frac{\partial(\bar{\rho}\cdot\tilde{v})}{\partial t} + \frac{\partial(\bar{\rho}\cdot\tilde{v}\cdot\tilde{u})}{\partial x} + \frac{\partial(\bar{\rho}\cdot\tilde{v}^2)}{\partial y} + \frac{\partial(\bar{\rho}\cdot\tilde{v}\cdot\tilde{w})}{\partial z} = k_y - \frac{\partial\bar{p}}{\partial y} + \frac{\partial\bar{\tau}_{xy}}{\partial x} + \frac{\partial\bar{\sigma}_{yy}}{\partial y} + \frac{\partial\bar{\tau}_{zy}}{\partial z} -$$

$$- \left(\frac{\partial\overline{(\rho\cdot v''\cdot u'')}}{\partial x} + \frac{\partial\overline{(\rho\cdot v''^2)}}{\partial y} + \frac{\partial\overline{(\rho\cdot v''\cdot w'')}}{\partial z} \right) \qquad (3.63)$$

$$\frac{\partial(\bar{\rho}\cdot\tilde{w})}{\partial t} + \frac{\partial(\bar{\rho}\cdot\tilde{w}\cdot\tilde{u})}{\partial x} + \frac{\partial(\bar{\rho}\cdot\tilde{w}\cdot\tilde{v})}{\partial y} + \frac{\partial(\bar{\rho}\cdot\tilde{w}^2)}{\partial z} = k_z - \frac{\partial\bar{p}}{\partial z} + \frac{\partial\bar{\tau}_{xz}}{\partial x} + \frac{\partial\bar{\tau}_{yz}}{\partial y} + \frac{\partial\bar{\sigma}_{zz}}{\partial z} -$$

$$- \left(\frac{\partial\overline{(\rho\cdot w''\cdot u'')}}{\partial x} + \frac{\partial\overline{(\rho\cdot w''\cdot v'')}}{\partial y} + \frac{\partial\overline{(\rho\cdot w''^2)}}{\partial z} \right) \qquad (3.64)$$

mit

$$\bar{\sigma}_{ii} = \mu\cdot\left(2\cdot\frac{\partial\tilde{u}_i}{\partial x_i} - \frac{2}{3}\cdot(\nabla\cdot\tilde{\mathbf{v}})\right) + \mu\cdot\left(2\cdot\frac{\partial\overline{u''_i}}{\partial x_i} - \frac{2}{3}\cdot(\nabla\cdot\overline{\mathbf{v}''})\right) \qquad (3.65)$$

$$\bar{\tau}_{ij} = \mu\cdot\left(\frac{\partial\tilde{u}_i}{\partial x_j} + \frac{\partial\tilde{u}_j}{\partial x_i}\right) + \mu\cdot\left(\frac{\partial\overline{u''_i}}{\partial x_j} + \frac{\partial\overline{u''_j}}{\partial x_i}\right) \qquad (3.66)$$

Als nächstes wollen wir nun die Energiegleichung zeitlich mitteln. Dabei beschränken wir uns auf kalorisch perfekte Gase und kommen wieder auf die Gleichung (3.41) zurück. Bevor sie zeitlich gemittelt wird, werden wir ihre rechte Seite noch modifizieren. Durch Erweitern der linken Seite der Gleichung (3.41) durch die linke Seite der Kontinuitätsgleichung (3.1) und die anschließende Zusammenfassung erhalten wir (der Index i steht wieder für die drei Raum- bzw. Geschwindigkeitsrichtungen):

$$\rho \cdot c_p \cdot \left(\frac{\partial T}{\partial t} + u_i \cdot \frac{\partial T}{\partial x_i}\right) = \rho \cdot c_p \cdot \left(\frac{\partial T}{\partial t} + u_i \cdot \frac{\partial T}{\partial x_i}\right) + T \cdot c_p \cdot \left(\frac{\partial \rho}{\partial t} + \frac{\partial(\rho \cdot u_i)}{\partial x_i}\right) =$$

$$\frac{\partial(\rho \cdot c_p \cdot T)}{\partial t} + \frac{\partial(\rho \cdot c_p \cdot T \cdot u_i)}{\partial x_i} \quad .$$

Die Energiegleichung kann also wie folgt geschrieben werden:

$$\frac{\partial(\rho \cdot c_p \cdot T)}{\partial t} + \frac{\partial(\rho \cdot c_p \cdot T \cdot u)}{\partial x} + \frac{\partial(\rho \cdot c_p \cdot T \cdot v)}{\partial y} + \frac{\partial(\rho \cdot c_p \cdot T \cdot w)}{\partial z} =$$

$$\left(\frac{\partial p}{\partial t} + u \cdot \frac{\partial p}{\partial x} + v \cdot \frac{\partial p}{\partial y} + w \cdot \frac{\partial p}{\partial z}\right) + \tag{3.67}$$

$$+ \left(\frac{\partial}{\partial x}\left(\lambda \cdot \frac{\partial T}{\partial x}\right) + \frac{\partial}{\partial y}\left(\lambda \cdot \frac{\partial T}{\partial y}\right) + \frac{\partial}{\partial z}\left(\lambda \cdot \frac{\partial T}{\partial z}\right)\right) + \vec{k} \cdot \vec{v} + \rho \cdot \dot{q}_s + \Psi \quad .$$

Ψ ist die Summe der folgenden Produkte (vgl. dazu (3.36)):

$$\Psi = \quad \sigma_{xx} \cdot \frac{\partial u}{\partial x} + \tau_{yx} \cdot \frac{\partial u}{\partial y} + \tau_{zx} \cdot \frac{\partial u}{\partial z} + \tau_{xy} \cdot \frac{\partial v}{\partial x} + \sigma_{yy} \cdot \frac{\partial v}{\partial y} +$$

$$+ \tau_{zy} \cdot \frac{\partial v}{\partial z} + \tau_{xz} \cdot \frac{\partial w}{\partial x} + \tau_{yz} \cdot \frac{\partial w}{\partial y} + \sigma_{zz} \cdot \frac{\partial w}{\partial z} \quad .$$

Wir mitteln nun die Energiegleichung und setzen dafür in die Energiegleichung die Größen u, v, w, p und T gemäß den Gleichungen (3.54) ein. Dadurch erhalten wir die folgende Gleichung (wir verwenden wieder die abkürzende Schreibweise):

$$\overline{\frac{\partial(\rho \cdot c_p \cdot (\tilde{T} + T''))}{\partial t} + \frac{\partial(\rho \cdot c_p \cdot (\tilde{T} + T'') \cdot (\tilde{u}_i + u_i''))}{\partial x_i}} =$$

$$\overline{\left(\frac{\partial(\bar{p} + p')}{\partial t} + (\tilde{u}_i + u_i'') \cdot \frac{\partial(\bar{p} + p')}{\partial x_i}\right)} +$$

$$\overline{\left(\frac{\partial}{\partial x_i}\left(\lambda \cdot \frac{\partial(\tilde{T} + T'')}{\partial x_i}\right)\right)} + \vec{k} \cdot \vec{v} + (\bar{\rho} + \rho') \cdot \dot{q}_s + \Psi \quad . \tag{3.68}$$

Mit der Anwendung der bereits bekannten Rechenregeln erhalten wir die zeitlich gemittelte Energiegleichung für kalorisch ideale Gase. Sie lautet:

$$\frac{\partial(\bar{\rho} \cdot c_p \cdot \tilde{T})}{\partial t} + \frac{\partial(\bar{\rho} \cdot c_p \cdot \tilde{T} \cdot \tilde{u})}{\partial x} + \frac{\partial(\bar{\rho} \cdot c_p \cdot \tilde{T} \cdot \tilde{v})}{\partial y} + \frac{\partial(\bar{\rho} \cdot c_p \cdot \tilde{T} \cdot \tilde{w})}{\partial z} =$$

$$\frac{\partial \bar{p}}{\partial t} + \tilde{u} \cdot \frac{\partial \bar{p}}{\partial x} + \tilde{v} \cdot \frac{\partial \bar{p}}{\partial y} + \tilde{w} \cdot \frac{\partial \bar{p}}{\partial z} + \overline{u'' \cdot \frac{\partial p}{\partial x}} + \overline{v'' \cdot \frac{\partial p}{\partial y}} + \overline{w'' \cdot \frac{\partial p}{\partial z}} + \qquad (3.69)$$

$$\frac{\partial}{\partial x}\left(\lambda \cdot \frac{\partial \tilde{T}}{\partial x} + \lambda \cdot \overline{\frac{\partial T''}{\partial x}} - c_p \cdot \overline{\rho \cdot T'' \cdot u''}\right) + \frac{\partial}{\partial y}\left(\lambda \cdot \frac{\partial \tilde{T}}{\partial y} + \lambda \cdot \overline{\frac{\partial T''}{\partial y}} - c_p \cdot \overline{\rho \cdot T'' \cdot v''}\right) +$$

$$\frac{\partial}{\partial z}\left(\lambda \cdot \frac{\partial \tilde{T}}{\partial z} + \lambda \cdot \overline{\frac{\partial T''}{\partial z}} - c_p \cdot \overline{\rho \cdot T'' \cdot w''}\right) + \vec{k} \cdot \vec{v} + \bar{\rho} \cdot \dot{q}_s + \bar{\Psi}$$

mit

$$\bar{\Psi} = \overline{\sigma_{kk} \cdot \frac{\partial u_k}{\partial x_k}} + \overline{\tau_{ij} \cdot \frac{\partial u_i}{\partial x_j}} = \bar{\sigma}_{kk} \cdot \frac{\partial \tilde{u}_k}{\partial x_k} + \overline{\sigma_{kk} \cdot \frac{\partial u_k''}{\partial x_k}} + \bar{\tau}_{ij} \cdot \frac{\partial \tilde{u}_i}{\partial x_j} + \overline{\tau_{ij} \cdot \frac{\partial u_i''}{\partial x_j}} \qquad (3.70)$$

Für die zeitlich gemittelten Normal- und Schubspannungen $\bar{\sigma}_{kk}$ bzw. $\bar{\tau}_{ij}$ gelten die Gleichungen (3.65) und (3.66).

Die Gleichung (3.69) enthält auf der rechten Seite drei zusätzliche Terme. Weiterhin hat sich die Anzahl der Glieder von $\bar{\Psi}$ im Vergleich zu Ψ verdoppelt. Es ist nicht schwer, die Herkunft der zusätzlichen Ausdrücke nachzuvollziehen. Der Term $\partial/\partial x_j(c_p \cdot \overline{\rho \cdot T'' \cdot u_j''})$ rührt wieder von den nichtlinearen, konvektiven Gliedern her. Er beschreibt in der Energiegleichung den zusätzlichen Energietransport, der durch die turbulenten Schwankungsbewegungen hervorgerufen wird.

Damit sind wir am Ende der Herleitung der Reynoldsgleichungen für turbulente Strömungen angelangt. Im nächsten Abschnitt werden wir noch die Reynoldsgleichungen für inkompressible Strömungen angeben.

3.5.2 Inkompressible Strömungen

Für inkompressible Strömungen ($\rho = const$) vereinfachen sich die Gleichungen (3.52) und (3.54):

$$\tilde{u} = \bar{u} \quad , \quad \tilde{v} = \bar{v} \quad , \quad \tilde{w} = \bar{w} \quad ,$$
$$u = \bar{u} + u' \quad , \quad v = \bar{v} + v' \quad , \quad w = \bar{w} + w' \quad , \quad p = \bar{p} + p' \quad . \qquad (3.71)$$

Die Kontinuitätsgleichung lautet:

$$\frac{\partial(\rho \cdot \bar{u})}{\partial x} + \frac{\partial(\rho \cdot \bar{v})}{\partial y} + \frac{\partial(\rho \cdot \bar{w})}{\partial z} = 0 \qquad (3.72)$$

Die zeitlich gemittelten Navier-Stokes Gleichungen lauten:

$$\frac{\partial(\rho \cdot \bar{u})}{\partial t} + \frac{\partial(\rho \cdot \bar{u}^2)}{\partial x} + \frac{\partial(\rho \cdot \bar{u} \cdot \bar{v})}{\partial y} + \frac{\partial(\rho \cdot \bar{u} \cdot \bar{w})}{\partial z} = k_x - \frac{\partial \bar{p}}{\partial x} + \frac{\partial \bar{\sigma}_{xx}}{\partial x} + \frac{\partial \bar{\tau}_{yx}}{\partial y} + \frac{\partial \bar{\tau}_{zx}}{\partial z} -$$

$$- \left(\frac{\partial(\rho \cdot \overline{u'^2})}{\partial x} + \frac{\partial(\rho \cdot \overline{u' \cdot v'})}{\partial y} + \frac{\partial(\rho \cdot \overline{u' \cdot w'})}{\partial z} \right) \qquad (3.73)$$

$$\frac{\partial(\rho \cdot \bar{v})}{\partial t} + \frac{\partial(\rho \cdot \bar{v} \cdot \bar{u})}{\partial x} + \frac{\partial(\rho \cdot \bar{v}^2)}{\partial y} + \frac{\partial(\rho \cdot \bar{v} \cdot \bar{w})}{\partial z} = k_y - \frac{\partial \bar{p}}{\partial y} + \frac{\partial \bar{\tau}_{xy}}{\partial x} + \frac{\partial \bar{\sigma}_{yy}}{\partial y} + \frac{\partial \bar{\tau}_{zy}}{\partial z} -$$

$$- \left(\frac{\partial(\rho \cdot \overline{v' \cdot u'})}{\partial x} + \frac{\partial(\rho \cdot \overline{v'^2})}{\partial y} + \frac{\partial(\rho \cdot \overline{v' \cdot w'})}{\partial z} \right) \qquad (3.74)$$

$$\frac{\partial(\rho \cdot \bar{w})}{\partial t} + \frac{\partial(\rho \cdot \bar{w} \cdot \bar{u})}{\partial x} + \frac{\partial(\rho \cdot \bar{w} \cdot \bar{v})}{\partial y} + \frac{\partial(\rho \cdot \bar{w}^2)}{\partial z} = k_z - \frac{\partial \bar{p}}{\partial z} + \frac{\partial \bar{\tau}_{xz}}{\partial x} + \frac{\partial \bar{\tau}_{yz}}{\partial y} + \frac{\partial \bar{\sigma}_{zz}}{\partial z} -$$

$$- \left(\frac{\partial(\rho \cdot \overline{w' \cdot u'})}{\partial x} + \frac{\partial(\rho \cdot \overline{w' \cdot v'})}{\partial y} + \frac{\partial(\rho \cdot \overline{w'^2})}{\partial z} \right) \qquad (3.75)$$

Bevor wir diesen Abschnitt beenden, wollen wir noch die zeitlich gemittelte Energiegleichung für inkompressible Strömungen angeben. Zur Berechnung der Strömungsgrößen $\bar{u}$, $\bar{v}$, $\bar{w}$ und des Druckes $\bar{p}$ reichen die Gleichungen (3.72) bis (3.75) vollständig aus. Ist jedoch darüberhinaus die Temperaturverteilung im Strömungsfeld von Interesse, so muß zusätzlich die Energiegleichung gelöst werden.

Bei der Berechnung von inkompressiblen Strömungen ist die Energiegleichung von der Kontinuitätsgleichung und den Impulsgleichungen entkoppelt; d.h. man kann zuerst die Gleichungen (3.72) bis (3.75) lösen, und benutzt anschließend mit der Kenntnis von $\bar{u}$, $\bar{v}$, $\bar{w}$ und $\bar{p}$ die Energiegleichung zur Bestimmung des Temperaturfeldes.

Die Energiegleichung für ein inkompressibles Medium lautet:

$$\frac{\partial(\rho \cdot c \cdot \bar{T})}{\partial t} + \frac{\partial(\rho \cdot c \cdot \bar{T} \cdot \bar{u})}{\partial x} + \frac{\partial(\rho \cdot c \cdot \bar{T} \cdot \bar{v})}{\partial y} + \frac{\partial(\rho \cdot c \cdot \bar{T} \cdot \bar{w})}{\partial z} =$$

$$\frac{\partial \bar{p}}{\partial t} + \bar{u} \cdot \frac{\partial \bar{p}}{\partial x} + \bar{v} \cdot \frac{\partial \bar{p}}{\partial y} + \bar{w} \cdot \frac{\partial \bar{p}}{\partial z} + \overline{u' \cdot \frac{\partial p'}{\partial x}} + \overline{v' \cdot \frac{\partial p'}{\partial y}} + \overline{w' \cdot \frac{\partial p'}{\partial z}} + \qquad (3.76)$$

$$\frac{\partial}{\partial x}\left(\lambda \cdot \frac{\partial \bar{T}}{\partial x} - \rho \cdot c \cdot \overline{T' \cdot u'} \right) + \frac{\partial}{\partial y}\left(\lambda \cdot \frac{\partial \bar{T}}{\partial y} - \rho \cdot c \cdot \overline{T' \cdot v'} \right) +$$

$$\frac{\partial}{\partial z}\left(\lambda \cdot \frac{\partial \bar{T}}{\partial z} - \rho \cdot c \cdot \overline{T' \cdot w'} \right) + \vec{k} \cdot \vec{\bar{v}} + \rho \cdot \dot{q}_s + \bar{\Psi}$$

3.5.3 Turbulenzmodelle

Mit dem Herleiten der Reynoldsgleichungen haben wir erreicht, daß wir bei der Berechnung von turbulenten Strömungen die Schwankungsbewegungen berücksichtigen können, ohne sie dabei detailliert zeitlich und räumlich auflösen zu müssen. Die zusätzlichen Terme, die die Schwankungsgrößen beinhalten, werden mit Turbulenzmodellen bestimmt. In diesem Abschnitt werden wir lernen, wie wir mit zusätzlichen Modellvorstellungen die Schwankungsterme für die jeweiligen technischen Strömungsprobleme ermitteln können.

Die Gleichungen (3.62) bis (3.64) können wir mit der folgenden vektoriellen Schreibweise zusammenfassen:

$$\frac{\partial(\bar{\rho} \cdot \vec{\mathbf{v}})}{\partial t} + \bar{\rho} \cdot (\vec{\mathbf{v}} \cdot \nabla)\, \vec{\mathbf{v}} = \vec{\mathbf{k}} - \nabla \tilde{p} + \nabla \cdot \bar{\tau} + \nabla \cdot \tau_t \qquad (3.77)$$

mit

$$\bar{\tau} = \begin{pmatrix} \bar{\sigma}_{xx} & \bar{\tau}_{yx} & \bar{\tau}_{zx} \\ \bar{\tau}_{xy} & \bar{\sigma}_{yy} & \bar{\tau}_{zy} \\ \bar{\tau}_{xz} & \bar{\tau}_{yz} & \bar{\sigma}_{zz} \end{pmatrix} \qquad \tau_t = \begin{pmatrix} -\overline{\rho \cdot u''^2} & -\overline{\rho \cdot u'' \cdot v''} & -\overline{\rho \cdot u'' \cdot w''} \\ -\overline{\rho \cdot v'' \cdot u''} & -\overline{\rho \cdot v''^2} & -\overline{\rho \cdot v'' \cdot w''} \\ -\overline{\rho \cdot w'' \cdot u''} & -\overline{\rho \cdot w'' \cdot v''} & -\overline{\rho \cdot w''^2} \end{pmatrix} \qquad (3.78)$$

In der Gleichung (3.77) ist auch der Ausdruck $(\vec{\mathbf{v}} \cdot \nabla)\, \vec{\mathbf{v}}$ ein Vektor.

Die meisten für technische Strömungsprobleme anwendbaren Turbulenzmodelle basieren auf der Boussinesq-Annahme. Boussinesq schlug bereits im Jahre 1877 vor, die Schwankungsgrößen im rechten Tensor (3.78) mit einem Ansatz zu modellieren, der analog zur Berechnung der Normal- und Schubspannungen des linken Tensors (3.78) ist.

Für die Schubspannungen $\bar{\tau}_{ij}$ gilt gemäß der Gleichung (3.66), wenn wir den zweiten Summanden dieser Gleichung (er ist sehr klein) vernachlässigen:

$$\bar{\tau}_{ij} = \mu \cdot \left(\frac{\partial \tilde{u}_i}{\partial x_j} + \frac{\partial \tilde{u}_j}{\partial x_i} \right) \quad . \qquad (3.79)$$

Die Boussinesq-Annahme geht davon aus, daß die Schwankungsgrößen $-\overline{\rho \cdot u''_i \cdot u''_j}$ in Analogie zu Gleichung (3.79) ermittelt werden können, so daß gilt

$$-\overline{\rho \cdot u''_i \cdot u''_j} = \mu_t \cdot \left(\frac{\partial \tilde{u}_i}{\partial x_j} + \frac{\partial \tilde{u}_j}{\partial x_i} \right) \qquad (3.80)$$

μ_t wird als Austauschgröße oder als turbulente Viskosität bezeichnet. Diese neu eingeführte Größe steht physikalisch in keinem direkten Zusammenhang mit der molekularen Zähigkeit, obwohl der Begriff 'turbulente Viskosität' darauf hindeutet. Wir haben bereits gelernt, daß die Terme des rechten Tensors (3.78) Trägheitsterme sind.

Turbulenzmodelle, die auf der Boussinesq-Annahme basieren, beschränken sich auf die Modellierung der Austauschgröße μ_t. Sie beinhalten Formeln, mit denen die

Austauschgröße in Abhängigkeit von den mittleren Strömungsgrößen $\bar{\rho}$, $\tilde{u}$ usw. be-berechnet werden kann. Es gibt je nach Strömungsproblem vergleichsweise einfache Turbulenzmodelle, die mit algebraischen Gleichungen die Austauschgröße angeben und wiederum kompliziertere, bei deren Anwendung partielle Differentialgleichungen gelöst werden müssen.

Turbulenzmodelle werden in der Literatur gemäß der Anzahl der partiellen Differentialgleichungen, die ein Modell beinhaltet, geordnet. So spricht man bei den algebraischen Turbulenzmodellen (wir kommen auf sie anschließend zu sprechen) von Null-Gleichungsmodellen. Enthält ein Turbulenzmodell zur Beschreibung der Austauschgröße eine partielle Differentialgleichung, so wird dieses als ein Ein-Gleichungsmodell bezeichnet. Ein Zwei-Gleichungsmodell besitzt demzufolge zwei partielle Differentialgleichungen und stellt bei der Anwendung auf technische Probleme bezüglich des Aufwandes eine obere Grenze dar, insbesondere dann, wenn die Turbulenz von dreidimensionalen Strömungen modelliert wird.

Bei der Auswahl eines Turbulenzmodells zur Berechnung einer turbulenten Strömung müssen immer die beiden folgenden Punkte beachtet werden:

- Ein Turbulenzmodell ist in der Regel nur für eine bestimmte Strömung anwendbar. So gibt es z.B. Turbulenzmodelle für Strömungen mit starken Druckgradienten, kleinen Reynoldszahlen, für freie Scherströmungen und für Strömungen an rauhen Oberflächen usw.. Vor der Anwendung muß geklärt werden, was für eine Art von Strömung berechnet werden soll.

- Jedes Turbulenzmodell basiert auf experimentellen Ergebnissen, die wiederum für festgelegte Reynolds- und Machzahlbereiche sowie zusätzliche Parameter ermittelt wurden. Die in dem Turbulenzmodell enthaltenen Konstanten beziehen sich auf diese experimentellen Ergebnisse. Vor der Berechnung der Strömung muß also geprüft werden, ob die im Turbulenzmodell enthaltenen Konstanten passend für die zu berechnende Strömung sind.

Wir werden nun nacheinander die einfachen (Null-Gleichungsmodelle) und die aufwendigeren (Ein- und Zwei-Gleichungsmodelle) kennenlernen. Alle basieren auf der Boussinesq-Annahme.

Einfache algebraische oder Null-Gleichungsmodelle

Zunächst beschränken wir uns auf eine zweidimensionale Grenzschichtströmung, um eine Vorstellung von der Methode der Turbulenzmodellierung zu erhalten. Eines der erfolgreichsten Turbulenzmodelle für eine Grenzschichtströmung ist von Prandtl im Jahre 1920 vorgeschlagen worden. Es beinhaltet das Mischungswegkonzept, das nachfolgend kurz beschrieben wird. Für detaillierte Ausführungen verweisen wir auf die Bücher von L. PRANDTL, K. OSWATITSCH, K. WIEGHARDT 1990, J. ZIEREP 1993 und von K. GERSTEN, H. SCHLICHTING 1995.

In Abb. 3.9 ist eine turbulente Grenzschicht abgebildet. An den Stellen $z_0 + l$, z_0 und $z_0 - l$ befinden sich jeweils abgegrenzte Strömungselemente von makroskopischer Größe. Das Mischungswegkonzept basiert auf der Vorstellung, daß sich z.B.

das obere Strömungselement durch die vertikale Schwankungsgeschwindigkeit w' von der Stelle $z_0 + l$ zur Stelle z_0 bewegt. Dabei legt es den Weg l zurück. Da das Strömungselement von einer Umgebung mit großer Geschwindigkeit in eine Umgebung mit kleinerer Geschwindigkeit wechselt, überträgt es einen Impuls in die Schicht, wo die Geschwindigkeit kleiner ist. Entsprechende Überlegungen gelten für den Wechsel eines Strömungselements von der Stelle $z_0 - l$ zur Stelle z_0.

Aus dieser Modellvorstellung - auf sie wird hier nicht weiter eingegangen - resultiert die folgende Formel zur Berechnung der turbulenten Viskosität. Die Formel lautet:

$$\mu_t = \bar{\rho} \cdot l^2 \cdot \left| \frac{\partial \tilde{u}}{\partial z} \right| \tag{3.81}$$

l wird als Mischungsweglänge bezeichnet. Sie ist eine Funktion der Wandnormalenkoordinate und wird für die unterschiedlichen Turbulenzmodelle verschieden angegeben.

Für die Berechnung der Tragflügelströmungen wählen wir das Turbulenzmodell von Baldwin u. Lomax aus, das nachfolgend beschrieben wird (s. dazu auch T. CEBECI, A.M.O. SMITH 1974). Es basiert auf der Boussinesq-Annahme und nutzt zur Modellierung der Austauschgröße μ_T im wandnahen Bereich das Prandtlsche Mischungswegkonzept.

Balwin und Lomax teilen die turbulente Grenzschicht in einen inneren und äußeren Bereich ein (s. dazu J. ZIEREP 1993). Die Austauschgröße μ_t wird für den inneren Bereich gemäß des Prandtlschen Mischungswegkonzepts berechnet und im äußeren

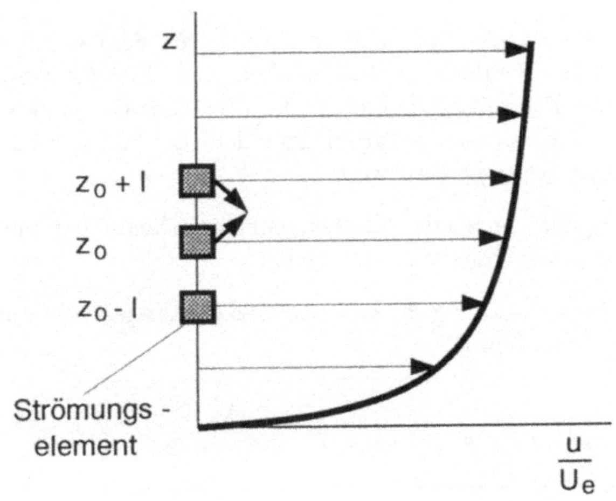

Abb. 3.9: Mischungsweglänge

Bereich mit einer algebraischen Formel, die auf Ergebnissen von Grenzschichtuntersuchungen beruht. Für μ_t gilt also die folgende Aufspaltung:

$$\mu_t = \begin{cases} (\mu_t)_{innen} & z < z_{cross} \\ (\mu_t)_{outer} & z > z_{cross} \end{cases} \quad . \tag{3.82}$$

z_{cross} steht für die Wandnormalenkoordinate, die die Grenze zwischen dem inneren und äußeren Bereich bildet. Baldwin und Lomax haben die Formel (3.81) für dreidimensionale Grenzschichtströmungen erweitert. Sie berechnen für den inneren Bereich die Austauschgröße mit der Formel

$$(\mu_t)_{innen} = \bar{\rho} \cdot l^2 \cdot |\omega| \tag{3.83}$$

l steht für die Mischungsweglänge und ω für die Drehung der Strömung. Die Mischungsweglänge wird mit der Prandtl-Van-Driest-Formel

$$l = \kappa \cdot z \cdot [1 - \exp(-z^+/A)]$$

berechnet, wobei

$$z^+ = \frac{\sqrt{\bar{\rho}_W \cdot \tau_W} \cdot z}{\mu} \tag{3.84}$$

ist (Index W für Größen auf der Kontur bzw. Wand). Für die Drehung gilt (s. dazu Abbildung 3.10):

$$|\omega| = \sqrt{\left(\frac{\partial \tilde{u}}{\partial y} - \frac{\partial \tilde{v}}{\partial x}\right)^2 + \left(\frac{\partial \tilde{v}}{\partial z} - \frac{\partial \tilde{w}}{\partial y}\right)^2 + \left(\frac{\partial \tilde{w}}{\partial x} - \frac{\partial \tilde{u}}{\partial z}\right)^2} \quad .$$

Die Drehung ω unterscheidet sich nicht wesentlich von dem Gradienten $\partial \tilde{u}/\partial z$, da alle Gradienten im Vergleich zu $\partial \tilde{u}/\partial z$ klein sind. Für die Anwendung des Balwin/Lomax-Modells benötigt man nicht die Dicke der Grenzschicht, was wiederum bei der Anwendung anderer Turbulenzmodelle der Fall sein könnte und die Durchführung von Rechnungen erschwert.

Die Gleichungen zur Berechnung der Mischungsweglänge beinhalten die Konstanten κ und $A+$. Sie sind in der Tabelle 3.1 angegeben.

Die Austauschgröße $(\mu_T)_{outer}$ berechnet sich gemäß den Angaben von Baldwin und Lomax mit der algebraischen Formel

$$(\mu_t)_{outer} = \bar{\rho} \cdot K \cdot C_{CP} \cdot F_{WAKE} \cdot F_{KLEB} \tag{3.85}$$

K ist die Clauser-Konstante, C_{CP} steht für eine zusätzliche Konstante (s. Tabelle 3.1). $F_{KLEB}(z)$ ist die Intermittenzfunktion von Klebanoff (ist weiter unten angegeben), die eine Funktion der Wandnormalenkoordinate z ist. Die Größe

F_{WAKE} berechnet sich mit der Formel

$$
\begin{aligned}
F_{WAKE} &= \min(F_1, F_2) \\
F_1 &= z_{max} \cdot F_{max} \\
F_2 &= C_{WK} \cdot z_{max} \cdot u_{DIF}^2 / F_{max} \quad .
\end{aligned}
\tag{3.86}
$$

F_{max} ist das Maximum der Funktion

$$
F(z) = z \cdot |\omega| \cdot [1 - \exp(-z^+/A^+)] \quad , \tag{3.87}
$$

das an der Stelle $z = z_{max}$ auftritt. Die Größe U_{DIF} berechnet sich mit der Formel

$$
U_{DIF} = (\sqrt{u^2 + v^2 + w^2})_{max} - (\sqrt{u^2 + v^2 + w^2})_{min} \tag{3.88}
$$

(Index max bzw. min für größten bzw. kleinsten Wert in der Grenzschicht). Der zweite Summand der Formel (3.88) wird für die Modellierung der Turbulenz in Grenzschichten Null gesetzt. Für die Modellierung der Turbulenz von Nachläufen muß die vollständige Formel (3.88) verwendet werden.

Die Intermittenzfunktion von Klebanoff F_{KLEB} lautet

$$
F_{KLEB}(z) = \left[1 + 5.5 \cdot \left(\frac{C_{KLEB} \cdot z}{z_{max}}\right)^6\right]^{-1} \quad . \tag{3.89}
$$

Es bleibt noch die Frage offen, ab welcher Stelle z in der Grenzschicht von dem Wert $(\mu_t)_{inner}$ zum Wert $(\mu_t)_{outer}$ übergegangen werden muß. Die Stelle $z = z_{cross}$ ist die Stelle, wo bei zunehmenden z zum ersten Mal gilt: $(\mu_t)_{inner} = (\mu_t)_{outer}$.

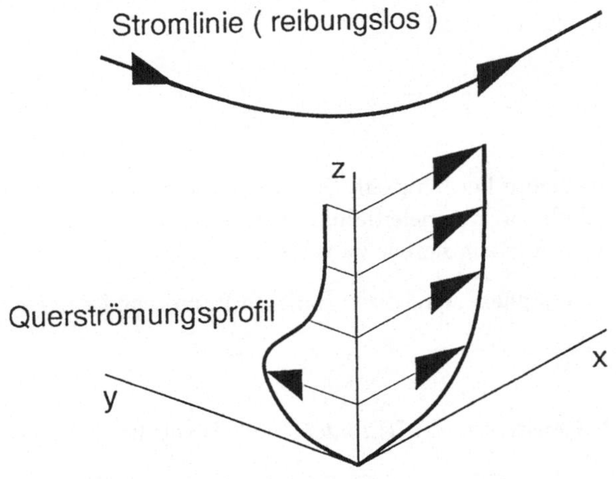

Abb. 3.10: Dreidimensionales Grenzschichtprofil

Dem Leser des Buches stellt sich sicherlich die Frage, mit welchen Überlegungen sich die Konstanten und Formeln des Turbulenzmodells von Baldwin und Lomax begründen. Die Formeln und Konstanten basieren größtenteils auf experimentellen Ergebnissen. Es würde bei weitem den Rahmen dieses Lehrbuches sprengen, alle Formeln ausführlich zu diskutieren.

Wir haben das Turbulenzmodell von Baldwin und Lomax nur deshalb so ausführlich in diesem Buch beschrieben, da wir dem Leser einen Eindruck von der praktischen Anwendung eines einfachen algebraischen Turbulenzmodells geben wollen. Zudem werden wir in diesem Buch noch numerische Rechnungen zur Tragflügelströmung, bei denen die Turbulenz mit dem Modell von Baldwin und Lomax berücksichtigt wurde, vorstellen.

Zur Berechnung der Tragflügelströmung benötigen wir nicht nur die zeitlich gemittelten Impulsgleichungen, sondern zusätzlich die zeitlich gemittelte Energiegleichung. In dieser Gleichung treten auch Schwankungsgrößen auf, die entsprechend modelliert werden müssen.

In Gleichung (3.69) sind die Terme $\overline{u_i \cdot \partial p/\partial x_j}$ und $\lambda \cdot \overline{\partial T''/\partial x_i}$ klein im Vergleich zu den Termen $\partial/\partial x_i(-c_p \cdot \overline{\rho \cdot T'' \cdot u_j''})$. Entsprechendes gilt für die Gleichung (3.70). Die Terme $\overline{\sigma_{kk} \cdot \partial u_k''/\partial x_k}$ und $\overline{\tau_{ij} \cdot \partial u_i''/\partial x_j}$ sind im Vergleich zu den Gliedern $\tilde{\sigma}_{kk} \cdot \partial \tilde{u}_k/\partial x_k$ bzw. $\tilde{\tau}_{ij} \cdot \partial \tilde{u}_i/\partial x_j$ zu vernachlässigen. Die Turbulenzmodellierung bezüglich der Energiegleichung beschränkt sich also auf die Glieder

$$-\frac{\partial}{\partial x_i}(c_p \cdot \overline{\rho \cdot T'' \cdot u_j''}) \quad , \tag{3.90}$$

die den zusätzlichen Wärmefluß infolge der turbulenten Schwankungsbewegungen beschreiben.

Für diese Glieder wird in Analogie zur Boussinesq-Annahme der folgende Wärmeleitungsansatz gemacht. Er lautet:

$$-c_p \cdot \overline{\rho \cdot T'' \cdot u_i''} = -\lambda_t \cdot \frac{\partial \tilde{T}}{\partial x_i} \quad . \tag{3.91}$$

λ_t steht für die turbulente Leitfähigkeit. Sie steht in keinem direkten Zusammenhang mit der molekularen Wärmeleitfähigkeit λ, sondern ist, wie die turbulente Viskosität μ_t, als eine Austauschgröße zu verstehen.

Um sie berechnen zu können, wird die turbulente Prandtlzahl eingeführt, die wie folgt definiert ist:

Tabelle 3.1: Konstanten des Turbulenzmodells von Baldwin/Lomax

A^+	C_{CP}	C_{KLEB}	C_{WK}	κ	K	Pr	Pr_t
26	1.6	0.3	0.25	0.4	0.0168	0.72	0.9

$$Pr_t = \mu_t \cdot \frac{c_p}{k_t} \quad \Longrightarrow \quad k_t = \frac{\mu_T \cdot c_p}{Pr_t} \tag{3.92}$$

Verwenden wir den Ausdruck für k_t in Gleichung (3.91), haben wir eine Berechnungsmöglichkeit für die Schwankungsgrößen $-c_p \cdot \overline{\rho \cdot T'' \cdot u_i''}$, vorausgesetzt wir kennen die turbulente Prandtlzahl.

Gemäß vieler gebräuchlicher Turbulenzmodelle wird die turbulente Prandtlzahl Pr_t mit einem Wert nicht wesentlich kleiner eins, z.B. mit $Pr_t = 0.9$, angenommen. Experimente, die für Wandgrenzschichten durchgeführt wurden, zeigen jedoch, daß die turbulente Prandtlzahl am äußeren Rand $\approx 0.6 - 0.7$ beträgt und nach innen bis auf den Wert 1.5 zunimmt.

Die Vorteile der algebraischen Turbulenzmodelle liegen auf der Hand. Sie sind einfach in numerische Verfahren zu integrieren und verursachen bei ihrer Anwendung wenig Rechenzeit, da nur einfache algebraische Gleichungen und keine komplizierten gewöhnlichen oder partiellen Differentialgleichungen gelöst werden müssen.

Andererseits werden die turbulenten Austauschgrößen μ_t und k_t nur in Abhängigkeit von den örtlichen Geschwindigkeitsprofilen berechnet. Bei der Berechnung wird nicht das turbulente Verhalten der Strömung stromauf oder stromab berücksichtigt. Außerdem beschreiben die algebraischen Modelle, die auf dem Prandtlschen Mischungswegkonzept basieren, die Turbulenz an Stellen, wo $\partial \tilde{u}/\partial z = 0$ ist, falsch. Experimente zeigen, daß z.B. in der turbulenten Rohrströmung die Turbulenz auf der Mittellinie des Rohres nicht verschwindet. Aus vornehmlich diesen Gründen sind kompliziertere Turbulenzmodelle entwickelt worden.

Ein-Gleichungsmodelle

Wir beschränken uns nachfolgend auf die Turbulenzmodellierung von inkompressiblen Strömungen. Die nachfolgend beschriebenen Modelle können mit Zusatztermen auf kompressible Strömungen entsprechend erweitert werden.

Ein-Gleichungsmodelle beinhalten in der Regel eine partielle Differentialgleichung für die Turbulenzenergie. Die Turbulenzenergie k' ist wie folgt definiert:

$$K' := k'^2 = \frac{1}{2} \cdot (u'^2 + v'^2 + w'^2) \tag{3.93}$$

Wir führen noch zusätzlich die zeitlich gemittelte Turbulenzenergie ein. Die Gleichung dazu lautet:

$$K := \overline{k^2} = \frac{1}{T} \int_0^T \left(\frac{1}{2} \cdot (u'^2 + v'^2 + w'^2) \right) \cdot dt = \frac{1}{2} \cdot (\overline{u'^2 + v'^2 + w'^2}) \tag{3.94}$$

Die Turbulenzenergie ist ein Maß für die Intensität der Turbulenz. Wir werden nun

74

eine partielle Differentialgleichung für die zeitlich gemittelte Turbulenzenergie $\bar{k}$ aufstellen. Auf ihr basieren die Ein- und Zwei-Gleichungsmodelle.

Die Navier-Stokes Gleichungen für inkompressible Strömungen können wir abgekürzt wie folgt aufschreiben:

$$\rho \cdot \frac{\partial u_i}{\partial t} + \rho \cdot \left[u_j \cdot \frac{\partial u_i}{\partial x_j} \right] = -\frac{\partial p}{\partial x_i} + \mu \cdot \left[\frac{\partial^2 u_i}{\partial x_j^2} \right] \quad . \tag{3.95}$$

Mit x_i bzw. x_j sowie u_i bzw. u_j sind jweils die Koordinatenrichtungen x, y, z bzw. die Geschwindigkeitskomponenten u, v, w gemeint. Der Index $i = 1, 2, 3$ kennzeichnet die jeweilige Gleichung für die entsprechende Koordinatenrichtung. Mit dem Index $j = 1, 2, 3$ ist ein Summationsindex gemeint. So ist mit den in eckigen Klammern stehenden Gliedern konkret folgendes gemeint:

$$\left[u_j \cdot \frac{\partial u_i}{\partial x_j} \right] = \sum_{j=1}^{3} u_j \cdot \frac{\partial u_i}{\partial x_j}$$

$$\left[\frac{\partial^2 u_i}{\partial x_j^2} \right] = \sum_{j=1}^{3} \frac{\partial^2 u_i}{\partial x_j^2} \quad .$$

Wir behalten nachfolgend diese abkürzende Schreibweise bei, um die Herleitung übersichtlicher aufzuschreiben.

In der Gleichung (3.95) ersetzen wir die Geschwindigkeit u_i, u_j und den Druck p durch die zeitlichen Mittelwerte $\bar{u}_i$, $\bar{u}_j$ bzw. $\bar{p}$ plus der entsprechenden Schwankungsgröße u_i', u_j' bzw. p' und multiplizieren sie auf beiden Seiten mit der Schwankungsgeschwindigkeit u_i'. Wir erhalten:

$$\rho \cdot \frac{\partial(\bar{u}_i + u_i')}{\partial t} \cdot u_i' + \rho \cdot \left[(\bar{u}_j + u_j') \cdot \frac{\partial(\bar{u}_i + u_i')}{\partial x_j} \right] \cdot u_i' =$$
$$-\frac{\partial(\bar{p} + p')}{\partial x_i} \cdot u_i' + \mu \cdot \left[\frac{\partial^2(\bar{u}_i + u_i')}{\partial x_j^2} \right] \cdot u_i' \quad . \tag{3.96}$$

Durch zeitliches Mitteln der Gleichung (3.96) und die anschließend durchgeführte Rechnung gemäß den Rechenregeln (3.55) erhalten wir die folgende Gleichung:

$$\overline{\rho \cdot \frac{\partial(\bar{u}_i + u_i')}{\partial t} \cdot u_i' + \rho \cdot \left[(\bar{u}_j + u_j') \cdot \frac{\partial(\bar{u}_i + u_i')}{\partial x_j} \right] \cdot u_i'} =$$
$$\overline{-\frac{\partial(\bar{p} + p')}{\partial x_i} \cdot u_i' + \mu \cdot \left[\frac{\partial^2(\bar{u}_i + u_i')}{\partial x_j^2} \right] \cdot u_i'}$$

$$\rho \cdot \overline{\frac{\partial u_i'}{\partial t} \cdot u_i'} + \rho \cdot \left[\bar{u}_j \cdot \overline{\frac{\partial u_i'}{\partial x_j} \cdot u_i'} + \frac{\partial \bar{u}_i}{\partial x_j} \cdot \overline{u_i' \cdot u_j'} + \overline{u_i' \cdot u_j' \cdot \frac{\partial u_i'}{\partial x_j}} \right] =$$
$$-\overline{\frac{\partial p'}{\partial x_i} \cdot u_i'} + \mu \cdot \left[\overline{\frac{\partial^2 u_i'}{\partial x_j^2} \cdot u_i'} \right] \quad . \tag{3.97}$$

Beachte weiterhin, daß der Index j in der Gleichung (3.97) einen Summationsindex darstellt! Berücksichtigen wir die Identitäten

$$\frac{\partial u_i'}{\partial t} \cdot u_i' = \frac{\partial(1/2 \cdot u_i'^2)}{\partial t}$$

$$\frac{\partial u_i'}{\partial x_j} \cdot u_i' = \frac{\partial(1/2 \cdot u_i'^2)}{\partial x_j}$$

$$\frac{\partial^2 u_i'}{\partial x_j^2} \cdot u_i' = \frac{\partial}{\partial x_j}\left(\frac{\partial u_i'}{\partial x_j} \cdot u_i'\right) - \left(\frac{\partial u_i'}{\partial x_j}\right)^2$$

$$(3.98)$$

in Gleichung (3.97), erhalten wir schließlich:

$$\rho \cdot \frac{\partial(1/2 \cdot u_i'^2)}{\partial t} + \rho \cdot \left[\bar{u}_j \cdot \frac{\overline{\partial(1/2 \cdot u_i'^2)}}{\partial x_j} + \frac{\partial \bar{u}_i}{\partial x_j} \cdot \overline{u_i' \cdot u_j'} + \overline{\frac{\partial(1/2 \cdot u_i'^2)}{\partial x_j} \cdot u_j'}\right] =$$

$$-\overline{\frac{\partial p'}{\partial x_i} \cdot u_i'} + \mu \cdot \frac{\overline{\partial(1/2 \cdot u_i'^2)}}{\partial x_j} - \mu \cdot \overline{\left(\frac{\partial u_i'}{\partial x_j}\right)^2} \quad . \ (3.99)$$

Gleichung (3.99) beinhaltet drei Gleichungen ($i = 1, 2, 3$) für die drei Koordinatenrichtungen. Wenn wir diese drei Gleichungen addieren, erhalten wir eine partielle Differentialgleichung für die zeitlich gemittelte Turbulenzenergie $\overline{k^2} =: K$ (s. Gleichung (3.94). Die Differentialgleichung lautet:

$$\rho \cdot \frac{\partial K}{\partial t} + \rho \cdot \left[\bar{u}_j \cdot \frac{\partial K}{\partial x_j}\right] =$$

$$\mu \cdot \frac{\partial^2 K}{\partial x_j^2} - \overline{\frac{\partial p'}{\partial x_i} \cdot u_i'} - \rho \cdot \left[\frac{\partial \bar{u}_i}{\partial x_j} \cdot \overline{u_i' \cdot u_j'} + \overline{\frac{\partial K'}{\partial x_j} \cdot u_j'}\right] - \mu \cdot \overline{\left(\frac{\partial u_i'}{\partial x_j}\right)^2} \quad . \ (3.100)$$

In Gleichung (3.100) sind sowohl i als auch j Summationsindizes! Es stehen also in der genannten Gleichung Doppelsummen. Berücksichtigen wir in dieser Gleichung noch die Identität

$$\overline{\frac{\partial}{\partial x_i}(f' \cdot u_i')} = \overline{\frac{\partial f'}{\partial x_i} \cdot u_i'} + \overline{f' \cdot \left(\frac{\partial u'}{\partial x} + \frac{\partial v'}{\partial y} + \frac{\partial w'}{\partial z}\right)} = \overline{\frac{\partial f'}{\partial x_i} \cdot u_i'} \quad ,$$

erhalten wir die endgültige Form der Differentialgleichung für die zeitlich gemittelte Turbulenzenergie pro Masse K (die Größe f steht für p und K). Sie lautet:

$$\boxed{\begin{aligned} &\rho \cdot \frac{\partial K}{\partial t} + \rho \cdot \left[\bar{u}_j \cdot \frac{\partial K}{\partial x_j}\right] = \\ &\mu \cdot \frac{\partial^2 K}{\partial x_j^2} - \frac{\partial}{\partial x_i}\left(\overline{p' \cdot u_i'}\right) - \rho \cdot \left[\frac{\partial \bar{u}_i}{\partial x_j} \cdot \overline{u_i' \cdot u_j'} + \overline{\frac{\partial K'}{\partial x_j} \cdot u_j'}\right] - \mu \cdot \overline{\left(\frac{\partial u_i'}{\partial x_j}\right)^2} \quad (3.101) \end{aligned}}$$

Da wir bereits mit der Herleitung der strömungsmechanischen Gleichungen vertraut sind, erkennen wir sofort die physikalische Bedeutung der einzelnen Terme.

Auf der linken Seite der Gleichung (3.101) stehen die zeitliche Änderung der Turbulenzenergie pro Masse in dem raumfesten Kontrollvolumen $dx \cdot dy \cdot dz$ und die konvektiven Terme, mit denen die Bilanz des Transports von Turbulenzenergie in bzw. aus dem Kontrollvolumen beschrieben wird.

Auf der rechten Seite stehen Ausdrücke, die wir nur zum Teil sofort interpretieren können. Der erste und zweite Term sowie der zweite Ausdruck in der eckigen Klammer der rechten Seite berücksichtigen die Diffusion der Turbulenzenergie. Der letzte Term der rechten Seite beschreibt die Dissipation der Turbulenzenergie. Für die Produktion der Turbulenzenergie steht der erste Ausdruck in der eckigen Klammer.

Wir kommen auf die Ermittelung der Glieder der rechten Seite der Gleichung (3.101) weiter unten zurück. Es stellt sich nun die Frage, wie wir die Gleichung (3.101) zur Berechnung von Strömungen, z.B. zur Berechnung der Strömung im Drehmomentenwandler, anwenden.

Prandtl und Kolmogorov haben 1940 die Annahme vorgeschlagen, daß die turbulente Viskosität μ_t mit der Beziehung

$$\mu_t = \rho \cdot l_\epsilon \cdot \sqrt{K} \qquad (3.102)$$

berechnet werden sollte. l_ϵ ist ein Längenparameter, der der Mischungsweglänge ähnlich ist, jedoch nicht gleich dieser ist. Wir werden den Zusammenhang zwischen der Mischungsweglänge l und dem Längenparameter l_ϵ noch angeben. Der Ansatz von Prandtl und Kolmogorov (3.102) basiert auf der Dimensionsanalyse, auf die wir in einem noch folgenden Kapitel zu sprechen kommen werden.

Bei der Berechnung von turbulenten Strömungen lösen wir zusätzlich zu den Reynoldsgleichungen die partielle Differentialgleichung (3.101) zur Ermittelung von K und berechnen mit der Prandtl/Kolmogorov-Annahme die turbulente Viskosität μ_t.

Die Berechnung der Glieder der rechten Seite der Gleichung (3.101) basiert auf experimentellen Ergebnissen und Modellvorstellungen. Die Berechnungsformeln geben wir nachfolgend an. Alle anderen Turbulenzmodelle, auch Turbulenzmodelle, die nicht auf der Boussinesq-Annahme aufbauen, beinhalten zur Modellierung der Turbulenz experimentelle Ergebnisse. Wie sich aus den Experimenten die weiter unten angegebenen Formeln ableiten, sollte sich der Leser nach dem Durcharbeiten des vorliegenden Lehrstoffes mit Spezialvorlesungen und/oder zusätzlicher Literatur aneignen. Ebenfalls kann er in weiterführenden Vorlesungen auch Turbulenzmodelle kennenlernen, die nicht auf der Boussinesq-Annahme basieren und noch zu den Forschungsaufgaben der Strömungsmechanik gehören.

Zur Modellierung der Turbulenz von Innenströmungen (z.B. Strömung im Drehmomentenwandler) können wir die Gleichung (3.101) dahingehend vereinfachen, daß wir alle Gradienten der rechten Seite in Strömungs- und Umfangsrichtung vernachlässigen, da sie im Vergleich zu den Gradienten über der Höhe des Kanals klein sind (s. dazu Abbildung 3.11). Wir gehen weiterhin davon aus, daß auch die Gradienten

$$\frac{\partial \bar{v}}{\partial z} \quad , \quad \frac{\partial \bar{w}}{\partial z}$$

im Vergleich zu dem Gradienten $\partial \bar{u}/\partial z$ klein sind. Die getroffenen Annahmen sind ohne weiteres zulässig. Wir werden dies im nächsten Abschnitt besser verstehen können, wenn wir die Vereinfachungen zur Herleitung der Grenzschichtgleichungen diskutieren werden. Die Gleichung (3.101) vereinfacht sich also auf die Gleichung

$$\rho \left(\frac{\partial K}{\partial t} + \bar{u} \cdot \frac{\partial K}{\partial x} + \bar{v} \cdot \frac{\partial K}{\partial y} + \bar{w} \cdot \frac{\partial K}{\partial z} \right) =$$
$$\mu \cdot \frac{\partial^2 K}{\partial z^2} - \frac{\partial}{\partial z} \left(\overline{p' \cdot w'} + \rho \cdot \overline{w' \cdot K'} \right) - \rho \cdot \overline{u' \cdot w'} \cdot \frac{\partial \bar{u}}{\partial z} -$$
$$\mu \cdot \left[\overline{\left(\frac{\partial u'}{\partial z} \right)^2} + \overline{\left(\frac{\partial v'}{\partial z} \right)^2} + \overline{\left(\frac{\partial w'}{\partial z} \right)^2} \right] \quad . \, (3.103)$$

Die Summanden der rechten Seite, von denen jeder einen physikalischen Vorgang zur zeitlichen Änderung der Turbulenzenergie pro Masse beschreibt, werden mit Ausdrücken berechnet, die auf zusätzlichen Modellvorstellungen und Messungen basieren. Sie sind in der Tabelle 3.5.3 angegeben. Die endgültige Gleichung zur Simulation der Turbulenzenergie lautet demnach:

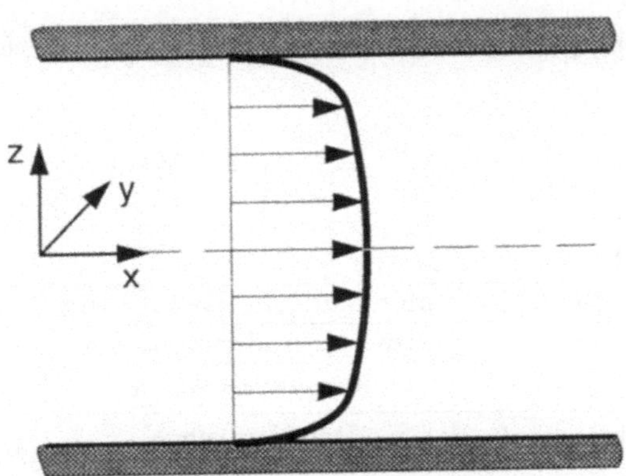

Abb. 3.11: Koordinatensystem für die Kanalströmung

78

$$\rho \left(\frac{\partial K}{\partial t} + \bar{u} \cdot \frac{\partial K}{\partial x} + \bar{v} \cdot \frac{\partial K}{\partial y} + \bar{w} \cdot \frac{\partial K}{\partial z} \right) =$$
$$\frac{\partial}{\partial z} \left[\left(\mu + \frac{\mu_t}{Pr_t} \right) \cdot \frac{\partial K}{\partial z} \right] + \mu_t \cdot \left(\frac{\partial \bar{u}}{\partial z} \right)^2 - \frac{C_D \cdot \rho \cdot K^{3/2}}{l_\epsilon} \quad (3.104)$$

C_D ist eine weitere Konstante. Sie besitzt den Wert $C_D = 0.08 \ldots 0.09$.

Gleichung (3.104) gilt nicht für den wandnahen Bereich, sondern nur für den räumlich wesentlich größeren voll turbulenten Bereich (s. Abbildung 3.12). Für den wandnahen Bereich, für den $z^+ < 30$ ist (s. Gleichung (3.84)), muß die Turbulenz weiterhin mit dem Prandtlschen Mischungswegansatz berechnet werden. Die Gleichung (3.104) geht für den wandnahen Bereich unmittelbar in den Ansatz des Prandtlschen Mischungswegs über, wie wir nachfolgend zeigen werden.

Experimentelle Ergebnisse zeigen, daß in unmittelbarer Wandnähe die konvektiven und diffusiven Glieder der Gleichung (3.104) verschwinden. Wenn wir diese experimentelle Kenntnis auf die Gleichung (3.104) anwenden, also die konvektiven und diffusiven Glieder vernachlässigen, erhalten wir die nachfolgende Gleichung, die zum Ausdruck bringt, daß im wandnahen Bereich die Dissipation gleich der Produktion der Turbulenzenergie ist. Die Gleichung lautet:

$$\mu_t \cdot \left(\frac{\partial \bar{u}}{\partial z} \right)^2 = \frac{C_D \cdot \rho \cdot K^{3/2}}{l_\epsilon} \quad . \qquad (3.105)$$

Ersetzen wir auf der rechten Seite K mit der Prandtl/Kolmogorov-Annahme, erhalten wir die Gleichung:

$$\mu_t \cdot \left(\frac{\partial \bar{u}}{\partial z} \right)^2 = \frac{C_D \cdot \rho}{l_\epsilon} \cdot \left(\frac{\mu_t}{\rho \cdot l_\epsilon} \right)^3 \quad \Longrightarrow \quad \mu_t = \left(\frac{1}{C_D} \right)^{1/2} \cdot \rho \cdot l_\epsilon^2 \cdot \left(\frac{\partial \bar{u}}{\partial z} \right) \quad . \ (3.106)$$

Wenn wir Gleichung (3.106) mit Gleichung (3.81) vergleichen, erkennen wir, daß gilt:

$$\left(\frac{1}{C_D} \right)^{1/2} \cdot l_\epsilon^2 = l^2 \quad \Longrightarrow \quad l_\epsilon = l \cdot \sqrt[4]{C_D} \quad . \qquad (3.107)$$

Terme der Gl.(3.103)	physikalische Bedeutung	Modellterme
$\rho \cdot \frac{\partial K}{\partial t}$	zeitliche Änderung von K	
$\rho \cdot \left[u_j \cdot \frac{\partial K}{\partial x_j} \right]$	Konvektion von K	
$\frac{\partial^2 K}{\partial z^2} - \frac{\partial}{\partial z} \left(\overline{p' \cdot w'} + \rho \cdot \overline{w' \cdot K} \right)$	Diffusion von K	$\frac{\partial}{\partial z} \left[\left(\mu + \frac{\mu_t}{Pr_t} \right) \cdot \frac{\partial K}{\partial z} \right]$
$-\rho \cdot \overline{u' \cdot w'} \cdot \frac{\partial \bar{u}}{\partial z}$	Produktion von K	$\mu_t \cdot \left(\frac{\partial u}{\partial z} \right)^2$
$\mu \cdot \left(\frac{\partial u'_j}{\partial z} \right)^2$	Dissipation von K	$\frac{C_D \cdot \rho \cdot K^{3/2}}{l_\epsilon}$

Tabelle 3.2: Formeln zur Berechnung der rechten Seite der K-Gleichung

Wir benötigen für die Anwendung der Differentialgleichung (3.104) noch geeignete Randbedingungen. Gemäß der Boussinesq-Annahme gilt: $\tau_t = \mu_t \cdot \partial \bar{u}/\partial z$. Berücksichtigen wir diese Annahme in der Gleichung (3.106), erhalten wir für K die folgende Gleichung:

$$\mu_t^2 = \left(\frac{1}{C_D}\right)^{1/2} \cdot \rho \cdot l_\epsilon^2 \cdot \tau_t \quad . \tag{3.108}$$

Ersetzen wir weiterhin μ_t auf der linken Seite gemäß der Prandtl-Kolmogorov Annahme, erhalten wir die folgende Gleichung:

$$\rho^2 \cdot l_\epsilon^2 \cdot K = \left(\frac{1}{C_D}\right)^{1/2} \cdot \rho \cdot l_\epsilon^2 \cdot \tau_t \quad \Longrightarrow \quad K(x,y,z) = \frac{\tau_t}{\rho \cdot \sqrt{C_D}} \quad . \tag{3.109}$$

Mit Gleichung (3.109) können wir die Randbedingung für K berechnen. Ab der Stelle $z = z_{cross}$ sind die konvektiven und diffusiven Glieder nicht mehr vernachlässigbar. Für $z < z_{cross}$ gilt das Prandtlsche Mischungsweggesetz, und für $z > z_{cross}$ wird μ_t gemäß der partiellen Differentialgleichung (3.104) berechnet. τ_t in Gleichung (3.109) wird mit dem Prandtlschen Mischungswegansatz berechnet.

Mit der partiellen Differentialgleichung (3.104) für die Turbulenzenergie haben wir erreicht, daß wir bei der Berechnung der Turbulenz an einer festen Stelle im Strömungsfeld den Einfluß der Turbulenz stromauf und stromab mitberücksichtigen können. Allerdings ist die partielle Differentialgleichung immer noch abhängig von einer örtlichen algebraischen Gleichung für die Länge l_ϵ.

Es ist jedoch davon auszugehen, daß die Turbulenzdissipation $\epsilon = \mu \cdot \overline{(\partial u_j'/\partial z)^2}$, ähnlich wie die Turbulenzenergie K, von dem turbulenten Verhalten der Strömung an Stellen stromauf und stromab abhängig ist. Um die Turbulenzmodellierung

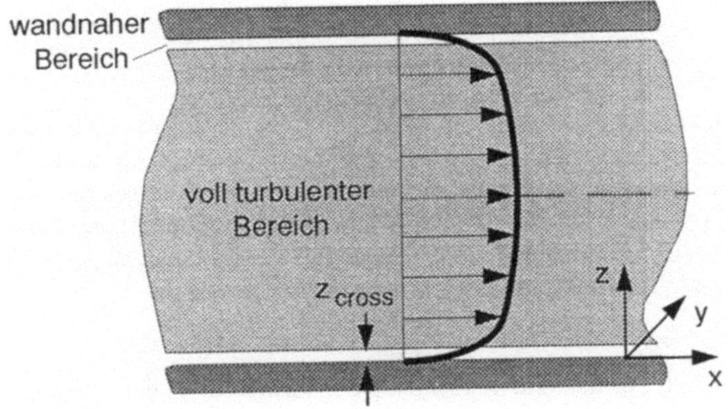

Abb. 3.12: Bereichseinteilung der turbulenten Innenströmung

bezüglich dieser physikalischen Vorstellung zu vervollständigen, sind die Ein-Gleichungsmodelle auf die Zwei-Gleichungsmodelle erweitert worden.

Zwei-Gleichungsmodelle

Eines der bekanntesten Zwei-Gleichungsmodelle, das häufig in numerische Verfahren implementiert ist, ist das $K - \epsilon$ Modell. Es besteht aus der partiellen Differentialgleichung (3.104) und einer weiteren Differentialgleichung, die die Turbulenzdissipation beschreibt.

Wir verzichten im Rahmen dieses Buches auf eine detaillierte Herleitung. Sie ähnelt der Herleitung der Gleichung (3.104). Den einzelnen Gliedern der Gleichung kann ebenfalls eine physikalische Interpretation zugeordnet werden. Die partielle Differentialgleichung für die Turbulenzdissipation

$$\epsilon = \frac{C_D \cdot \rho \cdot K^{3/2}}{l_\epsilon}$$

schreibt sich wie folgt:

$$\rho \left(\frac{\partial \epsilon}{\partial t} + \bar{u} \cdot \frac{\partial \epsilon}{\partial x} + \bar{v} \cdot \frac{\partial \epsilon}{\partial y} + \bar{w} \cdot \frac{\partial \epsilon}{\partial z} \right) =$$

$$= \frac{\partial}{\partial z} \left[\left(\mu + \frac{\mu_t}{\sigma_\epsilon} \right) \cdot \frac{\partial \epsilon}{\partial z} \right] + C_{\epsilon 1} \cdot \frac{\epsilon}{K} \cdot \mu_t \cdot \left(\frac{\partial \bar{u}}{\partial z} \right)^2 - C_{\epsilon 2} \cdot \frac{\epsilon^2}{K} \quad (3.110)$$

Die Konstanten $C_{\epsilon 1}$, $C_{\epsilon 2}$ und σ_ϵ sind in der Tabelle 3.3 angegeben. Die physikalische Bedeutung der einzelnen Glieder auf der rechten Seite der Gleichung (3.110) ist beim Vergleich mit der Gleichung (3.104) unmittelbar erkennbar. Die turbulente Viskosität berechnet sich bei der Anwendung des $K - \epsilon$ Modells mit der Formel

$$\mu_t = \frac{C_\mu \cdot \rho \cdot K^2}{\epsilon} \quad .$$

Wir beenden an dieser Stelle die Einführung in die Turbulenzmodellierung. In diesem Abschnitt des Buches sollte der Leser einen ersten Eindruck von der Denkweise der Turbulenzmodellierung vermittelt bekommen. Wir haben gelernt, daß Turbulenzmodelle auf einfachen Vorstellungen und umfangreichen Experimenten beruhen. Die weitere Vertiefung dieser Kenntnisse soll Gegenstand von weiterführenden Vorlesungen sein.

Tabelle 3.3: Formeln zur Berechnung der rechten Seite der ϵ-Gleichung

C_μ	$C_{\epsilon 1}$	$C_{\epsilon 2}$	σ_ϵ
0.09	1.45	1.92	1.3

3.6 Grenzschichtgleichungen

Ludwig Prandtl hat im Jahre 1904 in seiner berühmten achtseitigen Arbeit (vgl. L. PRANDTL 1961) nachgewiesen, daß sich bei der Umströmung von Körpern bei großen Reynoldszahlen ($Re_\infty > 10^4$) die Reibungseffekte auf eine sehr dünne Schicht um den Körper beschränken. Außerhalb dieser Schicht, die wir Grenzschicht nennen, kann die Strömung als reibungsfrei angenommen werden.

Die Dicke der Grenzschicht ist - jeweils abhängig von der Reynoldszahl - unterschiedlich groß. Bei der Profilumströmung besitzt sie z.B. bei einer Reynoldszahl von $Re_\infty = \rho \cdot U_\infty \cdot l/\mu \approx 10^5 - 10^6$ an der Hinterkante eine Dicke von ungefähr 5% der Profillänge l, vorausgesetzt, daß die Grenzschichtströmung turbulent ist. Eine laminare Grenzschicht ist wesentlich dünner.

Für die Strömung außerhalb der Grenzschicht vereinfachen sich die Navier-Stokes-Gleichungen auf die Euler-Gleichungen, da die Reibungsglieder für diesen Teil der Strömung verschwinden. Die Navier-Stokes Gleichungen lassen sich ebenfalls für die Grenzschichtströmung vereinfachen. Wie wir nachfolgend sehen werden, können wir für die Grenzschichtströmung in den Navier-Stokes-Gleichungen gewisse Terme vernachlässigen, da sie im Vergleich zu den übrigen Gliedern der Gleichungen klein sind.

Um die Grenzschichtgleichungen aus den Navier-Stokes-Gleichungen ableiten zu können, führen wir eine Größenordnungsabschätzung der einzelnen Glieder der dimensionslosen Navier-Stokes-Gleichungen durch. Wir wollen uns zunächst mit der Größenordnungsabschätzung vertraut machen und betrachten dazu die horizontale Geschwindigkeitskomponente $u^* = u/U_\infty$ der Plattengrenzschichtströmung. (s. Abbildung 3.13).

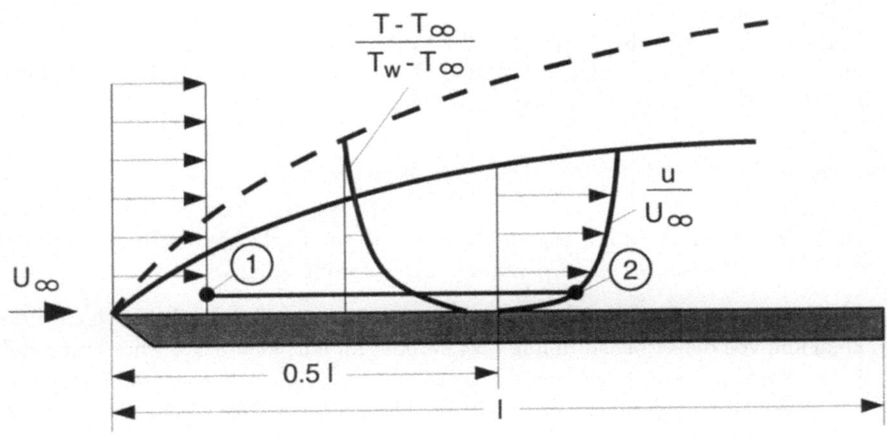

Abb. 3.13: Plattengrenzschichtströmung

Wir gehen zunächst davon aus, daß die Grenzschichtströmung zweidimensional, inkompressibel und stationär sei. Später betrachten wir dann das komplexere dreidimensionale Strömungsproblem. Die dimensionslosen Strömungsgrößen u^*, w^* und p^* erfüllen zusammen die nachfolgenden dimensionslosen Navier-Stokes- Gleichungen und die Kontinuitätsgleichung (s. dazu Gleichung (3.42) und Gleichungen (3.43) - (3.45)). Die Gleichungen lauten (wir vernachlässigen die Volumenkräfte f_i):

$$\frac{\partial u^*}{\partial x^*} + \frac{\partial w^*}{\partial z^*} \; = \; 0 \tag{3.111}$$

$$u^* \cdot \frac{\partial u^*}{\partial x^*} + w^* \cdot \frac{\partial u^*}{\partial z^*} \; = \; -\frac{\partial p^*}{\partial x^*} + \frac{1}{Re_\infty} \cdot \left(\frac{\partial^2 u^*}{\partial x^{*2}} + \frac{\partial^2 u^*}{\partial z^{*2}} \right) \tag{3.112}$$

$$u^* \cdot \frac{\partial w^*}{\partial x^*} + w^* \cdot \frac{\partial w^*}{\partial z^*} \; = \; -\frac{\partial p^*}{\partial z^*} + \frac{1}{Re_\infty} \cdot \left(\frac{\partial^2 w^*}{\partial x^{*2}} + \frac{\partial^2 w^*}{\partial z^{*2}} \right) \tag{3.113}$$

mit

$$x^* \; = \; \frac{x}{l}, \qquad z^* = \frac{z}{l}, \qquad Re_\infty = \frac{\rho \cdot U_\infty \cdot l}{\mu},$$

$$u^* \; = \; \frac{u}{U_\infty}, \qquad w^* = \frac{w}{U_\infty}, \qquad p^* = \frac{p}{\rho \cdot U_\infty^2} \; .$$

l entspricht der Länge der Platte, und U_∞ steht für die Zuströmgeschwindigkeit, mit der die Platte angeströmt wird.

Bei der Durchführung der Größenordnungsabschätzung interessiert uns nicht, ob die einzelnen Glieder sich durch einen Faktor von drei, vier etc. unterscheiden. Wir wollen die Unterschiede in den Größenordnungen (Faktor zehn oder mehr) der einzelnen Glieder herausfinden.

Um mit der Größenordnungsabschätzung vertraut zu werden, betrachten wir den Differentialquotienten $\partial u^*/\partial x^*$, der in den Gleichungen (3.111) und (3.112) steht. Betrachten wir z.B. die Stellen 1 und 2 in Abbildung 3.13, an denen die Größe u^* ungefähr 1.0 (Stelle 1) bzw. 0.1 (Stelle 2) ist, so läßt sich der Differentialquotient $\partial u^*/\partial x^*$ wie nachfolgend gezeigt abschätzen:

$$\left| \frac{\partial u^*}{\partial x^*} \right| \approx \left| \frac{0.1 - 1}{0.5 - 0} \right| = 1.8 \; .$$

Die Größe $\partial u^*/\partial x^*$ nimmt also im dimensionslosen Rechengebiet Zahlenwerte zwischen 1 und 10 an. Sie ist also von der Größenordnung eins.

Bei unserer weiteren Abschätzung gehen wir davon aus, daß die Grenzschichtdicke δ klein und von der Größenordnung ϵ ist, wobei ϵ für eine kleine Größenordnung steht. Diese Annahme ist insofern richtig, als wir im Experiment beobachten können, daß bei großen Reynoldszahlen $Re > 10^4$ die Grenzschichtdicke δ sehr viel kleiner als z.B. die Profillänge l ist.

Mit dieser Kenntnis können wir nun den zweiten Differentialquotienten $\partial w^*/\partial z^*$ in der Kontinuitätsgleichung abschätzen. Die Größe z^* kann in der Grenzschicht nur Werte der Größenordnung ϵ annehmen. Da $\partial u^*/\partial x^*$ die Größenordnung eins besitzt und deshalb auch $\partial w^*/\partial z^*$ von der Größenordnung eins sein muß (sonst kann die Kontinuitätsgleichung nicht erfüllt sein), muß auch die Größe w^* von der Größenordnung ϵ sein. Wir erhalten also die folgende Abschätzung:

$$\frac{\partial u^*}{\partial x^*} + \frac{\partial w^*}{\partial z^*} \;=\; 0$$
$$1 \qquad \frac{\epsilon}{\epsilon}$$

Die Geschwindigkeitskomponente w^* ist also sehr klein, und die Kontinuitätsgleichung bleibt für die Grenzschichtströmung weiterhin unverändert bestehen.

Wir können nun dazu übergehen, die Glieder der Navier-Stokes Gleichungen abzuschätzen. Gemäß unserer vorigen Überlegungen erhalten wir die folgende Abschätzung (unter den Gleichungen sind jeweils die Größenordnungen der einzelnen Glieder angegeben):

$$u^* \cdot \frac{\partial u^*}{\partial x^*} + w^* \cdot \frac{\partial u^*}{\partial z^*} \;=\; -\frac{\partial p^*}{\partial x^*} + \frac{1}{Re_\infty} \cdot \left(\frac{\partial^2 u^*}{\partial x^{*2}} + \frac{\partial^2 u^*}{\partial z^{*2}} \right) \qquad (3.114)$$
$$1 \cdot 1 \qquad \epsilon \cdot \frac{1}{\epsilon} \;=\; 1 \qquad \epsilon^2 \cdot \left(\frac{1}{1} \quad \frac{1}{\epsilon^2} \right)$$

$$u^* \cdot \frac{\partial w^*}{\partial x^*} + w^* \cdot \frac{\partial w^*}{\partial z^*} \;=\; -\frac{\partial p^*}{\partial z^*} + \frac{1}{Re_\infty} \cdot \left(\frac{\partial^2 w^*}{\partial x^{*2}} + \frac{\partial^2 w^*}{\partial z^{*2}} \right) \qquad (3.115)$$
$$1 \cdot \frac{\epsilon}{1} \qquad \epsilon \cdot \frac{\epsilon}{\epsilon} \;=\; \epsilon \qquad \epsilon^2 \cdot \left(\frac{\epsilon}{1} \quad \frac{\epsilon}{\epsilon^2} \right) .$$

Bezüglich der Abschätzung ist folgendes zu ergänzen:

- Wir setzen voraus, daß die Reynoldszahl so groß ist, daß der Ausdruck $1/Re_\infty$ mindestens von der Größenordnung ϵ^2 klein ist.

- In der Gleichung (3.115) besitzt der Druckgradient $\partial p^*/\partial z^*$ die Größenordnung ϵ, da alle anderen Glieder in der Gleichung von dieser Größenordnung sind.

- Wir können also Gleichung (3.115) bei der Berechnung der Grenzschichtströmung streichen und davon ausgehen, daß sich der Druck p in z-Richtung kaum ändert. Es gilt also für die Berechnung $p \neq f(z)$.

- Der Druckgradient $\partial p^*/\partial x^* = dp^*/dx^*$ besitzt die Größenordnung eins. Begründung: Betrachten wir die Gleichung (3.114) für den Bereich des Grenzschichtrandes, wo die reibungsbehaftete Strömung in die reibungslose Strömung übergeht, so können wir die Reibungsglieder vernachlässigen. Da die Gleichung (3.114) auch am Grenzschichtrand erfüllt ist und die linke Seite die Größenordnung eins besitzt, ist auch der Druckgradient dp^*/dx^* von der Größenordnung eins.

- Aus der Größenordnungsabschätzung für die Gleichung (3.114) geht hervor, daß die zweite Ableitung in x^*-Richtung sehr klein ist und in der Gleichung vernachlässigt werden kann.

Wir gehen wieder zu den dimensionsbehafteten Größen über und nutzen die Kenntnisse der Größenordnungsabschätzung zur Formulierung der Grenzschichtgleichungen. Sie lauten für eine zweidimensionale, inkompressible und stationäre Grenzschichtströmung (s. dazu Abbildung 3.14):

$$\frac{\partial u}{\partial x} + \frac{\partial w}{\partial z} = 0 \tag{3.116}$$

$$\rho \cdot \left(u \cdot \frac{\partial u}{\partial x} + w \cdot \frac{\partial u}{\partial z} \right) = -\frac{dp}{dx} + \mu \cdot \frac{\partial^2 u}{\partial z^2} \tag{3.117}$$

$$\frac{\partial p}{\partial z} = 0 \tag{3.118}$$

Der Druckgradient dp/dx kann in der Gleichung (3.117) als bekannt vorausgesetzt werden. Weiter unten wird beschrieben, wie er ermittelt werden kann. Die Grenzschichtgleichungen (3.116) und (3.117) sind also <u>zwei</u> Gleichungen für die <u>zwei</u> Unbekannten u und w, wenn wir die Gleichung (3.118) nicht mitberücksichtigen.

Um den Druckgradienten dp/dx zu ermitteln, betrachten wir eine Stromlinie entlang des Grenzschichtrandes (s. dazu Abbildung 3.14). Da auf dem Grenzschichtrand die Reibungseffekte verschwinden, gilt die eindimensionale Euler-Gleichung. Sie lautet (s. J. ZIEREP 1993):

$$\rho \cdot U_e \cdot \frac{dU_e}{dx} = -\frac{dp}{dx} \quad . \tag{3.119}$$

$U_e = u(\delta)$ steht für die Geschwindigkeit am Grenzschichtrand. Sie berechnet sich

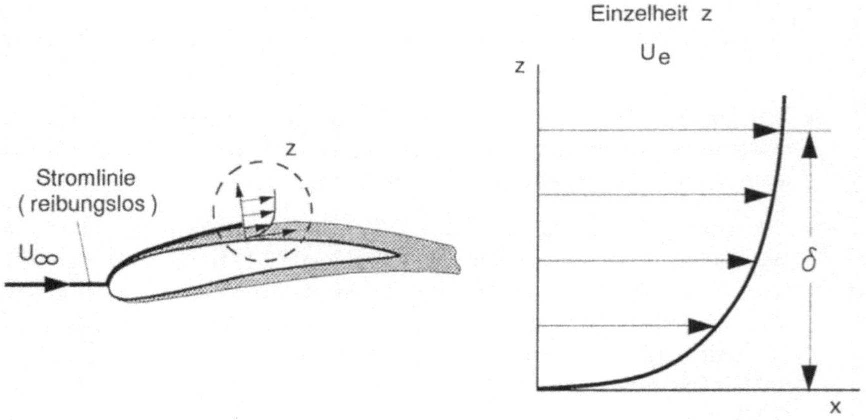

Abb. 3.14: Zweidimensionale, inkompressible Grenzschicht

mit der Theorie für reibungslose Strömungen, auf die wir im nachfolgenden Abschnitt zu sprechen kommen.

Zur Berechnung der Grenzschichtströmung benötigen wir noch geeignete Randbedingungen für die partiellen Differentialgleichungen (3.116) und (3.117). Auf der Kontur, also für $z = 0$, gilt die Haftbedingung $u(z = 0) = 0$ und $w(z = 0) = 0$. Am Grenzschichtrand nimmt die u-Geschwindigkeitskomponente den Wert U_e an, die, wie bereits erwähnt, mit der Theorie für reibungslose Strömungen berechnet wird. Die Grenzschichtdicke δ ist schwer definierbar, da sich die Größe u bekanntlich asymptotisch in z-Richtung dem Wert U_e annähert. Deshalb wird bezüglich dieser Randbedingung des öfteren in der Literatur die mathematische Formulierung

$$\lim_{z \to \infty} u(x, z) = U_e(x)$$

verwendet.

Mit den Gleichungen (3.116) und (3.117) können wir das Strömungsproblem vollständig lösen. Für die Berechnung der Temperaturgrenzschicht benötigen wir jedoch noch eine weitere Grenzschichtgleichung, die wir wiederum durch eine Größenordnungsabschätzung der einzelnen Glieder der Energiegleichung (3.41) erhalten. Da wir weiterhin eine zweidimensionale, inkompressible und stationäre Grenzschicht betrachten, vereinfacht sich die Gleichung entsprechend. Wir vernachlässigen wieder die Volumenkräfte k_i und die Größe $\dot{q}$.

Um die Größenordnungsabschätzung durchführen zu können, überführen wir die Gleichung (3.41) in die nachfolgende dimensionslose Form. Dazu führen wir die zusätzliche dimensionslose Größe θ ein, die wie folgt definiert ist:

$$\theta = \frac{T - T_\infty}{T_W - T_\infty} \quad .$$

T_W und T_∞ stehen für die Temperatur der Platte bzw. für die Temperatur der Zuströmung. Die entsprechende dimensionslose Form der Energiegleichung lautet (der Leser sollte die entsprechende Rechnung dazu selbst durchführen):

$$u^* \cdot \frac{\partial \theta}{\partial x^*} + w^* \cdot \frac{\partial \theta}{\partial z^*} = Ec \cdot \left(u^* \cdot \frac{\partial p^*}{\partial x^*} + w^* \cdot \frac{\partial p^*}{\partial z^*} \right) +$$

$$\frac{1}{Re_\infty \cdot Pr_\infty} \cdot \left(\frac{\partial^2 \theta}{\partial x^{*2}} + \frac{\partial^2 \theta}{\partial z^{*2}} \right) + \frac{Ec}{Re_\infty} \cdot \Phi^* \quad (3.120)$$

Die Größen Re, Pr und Ec stehen der Reihe nach für die Reynolds-, Prandtl- und Eckertzahl. Sie sind wie folgt definiert:

$$Re_\infty = \frac{\rho \cdot U_\infty \cdot l}{\mu} \, , \qquad Pr_\infty = \frac{c_p \cdot \mu}{\lambda} \, , \qquad Ec = 2 \cdot \frac{T_0 - T_\infty}{T_W - T_\infty} \quad .$$

In der Formel zur Definition der Eckertzahl Ec steht T_0 für die Gesamttemperatur. Beachte beim Durchführen der Rechnung zur Überführung der Energiegleichung in die dimensionslose Form, daß gemäß des Energiesatzes der Thermodynamik die Formel

$$\frac{U_\infty^2}{T_W - T_\infty} = Ec \cdot c_p$$

gilt. Φ^* ist die dimensionslose Dissipationsfunktion. Sie lautet entsprechend:

$$\Phi^* = 2 \cdot \left(\frac{\partial u^*}{\partial x^*}\right)^2 + 2 \cdot \left(\frac{\partial w^*}{\partial z^*}\right)^2 + \left(\frac{\partial w^*}{\partial x^*} + \frac{\partial u^*}{\partial z^*}\right)^2 \quad .$$

Bei der Größenordnungsabschätzung gehen wir wieder davon aus, daß $1/Re_\infty$ von der Größenordnung ϵ^2 ist und daß die Prandtl- und Eckertzahl von der Größenordnung eins sind. Es gibt Anwendungen, bei denen die Prandtl- und/oder Eckertzahl eine Größenordnung größer oder kleiner als eins sein können. In der Mehrzahl der Anwendungen treffen unsere Annahmen jedoch zu.

Mit den getroffenen Annahmen erhalten wir nun die folgende Größenordnungsabschätzung für die Energiegleichung (3.120):

$$u^* \cdot \frac{\partial \theta}{\partial x^*} + w^* \cdot \frac{\partial \theta}{\partial z^*} \; = \; Ec \cdot \left(u^* \cdot \frac{\partial p^*}{\partial x^*} + w^* \cdot \frac{\partial p^*}{\partial z^*}\right) +$$

$$1 \cdot 1 \qquad\qquad \epsilon \cdot \frac{1}{\epsilon} \quad = \quad 1 \qquad 1 \cdot 1 \qquad\qquad \epsilon \cdot \epsilon$$

$$\frac{1}{Re_\infty \cdot Pr_\infty} \cdot \left(\frac{\partial^2 \theta}{\partial x^{*2}} + \frac{\partial^2 \theta}{\partial z^{*2}}\right) + \frac{Ec}{Re_\infty} \cdot \Phi^*$$

$$\epsilon^2 \qquad\qquad 1 \qquad\qquad \frac{1}{\epsilon^2} \qquad\qquad .$$

Für den letzten Summanden der rechten Seite erhalten wir die nachfolgende Größenordnungsabschätzung:

$$\frac{Ec}{Re_\infty} \cdot \Phi^* \; = \; \frac{Ec}{Re_\infty} \left[2\left(\frac{\partial u^*}{\partial x^*}\right)^2 + 2\left(\frac{\partial w^*}{\partial z^*}\right)^2 + \left(\frac{\partial w^*}{\partial x^*}\right)^2 + 2 \cdot \frac{\partial w^*}{\partial x^*} \cdot \frac{\partial u^*}{\partial z^*} + \left(\frac{\partial u^*}{\partial z^*}\right)^2\right]$$

$$\epsilon^2 \qquad\quad 1 \qquad\qquad 1 \qquad\qquad \epsilon^2 \qquad\qquad 1 \qquad\qquad \frac{1}{\epsilon^2} \quad .$$

Die Größenordnungsabschätzung für den Differentialquotienten $\partial\theta/\partial x^*$ erfolgt in analoger Weise zur Abschätzung von $\partial u^*/\partial x^*$. θ besitzt auf der Kontur den Wert 1 und am Grenzschichtrand für die Plattenströmung den Wert 0.

Gemäß der Größenordnungsabschätzung erhalten wir aus der Energiegleichung für die Temperaturgrenzschicht die nachfolgende Gleichung. Sie schreibt sich mit den dimensionsbehafteten Größen wie folgt:

$$\rho \cdot c_p \cdot \left(u \cdot \frac{\partial T}{\partial x} + w \cdot \frac{\partial T}{\partial z}\right) = u \cdot \frac{\partial p}{\partial x} + \lambda \cdot \frac{\partial^2 T}{\partial z^2} + \mu \cdot \left(\frac{\partial u}{\partial z}\right)^2 \qquad (3.121)$$

Für die Gleichung (3.121) benötigen wir noch zwei Randbedingungen für die Größe T. Betrachten wir eine Kontur mit einer bekannten Temperatur T_W, so lauten die beiden Randbedingungen:

$$T(x, z = 0) = T_W \; , \qquad\qquad \lim_{z \to \infty} T(x, z) = T_e \quad .$$

Betrachten wir hingegen eine Kontur, in die ein bekannter Wärmestrom $\dot{q}$ fließt, so lauten die Randbedingungen entsprechend:

$$\left(\frac{\partial T}{\partial z}\right)_{z=0} = \frac{\dot{q}(x)}{\lambda} \, , \qquad \lim_{z \to \infty} T(x,z) = T_e \quad .$$

Die Temperatur T_e am Grenzschichtrand wird mit der reibungslosen Theorie ermittelt, auf die wir in einem nachfolgenden Kapitel eingehen werden.

Bis jetzt haben sich unsere Betrachtungen auf zweidimensionale, laminare Grenzschichten beschränkt. Nachfolgend werden wir die entsprechenden Erweiterungen der Gleichungen auf turbulente, zweidimensionale Grenzschichten diskutieren.

Um die Gleichungen zur Berechnung einer turbulenten Grenzschicht aufzustellen, müssen wir eine Größenordnungsabschätzung für die einzelnen Terme der Reynoldsgleichungen durchführen. Diese lauten für eine zweidimensionale Grenzschicht unter Vernachlässigung der Volumenkräfte in dimensionsloser Form: (s. Gleichungen (3.72) bis (3.75)):

$$\frac{\partial u^*}{\partial x^*} + \frac{\partial w^*}{\partial z^*} = 0 \tag{3.122}$$

$$u^* \cdot \frac{\partial u^*}{\partial x^*} + w^* \cdot \frac{\partial u^*}{\partial z^*} = -\frac{\partial p^*}{\partial x^*} + \frac{1}{Re_\infty} \cdot \left(\frac{\partial^2 u^*}{\partial x^{*2}} + \frac{\partial^2 u^*}{\partial z^{*2}}\right)$$
$$- \left(\frac{\partial(\overline{u^{*\prime 2}})}{\partial x^*} + \frac{\partial(\overline{u^{*\prime} \cdot w^{*\prime}})}{\partial z^*}\right) \tag{3.123}$$

$$u^* \cdot \frac{\partial w^*}{\partial x^*} + w^* \cdot \frac{\partial w^*}{\partial z^*} = -\frac{\partial p^*}{\partial z^*} + \frac{1}{Re_\infty} \cdot \left(\frac{\partial^2 w^*}{\partial x^{*2}} + \frac{\partial^2 w^*}{\partial z^{*2}}\right)$$
$$- \left(\frac{\partial(\overline{u^{*\prime} \cdot w^{*\prime}})}{\partial x^*} + \frac{\partial(\overline{w^{*\prime 2}})}{\partial z^*}\right) \tag{3.124}$$

u^*, w^* und p^* in den Gleichungen (3.122) bis (3.124) sind dimensionslose und zeitlich gemittelte Größen. Alle Geschwindigkeiten, einschließlich der Schwankungsgeschwindigkeiten, sind mit der Zuströmgeschwindigkeit U_∞ dimensionslos gemacht worden. Die Größe p^* steht für $p/(\rho \cdot U_\infty^2)$.

Die Kontinuitätsgleichung (3.122) bleibt, wie im laminaren Fall, gemäß der Größenordnungsabschätzung unverändert. Damit wir die zeitlich gemittelten Navier-Stokes-Gleichungen abschätzen können, ist es unumgänglich, experimentelle Ergebnisse für die Größen $\overline{u^{*\prime 2}}$ und $\overline{u^{*\prime} \cdot w^{*\prime}}$ heranzuziehen.

In der Abbildung 3.15 sind diese Größen über der Koordinate normal zur Oberfläche dargestellt. Wie wir der genannten Abbildung entnehmen können, verschwinden die Schwankungsgrößen am Grenzschichtrand und infolge der Haftbedingung ebenfalls auf der Oberfläche. Die Schwankungsgrößen $\overline{u^{*\prime 2}}$ und $\overline{u^{*\prime} \cdot w^{*\prime}}$ unterscheiden sich innerhalb der Grenzschicht um einen Faktor, der nicht größer als zehn ist, d.h. sie sind von gleicher Größenordnung. Die Größenordnung dieser Glieder beträgt ϵ.

Mit dieser Kenntnis können wir nun die Größenordnung der Terme der Schwankungsgrößen abschätzen. Wir beginnen mit der Größenordnungsabschätzung für

88

die Schwankungsgrößen der Gleichung (3.123). Diese ergibt:

$$-\left(\frac{\partial(\overline{u^{*\prime2}})}{\partial x^*} + \frac{\partial(\overline{u^{*\prime}\cdot w^{*\prime}})}{\partial z^*}\right)$$
$$\underset{\dfrac{\epsilon}{1}}{}\qquad \underset{\dfrac{\epsilon}{\epsilon}}{} \qquad .$$

Wir erkennen, daß nur der zweite Summand von der Größenordnung eins ist und deshalb in der Gleichung (3.123) erhalten bleibt.

Abschließend müssen noch die Größenordnungen der Ausdrücke der Gleichung (3.124) bestimmt werden. Die nachfolgende Größenordnungsabschätzung ergibt:

$$u^*\cdot\frac{\partial w^*}{\partial x^*} + w^*\cdot\frac{\partial w^*}{\partial z^*} = -\frac{\partial p^*}{\partial z^*} + \frac{1}{Re_\infty}\left(\frac{\partial^2 w^*}{\partial x^{*2}} + \frac{\partial^2 w^*}{\partial z^{*2}}\right) - \left(\frac{\partial(\overline{u^{*\prime}\cdot w^{*\prime}})}{\partial x^*} + \frac{\partial(\overline{w^{*\prime2}})}{\partial z^*}\right)$$
$$1\cdot\frac{\epsilon}{1}\qquad \epsilon\cdot\frac{\epsilon}{\epsilon}\quad = \quad 1 \qquad \epsilon^2 \quad \frac{\epsilon}{1}\quad \frac{\epsilon}{\epsilon^2} \qquad \frac{\epsilon}{1}\qquad \frac{\epsilon}{\epsilon} \qquad .$$

Alle Glieder der Größenordnung eins bleiben erhalten. Der Druckgradient $\partial p^*/\partial z^*$ ist also im Gegensatz zur laminaren Grenzschicht von der Größenordnung eins. Die entsprechende dimensionsbehaftete Grenzschichtgleichung für die z-Richtung lautet also:

$$\frac{\partial \bar{p}}{\partial z} = -\rho\cdot\frac{\partial \overline{w^{\prime2}}}{\partial z} \qquad . \tag{3.125}$$

Für die Berechnung der Grenzschicht können wir die Gleichung (3.125) allerdings vernachlässigen, da der Druck vom Grenzschichtrand bis zur Oberfläche nur um einen Wert der Größenordnung ϵ variiert.

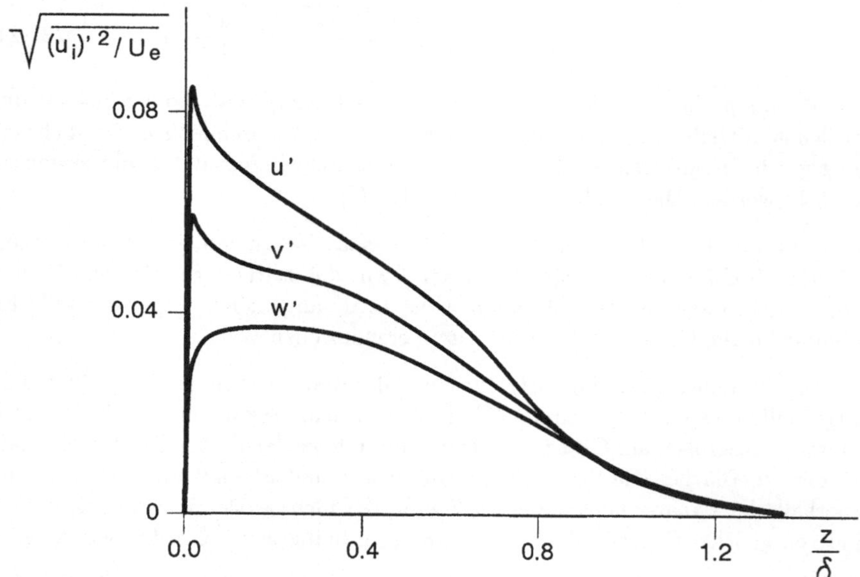

Abb. 3.15: Schwankungsgrößen in der turbulenten Grenzschicht

Nach der Herleitung der Grenzschichtgleichungen mittels einer Größenordnungs-abschätzung durch dimensionslose Kennzahlen gehen wir nun wieder zu dimensionsbehafteten Gleichungen über. Die Gleichungen für eine stationäre, zweidimensionale und turbulente Grenzschichtströmung können wir also wie folgt aufschreiben, wenn wir den Druckgradienten $\partial \bar{p}/\partial x$, wie bereits beschrieben, gemäß der eindimensionalen Eulergleichung berücksichtigen:

$$\frac{\partial \bar{u}}{\partial x} + \frac{\partial \bar{w}}{\partial z} = 0 \qquad (3.126)$$

$$\rho \cdot \left(\bar{u} \cdot \frac{\partial \bar{u}}{\partial x} + \bar{w} \cdot \frac{\partial \bar{u}}{\partial z} \right) = U_e \cdot \frac{dU_e}{dx} + \mu \cdot \frac{\partial^2 \bar{u}}{\partial z^2} - \rho \cdot \frac{\partial (\overline{u' \cdot w'})}{\partial z} \qquad (3.127)$$

Das Überstreichen der einzelnen Größen soll auf die zeitlich gemittelten Größen hinweisen.

Für die Berechnung der turbulenten, inkompressiblen Temperaturgrenzschicht benötigen wir die gemäß einer Größenordnungsabschätzung vereinfachte Energiegleichung. Da wir das Wesentliche zur Herleitung der Grenzschichtgleichungen bereits diskutiert haben, und da sich auch bei der Vorgehensweise zur Vereinfachung der Energiegleichung nichts ändert, geben wir diese Gleichung ohne Herleitung wie folgt an. Sie lautet:

$$\rho \cdot c \left(\bar{u} \cdot \frac{\partial \bar{T}}{\partial x} + \bar{w} \cdot \frac{\partial \bar{T}}{\partial z} \right) = \lambda \cdot \frac{\partial^2 \bar{T}}{\partial z^2} -$$

$$\rho \cdot c \cdot \frac{\partial}{\partial z} \left(\overline{w' \cdot T'} \right) - \bar{u} \cdot U_e \cdot \frac{dU_e}{dx} + \left(\mu \cdot \frac{\partial \bar{u}}{\partial z} - \rho \cdot \overline{w' \cdot u'} \right) \cdot \frac{\partial \bar{u}}{\partial z} \qquad (3.128)$$

Die Gleichungen für eine turbulente Grenzschichtströmung besitzen auf der rechten Seite für die Schwankungsgrößen nur Differentialquotienten bezüglich der z-Richtung. Die entsprechenden Differentialquotienten in Hauptströmungsrichtung (x-Richtung) sind vernachlässigbar klein. Die in den Grenzschichtgleichungen stehenden Schwankungsgrößen müssen mit geeigneten Turbulenzmodellen, auf die wir im vorigen Abschnitt eingegangen sind, entsprechend modelliert werden.

Im verbleibenden Teil dieses Abschnittes wollen wir die aufgestellten Gleichungen auf dreidimensionale Grenzschichten erweitern. Eine dreidimensionale Grenzschichtströmung, so wie sie z.B. bei der Kraftfahrzeugumströmung auftritt, ist in Abbildung 3.16 dargestellt. Die Gleichungen für eine inkompressible und turbulente Grenzschichtströmung sind nachfolgend angegeben. Sie basieren, wie die Gleichungen für die zweidimensionalen Grenzschichtströmungen, auf einer Größenordnungsabschätzung der Reynoldsgleichungen und beinhalten deshalb bezüglich ihrer Herleitung nichts wesentlich Neues. Auf den dreidimensionalen Strömungszustand kommen wir in diesem Buch noch zu sprechen, wenn wir die Strömungsphänomene diskutieren.

Die Gleichungen lauten:

$$\frac{\partial \bar{u}}{\partial x} + \frac{\partial \bar{v}}{\partial y} + \frac{\partial \bar{w}}{\partial z} = 0 \tag{3.129}$$

$$\rho \cdot \left(\bar{u} \cdot \frac{\partial \bar{u}}{\partial x} + \bar{v} \cdot \frac{\partial \bar{u}}{\partial y} + \bar{w} \cdot \frac{\partial \bar{u}}{\partial z} \right) = -\frac{\partial \bar{p}}{\partial x} + \mu \cdot \frac{\partial^2 \bar{u}}{\partial z^2} - \rho \cdot \frac{\partial \overline{u' \cdot w'}}{\partial z} \tag{3.130}$$

$$\rho \cdot \left(\bar{u} \cdot \frac{\partial \bar{v}}{\partial x} + \bar{v} \cdot \frac{\partial \bar{v}}{\partial y} + \bar{w} \cdot \frac{\partial \bar{v}}{\partial z} \right) = -\frac{\partial \bar{p}}{\partial y} + \mu \cdot \frac{\partial^2 \bar{v}}{\partial z^2} - \rho \cdot \frac{\partial \overline{v' \cdot w'}}{\partial z} \tag{3.131}$$

Die Druckgradienten $\partial \bar{p}/\partial x$ und $\partial \bar{p}/\partial y$ lassen sich mit der Theorie der reibungslosen Strömungen berechnen, die wir im nächsten Abschnitt kennenlernen werden. Für die Berechnung von laminaren Grenzschichten entfallen die Schwankungsglieder auf der rechten Seite der Gleichungen (3.130) und (3.131). Die Größen $\bar{u}$, $\bar{v}$, $\bar{w}$ und $\bar{p}$ sind dann nicht als zeitlich gemittelte Größen aufzufassen. Es ergeben sich die bereits abgeleiteten Gleichungen (3.116) bis (3.118) für laminare Grenzschichten.

Die Randbedingungen für die Gleichungen (3.129) bis (3.131) lauten gemäß der Haftbedingung der Strömung auf der Wand und der freien Außenströmung wie folgt:

$$\bar{u}(z = 0) = 0 \, , \qquad \bar{v}(z = 0) = 0 \, , \qquad \bar{w}(z = 0) = 0 \, ,$$

$$\lim_{z \to \infty} \bar{u} = U_e \, , \qquad \lim_{z \to \infty} \bar{v} = V_e \quad .$$

Die Herleitung der Gleichungen für eine dreidimensionale, kompressible Grenz-

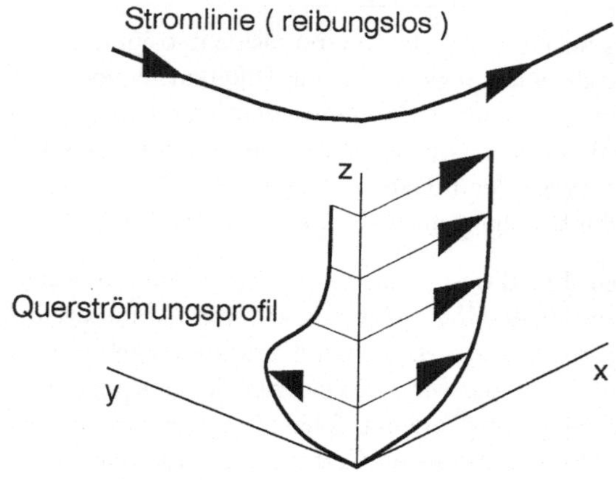

Abb. 3.16: Dreidimensionale Grenzschichtströmung

schichtströmung basiert auf analogen Überlegungen, die wir bereits bei der Herleitung der übrigen Grenzschichtgleichungen kennengelernt haben. Allerdings ist ihr Umfang wesentlich größer, so daß wir die Gleichungen abschließend ohne Herleitung angeben werden.

Die nachfolgenden Grenzschichtgleichungen beinhalten im Gegensatz zur FAVRE-Mittelung Strömungsgrößen, die einfach zeitlich gemittelt sind (s. dazu Formel (3.49)). Für eine dreidimensionale, kompressible Grenzschichtströmung lauten diese Gleichungen:

$$\frac{\partial(\bar{\rho}\cdot\bar{u})}{\partial x} + \frac{\partial(\bar{\rho}\cdot\bar{v})}{\partial y} + \frac{\partial(\bar{\rho}\cdot\tilde{w})}{\partial z} = 0 \qquad (3.132)$$

$$\bar{\rho}\cdot\left(\bar{u}\cdot\frac{\partial\bar{u}}{\partial x} + \bar{v}\cdot\frac{\partial\bar{u}}{\partial y} + \tilde{w}\cdot\frac{\partial\bar{u}}{\partial z}\right) = -\frac{\partial\bar{p}}{\partial x} + \mu\cdot\frac{\partial^2\bar{u}}{\partial z^2} - \frac{\partial(\bar{\rho}\cdot\overline{u'\cdot w'})}{\partial z} \quad (3.133)$$

$$\bar{\rho}\cdot\left(\bar{u}\cdot\frac{\partial\bar{v}}{\partial x} + \bar{v}\cdot\frac{\partial\bar{v}}{\partial y} + \tilde{w}\cdot\frac{\partial\bar{v}}{\partial z}\right) = -\frac{\partial\bar{p}}{\partial y} + \mu\cdot\frac{\partial^2\bar{v}}{\partial z^2} - \frac{\partial(\bar{\rho}\cdot\overline{v'\cdot w'})}{\partial z} \quad (3.134)$$

Mit der Größe $\tilde{w}$ ist die Größe

$$\tilde{w} = \frac{\overline{\rho\cdot w}}{\bar{\rho}}$$

gemeint. Die vereinfachte Energiegleichung lautet für die dreidimensionale Grenzschichtströmung wie folgt:

$$\bar{\rho}\cdot\left(\bar{u}\cdot\frac{\partial h_0}{\partial x} + \bar{v}\cdot\frac{\partial h_0}{\partial y} + \tilde{w}\cdot\frac{\partial h_0}{\partial z}\right) = \frac{\partial}{\partial z}\left[\frac{\mu}{Pr_\infty}\cdot\frac{\partial h_0}{\partial z} - \bar{\rho}\cdot c_p\cdot\overline{w'\cdot T'} + \right.$$

$$\left. \mu\cdot\left(1 - \frac{1}{Pr_\infty}\right)\cdot\left(\bar{u}\cdot\frac{\partial\bar{u}}{\partial z} + \bar{v}\cdot\frac{\partial\bar{v}}{\partial z}\right) - \bar{\rho}\cdot\bar{u}\cdot\overline{w'\cdot u'} - \bar{\rho}\cdot\bar{v}\cdot\overline{v'\cdot w'}\right]$$

h_0 steht für die Gesamtenthalpie pro Masse, die sich mit der Formel

$$h_0 = c_p\cdot T + \frac{\bar{u}^2}{2} + \frac{\bar{v}^2}{2}$$

berechnet. Die Randbedingungen für die Grenzschichtgleichungen lauten entsprechend:

$$\bar{u}(x,y,z=0) = 0\,, \qquad \bar{v}(x,y,z=0) = 0\,, \qquad \tilde{w}(x,y,z=0) = 0\,,$$

$$\bar{\rho}(x,y,z=\delta) = \bar{\rho}_e\,, \qquad h_o(x,y,z=\delta) = h_{o,e}\quad.$$

Die Größen am Grenzschichtrand und die Druckgradienten in den Gleichungen (3.133) und (3.134) werden mit der reibungslosen Theorie ermittelt, auf die wir im nachfolgenden Abschnitt eingehen werden.

3.7 Potentialgleichungen

Im vorigen Abschnitt haben wir die Grenzschichtgleichungen kennengelernt, für deren Anwendung wir die Strömungsgrößen am äußeren Grenzschichtrand kennen müssen. Wenn wir die Strömungsgrößen am Grenzschichtrand kennen, dann wissen wir auch, welche Druckverteilung auf die Kontur wirkt, denn beim Herleiten der Grenzschichtgleichungen lernten wir, daß innerhalb der Grenzschicht für den Druck die Bedingung $\partial p/\partial z \approx 0$ gilt.

Die Kenntnis der Druckverteilung auf der Kontur ist eine notwendige Voraussetzung zur Beantwortung vieler technischer Fragen. So können z.B. Festigkeitsrechnungen am Flugzeug nicht ohne diese Kenntnis durchgeführt werden. Dies gilt ebenfalls für die Ermittlung von Verstellkräften bei Tragflügelklappensystemen. In diesem Abschnitt werden wir die Gleichungen zur Ermittlung der Druckverteilung herleiten.

Wir gehen davon aus, daß die Reynoldszahl der Zuströmung groß ist und daß infolgedessen die Grenzschichtdicke so klein ist, daß wir die Grenzschicht vernachlässigen können. Der Grenzschichtrand fällt also bei unseren Betrachtungen im Grenzübergang $Re_\infty \to \infty$ mit der Konturumrandung zusammen. Später werden wir sehen, daß diese Annahme ohne weiteres zulässig ist.

In Abbildung 3.17 ist ein Tragflügelprofil dargestellt, das von links mit der Geschwindigkeit U_∞ angeströmt wird. Wie bereits im Abschnitt 'Grenzschichtgleichungen' erläutert, gehen wir davon aus, daß die Strömung außerhalb der Grenzschicht nahezu reibungsfrei ist. Da wir die Grenzschichtdicke vernachlässigen, entspricht der in Abbildung 3.17 gezeigte Geschwindigkeitsvektor dem Geschwindigkeitsvektor am äußeren Grenzschichtrand der realen Strömung.

Für die Berechnung der in Abbildung 3.17 gezeigten Strömung eignen sich die Kontinuitätsgleichung und die Euler-Gleichungen, die den bereits bekannten Navier-Stokes Gleichungen ohne Reibungsglieder entsprechen. Die Gleichungen lauten also, wenn wir wieder die Volumenkräfte vernachlässigen und davon ausgehen, daß die

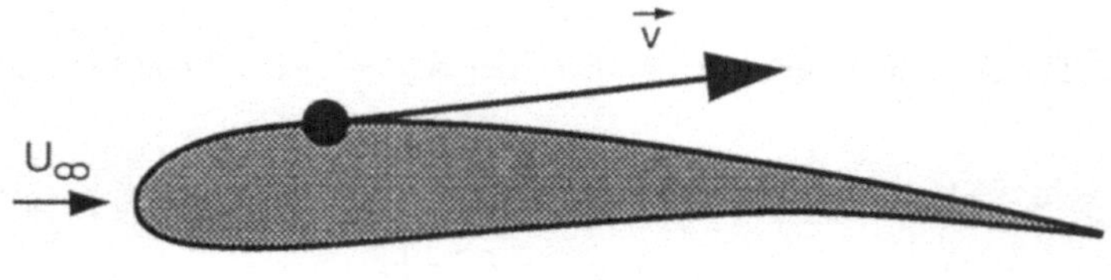

Abb. 3.17: Profilumströmung

Strömung stationär ist:

$$\frac{\partial(\rho \cdot u)}{\partial x} + \frac{\partial(\rho \cdot v)}{\partial y} + \frac{\partial(\rho \cdot w)}{\partial z} = 0 \tag{3.135}$$

$$\rho \cdot \left(u \cdot \frac{\partial u}{\partial x} + v \cdot \frac{\partial u}{\partial y} + w \cdot \frac{\partial u}{\partial z} \right) = -\frac{\partial p}{\partial x} \tag{3.136}$$

$$\rho \cdot \left(u \cdot \frac{\partial v}{\partial x} + v \cdot \frac{\partial v}{\partial y} + w \cdot \frac{\partial v}{\partial z} \right) = -\frac{\partial p}{\partial y} \tag{3.137}$$

$$\rho \cdot \left(u \cdot \frac{\partial w}{\partial x} + v \cdot \frac{\partial w}{\partial y} + w \cdot \frac{\partial w}{\partial z} \right) = -\frac{\partial p}{\partial z} \; . \tag{3.138}$$

Die in Abbildung 3.17 gezeigte Strömung beinhaltet neben der geringen Reibung noch eine weitere Eigenschaft, die die Berechnung vereinfacht. Wie wir unmittelbar einsehen werden, ist die Zuströmung drehungsfrei. Nun kann mit dem bekannten Croccoschen Wirbelsatz (wir gehen auf ihn nicht gesondert ein, er ist z.B. im Gasdynamik-Lehrbuch von J. ZIEREP 1991 erklärt) gezeigt werden, daß die Strömung auch weiter stromab drehungsfrei bleibt, wenn im Strömungsfeld keine Entropie- und Gesamtenthalpiegradienten auftreten. Da wir eine isentrope Strömung ohne Energiezufuhr bzw. -abfuhr betrachten, bleibt auch die in Abbildung 3.17 gezeigte Strömung weiter stromab drehungsfrei.

Die Drehungsfreiheit ist für Strömungen ohne Energiezufuhr und -abfuhr nur dann nicht erfüllt, wenn die Strömung reibungsbehaftet ist (z.B. Grenzschichtströmung) oder wenn im Strömungsfeld ein gekrümmter Verdichtungsstoß auftritt, wie es z.B. bei einem stumpfen Körper in Überschallanströmung der Fall ist (s. Abbildung 3.18). Zur Berechnung der Strömung des zuletzt genannten Strömungsproblems müssen die Gleichungen (3.135) bis (3.138) angewandt werden. Detaillierte Kenntnisse über diese Zusammenhänge kann der Leser in speziellen Vorlesungen über Gasdynamik erwerben.

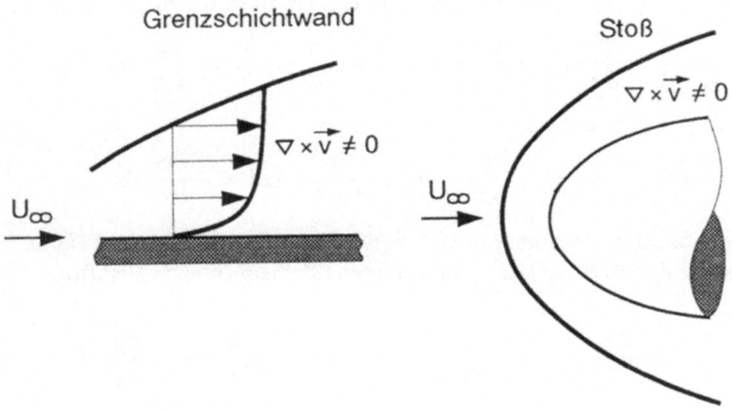

Abb. 3.18: Drehungsbehaftete Strömungen

Wir wollen nachfolgend voraussetzen, daß die Strömung reibungs- und drehungsfrei ist. Unter diesen Voraussetzungen läßt sich das Gleichungssystem mit den Gleichungen (3.135) bis (3.138) auf ein einfacheres Gleichungssystem vereinfachen, das im wesentlichen nur eine partielle Differentialgleichung beinhaltet. Diese Differentialgleichung wird als Potentialgleichung bezeichnet. Die Motivation für diese Namengebung werden wir nachfolgend kennenlernen.

Wenn wir davon ausgehen, daß die Strömung drehungsfrei ist, dann gilt für das Strömungsfeld die Bedingung

$$rot\ \vec{v} = \nabla \times \vec{v} = \begin{vmatrix} \vec{i} & \vec{j} & \vec{k} \\ \frac{\partial}{\partial x} & \frac{\partial}{\partial y} & \frac{\partial}{\partial z} \\ u & v & w \end{vmatrix} = 0 \quad . \tag{3.139}$$

Anders geschrieben lautet die Bedingung (3.139)

$$\vec{i} \cdot \left(\frac{\partial w}{\partial y} - \frac{\partial v}{\partial z} \right) + \vec{j} \cdot \left(\frac{\partial u}{\partial z} - \frac{\partial w}{\partial x} \right) + \vec{k} \cdot \left(\frac{\partial v}{\partial x} - \frac{\partial u}{\partial y} \right) = 0 \quad , \tag{3.140}$$

so daß für das drehungsfreie Strömungsfeld an jeder Stelle die Gleichungen

$$\frac{\partial w}{\partial y} = \frac{\partial v}{\partial z} \quad , \qquad \frac{\partial u}{\partial z} = \frac{\partial w}{\partial x} \quad , \qquad \frac{\partial v}{\partial x} = \frac{\partial u}{\partial y} \tag{3.141}$$

gelten.

Die Bedingungen für die Drehungsfreiheit (3.141) kombinieren wir zunächst mit den Euler-Gleichungen (3.136) - (3.138). Wir betrachten dazu die Gleichung (3.136), die wir mit dem Differential dx durchmultiplizieren. Wir erhalten:

$$\rho \cdot \left(u \cdot \frac{\partial u}{\partial x} \cdot dx + v \cdot \frac{\partial u}{\partial y} \cdot dx + w \cdot \frac{\partial u}{\partial z} \cdot dx \right) = - \frac{\partial p}{\partial x} \cdot dx \quad . \tag{3.142}$$

Nun gelten gemäß der Drehungsfreiheit der Strömung die Gleichungen

$$\frac{\partial u}{\partial y} = \frac{\partial v}{\partial x} \quad , \qquad \frac{\partial u}{\partial z} = \frac{\partial w}{\partial x} \quad . \tag{3.143}$$

Setzen wir diese in die Gleichung (3.142) ein, erhalten wir die folgende Gleichung:

$$\rho \cdot \left(u \cdot \frac{\partial u}{\partial x} \cdot dx + v \cdot \frac{\partial v}{\partial x} \cdot dx + w \cdot \frac{\partial w}{\partial x} \cdot dx \right) = - \frac{\partial p}{\partial x} \cdot dx \quad ,$$

oder

$$\rho \cdot \left(\frac{\partial}{\partial x} \frac{u^2}{2} \cdot dx + \frac{\partial}{\partial x} \frac{v^2}{2} \cdot dx + \frac{\partial}{\partial x} \frac{w^2}{2} \cdot dx \right) = - \frac{\partial p}{\partial x} \cdot dx \quad . \tag{3.144}$$

Mit einer analogen Rechnung bezüglich der Euler-Gleichungen (3.137) und (3.138) erhalten wir die nachfolgenden Gleichungen für die y- und z- Richtung. Diese lauten:

$$\rho \cdot \left(\frac{\partial}{\partial y} \frac{u^2}{2} \cdot dy + \frac{\partial}{\partial y} \frac{v^2}{2} \cdot dy + \frac{\partial}{\partial y} \frac{w^2}{2} \cdot dy \right) = - \frac{\partial p}{\partial y} \cdot dy \tag{3.145}$$

$$\rho \cdot \left(\frac{\partial}{\partial z} \frac{u^2}{2} \cdot dz + \frac{\partial}{\partial z} \frac{v^2}{2} \cdot dz + \frac{\partial}{\partial z} \frac{w^2}{2} \cdot dz \right) = - \frac{\partial p}{\partial z} \cdot dz \tag{3.146}$$

Durch die Addition der drei Gleichungen (3.144) bis (3.146) ergibt sich die Gleichung

$$\rho \cdot \left(\frac{\partial}{\partial x} \frac{V^2}{2} \cdot dx + \frac{\partial}{\partial y} \frac{V^2}{2} \cdot dy + \frac{\partial}{\partial z} \frac{V^2}{2} \cdot dz \right) =$$
$$- \left(\frac{\partial p}{\partial x} \cdot dx + \frac{\partial p}{\partial y} \cdot dy + \frac{\partial p}{\partial z} \cdot dz \right) \qquad (3.147)$$

mit $V^2 = u^2 + v^2 + w^2$. Die Gleichung (3.147) enthält auf der linken Seite das vollständige Differential für das Geschwindigkeitsfeld und auf der rechten Seite das vollständige Differential für das Druckfeld, so daß wir die Gleichung (3.147) auch wie folgt schreiben können:

$$\frac{1}{2} \cdot \rho \cdot d(V^2) = -dp \quad bzw. \quad \rho \cdot V \cdot dV = -dp \qquad (3.148)$$

Mit der Gleichung (3.148) sind wir bereits aus der Stromfadentheorie vertraut. Jedoch lernten wir, daß diese Gleichung nur entlang eines Stromfadens gültig ist. Diese Einschränkung haben wir nun bei ihrer Herleitung nicht getroffen; d.h. sie gilt für ein drehungsfreies Strömungsfeld nicht nur entlang eines Stromfadens, sondern auch in jeder beliebigen Richtung im Strömungsfeld. Die Gleichung (3.148) benötigen wir für die weitere Herleitung der Potentialgleichung.

Zur Herleitung der Potentialgleichung benutzen wir die folgende Aussage der Vektoranalysis. Für eine differenzierbare skalare Funktion F gilt

$$\nabla \times \nabla F = 0 \quad . \qquad (3.149)$$

Es bleibt dem Leser überlassen, diese Aussage auf ihre Richtigkeit zu untersuchen, was mit wenig Aufwand durchführbar ist.

Da wir davon ausgehen, daß das Strömungsfeld drehungsfrei ist (es gilt also $\nabla \times \vec{v} = 0$), können wir den Geschwindigkeitsvektor $\vec{v}$ über eine skalare Funktion Φ angeben, so daß gilt:

$$\vec{v} \equiv grad\ \Phi \equiv \nabla \Phi \qquad (3.150)$$

Mit der Funktion Φ, die als Potentialfunktion bezeichnet wird, können wir die Geschwindigkeitskomponenten u, v und w wie folgt angeben:

$$u = \frac{\partial \Phi}{\partial x}\ , \qquad v = \frac{\partial \Phi}{\partial y}\ , \qquad w = \frac{\partial \Phi}{\partial z}\ . \qquad (3.151)$$

Als nächstes Ziel wollen wir eine Bestimmungsgleichung für die Potentialfunktion Φ aufstellen. Wenn wir Φ ermittelt haben, können wir unmittelbar mit den Gleichungen (3.151) den Geschwindigkeitsvektor $\vec{v}$ berechnen und mit der Bernoulligleichung den Druck.

Um die Gleichung aufzustellen, betrachten wir die Kontinuitätsgleichung (3.135). Wir ersetzen die Geschwindigkeitskomponenten gemäß den Gleichungen (3.151). Durch Einsetzen und Differenzieren erhalten wir:

$$\frac{\partial}{\partial x}\left(\rho \cdot \frac{\partial \Phi}{\partial x}\right) + \frac{\partial}{\partial y}\left(\rho \cdot \frac{\partial \Phi}{\partial y}\right) + \frac{\partial}{\partial z}\left(\rho \cdot \frac{\partial \Phi}{\partial z}\right) = 0$$

$$\rho \cdot \left(\frac{\partial^2 \Phi}{\partial x^2} + \frac{\partial^2 \Phi}{\partial y^2} + \frac{\partial^2 \Phi}{\partial z^2}\right) + \frac{\partial \Phi}{\partial x} \cdot \frac{\partial \rho}{\partial x} + \frac{\partial \Phi}{\partial y} \cdot \frac{\partial \rho}{\partial y} + \frac{\partial \Phi}{\partial z} \cdot \frac{\partial \rho}{\partial z} = 0 \quad .(3.152)$$

Die Gleichung (3.152) lassen wir zunächst in ihrer jetzigen Form stehen. Als nächsten Schritt werden wir Ausdrücke für die Differentialquotienten $\partial\rho/\partial x$, $\partial\rho/\partial y$ und $\partial\rho/\partial z$ aufstellen, die wir anschließend in die Gleichung (3.152) einsetzen. Damit erreichen wir die Eliminierung der Größe ρ aus der Gleichung (3.152).

Wir kommen nun auf die Gleichung (3.148) zurück und ersetzen die Größe V^2 mit den Gleichungen (3.151) zu

$$V^2 = u^2 + v^2 + w^2 = \left(\frac{\partial \Phi}{\partial x}\right)^2 + \left(\frac{\partial \Phi}{\partial y}\right)^2 + \left(\frac{\partial \Phi}{\partial z}\right)^2 \quad .$$

Wir erhalten dann mit der Gleichung (3.148) die folgende Gleichung:

$$dp = -\frac{1}{2} \cdot \rho \cdot d\left(\left(\frac{\partial \Phi}{\partial x}\right)^2 + \left(\frac{\partial \Phi}{\partial y}\right)^2 + \left(\frac{\partial \Phi}{\partial z}\right)^2\right) \quad . \tag{3.153}$$

Da wir ein isentropes Strömungsfeld betrachten ($s = const$), gilt weiterhin für die Schallgeschwindigkeit a^2:

$$\left(\frac{\partial p}{\partial \rho}\right)_s = \frac{dp}{d\rho} = a^2 \quad \Longrightarrow \quad d\rho = \frac{dp}{a^2} \quad . \tag{3.154}$$

Wir ersetzen in der Gleichung (3.154) das Differential dp durch die Gleichung (3.153) und erhalten die Gleichung

$$d\rho = -\frac{1}{2} \cdot \frac{\rho}{a^2} \cdot d\left(\left(\frac{\partial \Phi}{\partial x}\right)^2 + \left(\frac{\partial \Phi}{\partial y}\right)^2 + \left(\frac{\partial \Phi}{\partial z}\right)^2\right) \quad . \tag{3.155}$$

Diese Gleichung können wir speziell für die x-Richtung des Strömungsfeldes formulieren. Die Gleichung lautet dann:

$$\frac{\partial \rho}{\partial x} = -\frac{1}{2} \cdot \frac{\rho}{a^2} \cdot \frac{\partial}{\partial x}\left(\left(\frac{\partial \Phi}{\partial x}\right)^2 + \left(\frac{\partial \Phi}{\partial y}\right)^2 + \left(\frac{\partial \Phi}{\partial z}\right)^2\right)$$

oder, wenn wir auf der rechten Seite differenzieren:

$$\frac{\partial \rho}{\partial x} = -\frac{\rho}{a^2}\left(\frac{\partial \Phi}{\partial x} \cdot \frac{\partial^2 \Phi}{\partial x^2} + \frac{\partial \Phi}{\partial y} \cdot \frac{\partial^2 \Phi}{\partial y \partial x} + \frac{\partial \Phi}{\partial z} \cdot \frac{\partial^2 \Phi}{\partial z \partial x}\right) \tag{3.156}$$

Für die y- und z-Richtung erhalten wir die entsprechenden Gleichungen. Sie lauten:

$$\frac{\partial \rho}{\partial y} = -\frac{\rho}{a^2}\left(\frac{\partial \Phi}{\partial x}\cdot\frac{\partial^2 \Phi}{\partial x\partial y} + \frac{\partial \Phi}{\partial y}\cdot\frac{\partial^2 \Phi}{\partial y^2} + \frac{\partial \Phi}{\partial z}\cdot\frac{\partial^2 \Phi}{\partial z\partial y}\right) \qquad (3.157)$$

$$\frac{\partial \rho}{\partial z} = -\frac{\rho}{a^2}\left(\frac{\partial \Phi}{\partial x}\cdot\frac{\partial^2 \Phi}{\partial x\partial z} + \frac{\partial \Phi}{\partial y}\cdot\frac{\partial^2 \Phi}{\partial y\partial z} + \frac{\partial \Phi}{\partial z}\cdot\frac{\partial^2 \Phi}{\partial z^2}\right) \quad . \qquad (3.158)$$

Wenn wir nun in der Gleichung (3.152) die Differentialquotienten $\partial\rho/\partial x$, $\partial\rho/\partial y$ und $\partial\rho/\partial z$ gemäß den Gleichungen (3.156) - (3.158) einsetzen, erhalten wir die Potentialgleichung für eine dreidimensionale, reibungs- und drehungsfreie Strömung. Sie lautet:

$$\left[a^2 - \left(\frac{\partial \Phi}{\partial x}\right)^2\right]\cdot\frac{\partial^2 \Phi}{\partial x^2} + \left[a^2 - \left(\frac{\partial \Phi}{\partial y}\right)^2\right]\cdot\frac{\partial^2 \Phi}{\partial y^2} + \left[a^2 - \left(\frac{\partial \Phi}{\partial z}\right)^2\right]\cdot\frac{\partial^2 \Phi}{\partial z^2} -$$
$$2\cdot\frac{\partial \Phi}{\partial x}\cdot\frac{\partial \Phi}{\partial y}\cdot\frac{\partial^2 \Phi}{\partial x\partial y} - 2\cdot\frac{\partial \Phi}{\partial x}\cdot\frac{\partial \Phi}{\partial z}\cdot\frac{\partial^2 \Phi}{\partial x\partial z} - 2\cdot\frac{\partial \Phi}{\partial y}\cdot\frac{\partial \Phi}{\partial z}\cdot\frac{\partial^2 \Phi}{\partial y\partial z} = 0 \quad (3.159)$$

Die Potentialgleichung (3.159) ist eine nichtlineare Differentialgleichung zweiter Ordnung. Sie enthält als Unbekannte die Potentialfunktion Φ und die Schallgeschwindigkeit a. Für die Schallgeschwindigkeit gilt die Bernoulligleichung (s. J. ZIEREP 1993)

$$a^2 = a_0^2 - \frac{\kappa - 1}{2}\cdot(u^2 + v^2 + w^2) =$$
$$a_0^2 - \frac{\kappa - 1}{2}\cdot\left[\left(\frac{\partial \Phi}{\partial x}\right)^2 + \left(\frac{\partial \Phi}{\partial y}\right)^2 + \left(\frac{\partial \Phi}{\partial z}\right)^2\right] \qquad (3.160)$$

a_0 steht für die Schallgeschwindigkeit der Gesamt- oder Ruhegrößen ($a_0 = \sqrt{\kappa\cdot R\cdot T_0}$, $T_0 =$ Gesamt- bzw. Ruhetemperatur). Sie ist für die Berechnung des Strömungsfeldes als bekannt vorauszusetzen. Mit κ ist der Isentropenexponent des Gases gemeint.

Die Berechnung des Strömungsfeldes wird mit den Gleichungen (3.159) und (3.160) wie folgt durchgeführt:

- Es werden die Gleichungen (3.159) und (3.160) unter Einhaltung von Randbedingungen gelöst. Man erhält Φ und a.

- Mit den Gleichungen (3.151) werden die Geschwindigkeiten berechnet.

- Danach wird die Machzahl $M = \sqrt{u^2 + v^2 + w^2}/a$ berechnet.

- Der Druck, die Temperatur und die Dichte berechnen sich mit den Gleichungen (s. J. ZIEREP 1993)

$$\frac{T}{T_0} = \frac{1}{1 + \frac{\kappa-1}{2} \cdot M^2}$$

$$\frac{p}{p_0} = \frac{1}{\left(1 + \frac{\kappa-1}{2} \cdot M^2\right)^{\kappa/(\kappa-1)}}$$

$$\frac{\rho}{\rho_0} = \frac{1}{\left(1 + \frac{\kappa-1}{2} \cdot M^2\right)^{1/(\kappa-1)}}$$

T_0, p_0 und ρ_0 sind die Gesamt- bzw. Ruhegrößen des Strömungsfeldes, die für die Berechnung bekannt sind.

Die nichtlineare Differentialgleichung (3.159) läßt sich zusammen mit der Gleichung (3.160) für technische Probleme nur numerisch lösen. Allerdings kann man sie für die Umströmung von schlanken Profilen linearisieren. Die linearisierte Form besitzt für Überschallanströmungen eine analytische Lösung. Wir kommen in dem Abschnitt "Linearisierung" auf die Herleitung ausführlich zu sprechen.

Abschließend wollen wir noch den Grenzfall der inkompressiblen Strömungen betrachten. Für eine inkompressible Strömung gilt: $a \to \infty$. Dividieren wir die Gleichung (3.159) auf beiden Seiten durch a^2 und betrachten anschließend den Fall $a \to \infty$, erhalten wir die Potentialgleichung für eine inkompressible Strömung. Sie lautet:

$$\frac{\partial^2 \Phi}{\partial x^2} + \frac{\partial^2 \Phi}{\partial y^2} + \frac{\partial^2 \Phi}{\partial z^2} = 0 \qquad (3.161)$$

Die Differentialgleichung (3.161) entspricht der Laplace-Gleichung. Sie ist linear und von zweiter Ordnung.

4 Methoden der Strömungsmechanik

In diesem Kapitel des Buches werden wir die Methoden zur Lösung der in Kapitel 3 hergeleiteten Grundgleichungen kennenlernen. Sie lassen sich in analytische und numerische Verfahren einteilen. Die analytischen Methoden sind bereits Anfang dieses Jahrhunderts entwickelt worden als es noch keine Rechner mit großer Speicherkapazität und hoher Rechengeschwindigkeit gab.

Die analytischen Verfahren besitzen im Vergleich zu den numerischen Verfahren den Vorteil, daß sie geschlossene Lösungen in Form von einfachen Berechnungsformeln liefern, die meistens mit einem Taschenrechner ausgewertet werden können. Desweiteren beinhalten die Berechnungsformeln Informationen über den Einfluß der Größen, die das Problem bestimmen. So kann man z.B. einer Ergebnisformel entnehmen, ob die zu berechnende Größe von ihren Einflußgrößen linear, quadratisch oder nach anderen mathematischen Gesetzmäßigkeiten abhängt.

Der Nachteil der analytischen Verfahren liegt in den notwendigen Vereinfachungen und Annahmen, die man zur Berechnung vornehmen bzw. voraussetzen muß, um ein Strömungsproblem überhaupt lösen zu können. Es gibt analytische Berechnungen, die z.B. beinhalten, daß ein Tragflügel die Zuströmung nur geringfügig stört (diese Vereinfachung werden wir noch kennenlernen), daß ein Schaufelprofil keine Dicke besitzt oder auch, wie wir es bereits bei der Herleitung der Grenzschichtgleichungen kennenlernten, daß Glieder kleinerer Größenordnung vernachlässigt werden können.

Wir erkennen anhand der gezeigten Bespiele, daß Strömungen mit analytischen Methoden nur sehr begrenzt berechenbar sind. Die Rechnungen geben in vielen Fällen nur eine Abschätzung der interessierenden Größen.

Mit den numerischen Verfahren hingegen ist man bestrebt, die in Kapitel 3 hergeleiten Gleichungen für ein Strömungsproblem unter Einhaltung von Rand- und Anfangsbedingungen möglichst genau zu lösen, ohne daß man irgendwelche gravierenden Vereinfachungen oder Annahmen treffen muß. Für die Berechnung von technischen Strömungen (Tragflügelströmung, Kraftfahrzeugumströmung, Strömung im Drehmomentenwandler) können diese Methoden in der Regel für komplexe und beliebige Geometrien angewandt werden.

Für ihre Anwendung sind Rechner oder sogar Rechenanlagen mit umfangreichen Programmen und Auswertesoftware erforderlich. Dies wird jedoch zukünftig immer weniger ein Problem sein, da sich die Kosten für Rechenleistung verringern, und da sich die Softwareentwicklung weiter vereinheitlichen wird. Ein großer Nachteil der numerischen Verfahren ist allerdings, daß mit ihnen die Abhängigkeit des Ergebnisses von einer eingehenden Größe nur mit aufeinander folgenden Rechnungen bestimmt werden kann, wobei von Rechnung zu Rechnung die eingehenden Größen passend variiert werden müssen.

Wir werden noch lernen, daß die numerischen Methoden von den analytischen Methoden ergänzt werden. Dies gilt insbesondere dann, wenn wir herausfinden wollen, wie gut die Genauigkeit eines numerischen Verfahrens ist.

In weiterführenden Vorlesungen über numerische Strömungsmechanik wird auch erläutert, wie analytische Ergebnisse in numerische Verfahren einfließen (s. dazu H. OERTEL jr., E. LAURIEN Numerische Strömungsmechanik, 1995), um die Strömungsphysik genauer zu berechnen. In dem vorliegenden Lehrbuch wird dazu eine Einführung gegeben.

4.1 Analytische Methoden

4.1.1 Dimensionsanalyse

Die Dimensionsanalyse gehört streng genommen nicht zu den analytischen Lösungsverfahren, da bei ihrer Anwendung die Differentialgleichungen, die wir im Kapitel 3 hergeleitet haben, nicht zur Berechnung verwendet werden. Allerdings ist die Durchführung der Dimensionsanalyse der erste Schritt beim Lösen eines strömungsmechanischen Problems, unabhängig davon, ob wir eine Strömung analytisch bzw. numerisch berechnen oder experimentell ausmessen wollen.

Mit der Dimensionsanalyse erreichen wir eine Reduktion der unabhängigen Größen des Problems, indem wir die Dimensionen der einzelnen Größen behandeln. Um zu verdeutlichen, was damit gemeint ist, betrachten wir wieder die Kraftfahrzeugumströmung. In der Abbildung 4.1 ist ein Kraftfahrzeug gezeigt, das mit der Geschwindigkeit U_∞ angeströmt wird. Wir wollen nun die Widerstandskraft W in Abhängigkeit der das Problem bestimmenden Größen ermitteln.

Wir wissen bereits, daß der Widerstand W von der Anströmgeschwindigkeit U_∞, der Dichte ρ_∞, der Zähigkeit μ_∞ und der Größe des Kraftfahrzeuges, die durch die Länge l festgelegt ist, abhängig ist. Wir setzen dabei voraus, daß die Größe des Kraftfahrzeuges variiert, die Form sich jedoch nicht ändert (alle betrachteten Fahrzuge sind geometrisch ähnlich). Die Abhängigkeit der Zielgröße W von den zuletzt genannten Größen können wir mit der Funktion

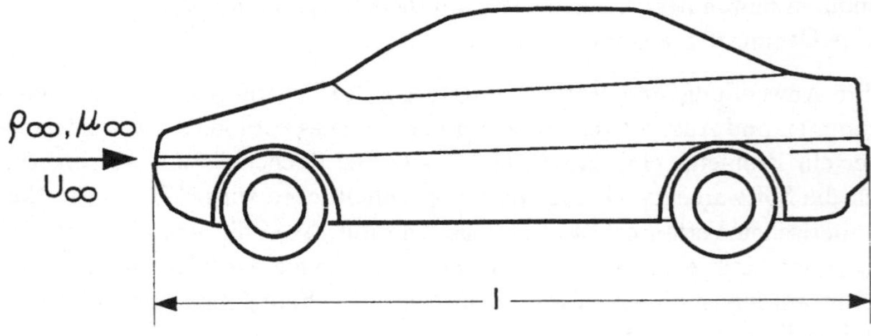

Abb. 4.1: Kraftfahrzeugumströmung

$$W = f(U_\infty, \rho_\infty, \mu_\infty, l) \tag{4.1}$$

angeben. Mit der Anwendung der Dimensionsanalyse vereinfacht sich der funktionale Zusammenhang (4.1) auf eine andere Funktion $\bar{f}$, die nur noch eine Veränderliche beinhaltet. Diese lautet:

$$c_W = \bar{f}(Re_\infty) \;, \qquad c_W = \frac{W}{\frac{\rho_\infty}{2} \cdot U_\infty^2 \cdot l^2} \;, \qquad Re_\infty = \frac{\rho_\infty \cdot U_\infty \cdot l}{\mu_\infty} \;. \tag{4.2}$$

Sowohl der funktionale Zusammenhang f als auch $\bar{f}$ sind unbekannt und müssen durch numerische/analytische Rechnungen bzw. experimentelle Messungen oder aus einer Kombination der genannten drei Möglichkeiten ermittelt werden. Wird der Zusammenhang z.B. experimentell herausgefunden, so benötigt man zur Ermittelung von $\bar{f}$ nur eine Meßreihe und kann für alle Kombinationen von U_∞, ρ_∞, μ_∞ und l die Widerstandskraft W angeben. Zur die Ermittlung des funktionalen Zusammenhangs (4.1) hingegen sind erheblich mehr Messungen durchzuführen.

Es stellt sich nun die Frage, wie wir den funktionalen Zusammenhang (4.1) auf die Form (4.2) vereinfachen und womit sich diese Vereinfachung begründet. Wie bereits angedeutet, werden dazu die Dimensionen der Größen, die das Problem bestimmen, betrachtet.

Jede physikalische Größe wird durch eine Maßzahl und eine Einheit angegeben. Weiterhin kann jeder physikalischen Größe eine Dimension zugeordnet werden. So kann z.B. der Druck p in einem Behälter 50 N/m^2 betragen. In diesem Fall wäre die Zahl 50 die Maßzahl und N/m^2 die für den Druck entsprechende Einheit.

Die Dimension gibt an, wie mit den Maßzahlen der Grundgrößen die Maßzahl der abgeleiteten Größe bestimmt wird. Betrachten wir dazu weiterhin den Druck p als Größe, so wird zur Bestimmung seiner Maßzahl die Maßzahl einer Kraft durch die Maßzahl einer Fläche dividiert. Die Dimension des Druckes -wir bezeichnen sie mit $[p]$- schreibt sich also:

$$[p] = \frac{F}{L^2} \;. \tag{4.3}$$

F und L stehen für die Grundgrößen Kraft bzw. Länge.

Wir unterscheiden zwischen dem technischen und dem physikalischen System. Beim technischen System setzen sich die Dimensionen aller physikalischer Größen der Mechanik aus den Grundgrößen Kraft, Länge und Zeit (F, L, T) zusammen. Im physikalischen System werden alle Dimensionen mit den Grundgrößen Masse, Länge und Zeit (M, L, T) angeben. In beiden Fällen haben wir drei Grundgrößen zur Verfügung, mit denen wir die Dimensionen der das Strömungsproblem beschreibenden Größen ausdrücken können. Wenn wir Strömungsprobleme mit Temperatureinfluß betrachten, z.B. ein strömendes Gas (Tragflügelströmung), dann ist es notwendig, zusätzlich die Temperatur als vierte Grundgröße miteinzubeziehen.

Wir werden nun nachfolgend zeigen, daß wir die Dimension jeder mechanischen Größe x mit der folgenden Potenzschreibweise darstellen können. Diese lautet, wenn wir als Grundgrößen das physikalische System wählen:

$$[x] = M^{\alpha_1} \cdot L^{\alpha_2} \cdot T^{\alpha_3} \quad . \tag{4.4}$$

Der Zusammenhang (4.4) ist uns nicht unbekannt. Alle uns bekannten mechanischen Größen, wie z. B. die Geschwindigkeit $|\vec{v}_1|$, setzen sich aus den Grundgrößen M, L und T gemäß der Formel (4.4) zusammen. Für die Dimension Länge dividiert durch Zeit der abgeleiteten mechanischen Größe $|\vec{v}_1|$ nehmen in der Formel (4.4) die Exponenten α_1, α_2 und α_3 die folgenden Werte an: $\alpha_1 = 0$, $\alpha_2 = 1$ und $\alpha_3 = -1$.

Wir kommen auf den Zusammenhang (4.4) später zurück. Um mit der Dimensionsanalyse vertraut zu werden, betrachten wir den nachfolgenden funktionalen Zusammenhang F, der die Abhängigkeit der Maßzahl x einer abgeleiteten Größe von den übrigen Maßzahlen $x_1, \ldots, x_n$ eines strömungsmechanischen Problems angibt. Er lautet:

$$x = F(x_1, \ldots, x_n) \quad . \tag{4.5}$$

Um ihn besser verstehen zu können, nehmen wir wieder Bezug auf die bereits betrachtete Kraftfahrzeugumströmung (s. dazu Abbildung 4.2 links). Für das Beispiel der Kraftfahrzeugumströmung ist die Zahl x die Maßzahl der Widerstandskraft W, die auf der linken Seite der Gleichung

$$W = f(U_\infty, \rho_\infty, \mu_\infty, l)$$

steht. Die übrigen Maßzahlen entsprechen demzufolge in der Gleichung (4.1) den Maßzahlen der Geschwindigkeit U_∞, der Dichte ρ_∞, der Zähigkeit μ_∞ und der Länge l. Unsere Maßzahlen gelten in Verbindung mit den Einheiten N für die Kraft W, m/s für die Geschwindigkeit U_∞, kg/m^3 für die Dichte ρ_∞, m für die Länge l und $N \cdot s/m^2$ für die Zähigkeit μ_∞.

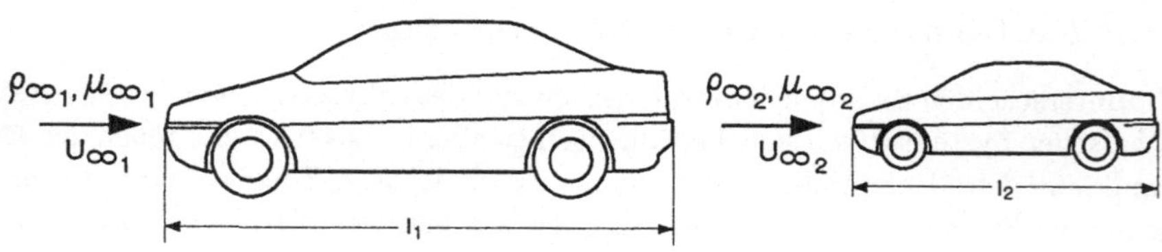

Abb. 4.2: Zwei verschiedene Kraftfahrzeugumströmungen

Zusätzlich betrachten wir eine weitere Kraftfahrzeugumströmung. Das umströmte Kraftfahrzeug ist dem Kraftfahrzeug der zuerst betrachteten Umströmung geometrisch ähnlich (s. Abbildung 4.2 rechts). Es ist allerdings nicht gleich groß. Weiterhin wird es mit einem anderen Fluid angeströmt, das sich in seiner Dichte $\rho_{\infty 2}$ und seiner Zähigkeit $\mu_{\infty 2}$ von dem Fluid des ersten Beispiels unterscheidet. Die Zuströmgeschwindigkeiten der beiden Umströmungen $U_{\infty 1}$ und $U_{\infty 2}$ sind ebenfalls verschieden.

Für die zweite Umströmung gilt auch der funktionale Zusammenhang (4.5). Nur stehen in ihm nicht die Maßzahlen $x_1, \ldots, x_n$, sondern die Maßzahlen für die zuletzt betrachtete Kraftfahrzeugumströmung. Diese Maßzahlen bezeichnen wir mit y bzw. $y_1, \ldots, y_n$. Auch y und $y_1, \ldots, y_n$ gelten in Verbindung mit den Einheiten, die wir bereits für das zuerst beschriebene Umströmungsproblem erwähnten. Der funktionale Zusammenhang lautet also:

$$y = F(y_1, \ldots, y_n) \quad . \tag{4.6}$$

Wenn wir nun in unseren beiden Beispielen die Einheiten wechseln (z.B. die Länge nicht mehr in Meter m, sondern in Kilometer km angeben) und dabei die physikalischen Größen nicht ändern, so verändern sich unsere Maßzahlen von den Werten $x_1, \ldots, x_n$ auf $x_1', \ldots, x_n'$ bzw. von $y_1, \ldots, y_n$ auf $y_1', \ldots, y_n'$. Ebenfalls verändern sich die Maßzahlen der abgeleiteten Größen von x auf x' bzw. von y auf y'.

Zwischen den Größen x_i und x_i' $(i = 1, \ldots, n)$ sowie y_i und y_i' $(i = 1, \ldots, n)$ gelten die Zusammenhänge

$$x_i' = c_i \cdot x_i \quad , \qquad y_i' = c_i \cdot y_i \quad , \tag{4.7}$$

wobei $c_1, \ldots, c_n$ den Zahlenwerten entsprechen, mit denen die Maßzahlen den neuen Einheiten angepaßt werden.

Wir haben nur die Einheiten geändert und nicht die physikalischen Größen. Die physikalischen Größen sind unabhängig von dem verwendeten Maßsystem und deshalb bleibt das Verhältnis von den abgeleiteten Größen beim Wechseln der Einheiten erhalten. Bezeichnen wir X und Y als die zu den Maßzahlen x und y zugehörigen physikalischen Größen, so gilt:

$$\frac{X}{Y} = \frac{x}{y} = \frac{x'}{y'} \quad ,$$

oder unter Ausnutzung der Gleichung (4.5) und (4.6)

$$\frac{F(x_1, \ldots, x_n)}{F(y_1, \ldots, y_n)} = \frac{F(x_1', \ldots, x_n')}{F(y_1', \ldots, y_n')} \quad . \tag{4.8}$$

Ersetzen wir in die Gleichung (4.8) die Werte x_i' und y_i' durch die entsprechenden rechten Seiten der Gleichungen (4.7), erhalten wir:

$$\frac{F(x_1, \ldots, x_n)}{F(y_1, \ldots, y_n)} = \frac{F(c_1 \cdot x_1, \ldots, c_n \cdot x_n)}{F(c_1 \cdot y_1, \ldots, c_n \cdot y_n)}$$

$$\Longrightarrow \quad F(c_1 \cdot x_1, \ldots, c_n \cdot x_n) = F(c_1 \cdot y_1, \ldots, c_n \cdot y_n) \cdot \frac{F(x_1, \ldots, x_n)}{F(y_1, \ldots, y_n)} \quad . \tag{4.9}$$

104

Mit der Gleichung (4.9) führen wir nun den nachfolgenden mathematischen Formalismus durch. Durch partielles Differenzieren der Gleichung (4.9) nach c_1 unter Anwendung der Kettenregel erhalten wir:

$$x_1 \cdot \frac{\partial F(c_1 \cdot x_1, \ldots, c_n \cdot x_n)}{\partial (c_1 \cdot x_1)} = y_1 \cdot \frac{\partial F(c_1 \cdot y_1, \ldots, c_n \cdot y_n)}{\partial (c_1 \cdot y_1)} \cdot \frac{F(x_1, \ldots, x_n)}{F(y_1, \ldots, y_n)} \quad . \quad (4.10)$$

Betrachten wir nun weiterhin den Sonderfall $c_i = 1$ $(i = 1, \ldots, n)$, dann gilt:

$$\frac{x_1}{F(x_1, \ldots, x_n)} \cdot \frac{\partial F(x_1, \ldots, x_n)}{\partial x_1} = \frac{y_1}{F(y_1, \ldots, y_n)} \cdot \frac{\partial F(y_1, \ldots, y_n)}{\partial y_1} \quad . \quad (4.11)$$

Da die linke Seite nur von $x_1, \ldots, x_n$ und die rechte Seite nur von $y_1, \ldots, y_n$ abhängig ist, sind sowohl die linke als auch die rechte Seite gleich einer Konstanten, die wir mit α_1 bezeichnen. Es gilt also:

$$\frac{x_1}{F(x_1, \ldots, x_n)} \cdot \frac{\partial F}{\partial x_1} = \alpha_1 \quad . \quad\quad (4.12)$$

Durch partielles Integrieren über x_1 erhalten wir:

$$F(x_1, \ldots, x_n) = C_1(x_2, \ldots, x_n) \cdot x_1^{\alpha_1} \quad . \quad\quad (4.13)$$

$C_1(x_2, \ldots, x_n)$ ist eine weitere Funktion, die wir zunächst nicht kennen. Wir können die gezeigte Rechnung auch für eine beliebige Maßzahl x_i durchführen. Dann erhalten wir als Ergebnis:

$$F(x_1, \ldots, x_n) = C_i(x_1, \ldots, x_{i-1}, x_{i+1}, \ldots, x_n) \cdot x_i^{\alpha_i} \quad . \quad\quad (4.14)$$

Wenn wir alle n Lösungen miteinander kombinieren, dann lautet die Gesamtlösung

$$x = F(x_1, \ldots, x_n) = C \cdot x_1^{\alpha_1} \cdot x_2^{\alpha_2} \cdots x_n^{\alpha_n} \quad , \quad\quad (4.15)$$

wobei C nun keine Funktion von irgendeiner Maßzahl ist. C ist eine Konstante, die wir ohne Einschränkung der Allgemeinheit $C = 1$ setzen können, indem wir fordern, daß $x = 1$ ist, wenn alle $x_i = 1$ $(i = 1, \ldots, n)$ sind. Für den Zusammenhang zwischen der Maßzahl einer abgeleiteten Größe und den Maßzahlen der Grundgrößen gilt also:

$$\boxed{x = x_1^{\alpha_1} \cdot x_2^{\alpha_2} \cdots x_n^{\alpha_n}} \quad\quad (4.16)$$

Mit der Gleichung (4.16) begründet sich auch die Dimensionsformel (4.4), denn die Dimension einer abgeleiteten physikalischen Größe ist so definiert, daß sie angibt, wie die Maßzahlen der Grundgrößen miteinander kombiniert werden, um die Maßzahl der abgeleiteten Größe zu berechnen. Gleichung (4.16) zeigt uns, wie die Maßzahlen kombiniert werden.

Wir gehen nun davon aus, daß eine funktionale Beziehung von n physikalischen, dimensionsbehafteten Größen $Q_1, \ldots, Q_n$ exsistiert. Diese können wir mit der impliziten Schreibweise wie folgt angeben:

$$F(Q_1, \ldots, Q_n) = 0 \quad . \tag{4.17}$$

Der funktionale Zusammenhang (4.17) könnte z.B. der Beziehung (4.1) entsprechen. Wenn die Gleichung (4.17) für ein mechanisches Problem steht, dann gilt für alle Dimensionen der physikalischen Größen $Q_1, \ldots, Q_n$ die Dimensionsformel

$$[Q_i] = M^{\alpha_{1,i}} \cdot L^{\alpha_{2,i}} \cdot T^{\alpha_{3,i}} \tag{4.18}$$

oder, wenn wir zu den Basisgrößen Kraft, Länge, Zeit (F, L, T) übergehen,

$$[Q_i] = F^{\alpha_{1,i}} \cdot L^{\alpha_{2,i}} \cdot T^{\alpha_{3,i}} \quad . \tag{4.19}$$

Weiterhin kann jede Maßzahl der physikalischen Größen $Q_1, \ldots, Q_n$ mit der Formel (4.16) ausgedrückt werden.

Es kann gezeigt werden, daß sich der funktionale Zusammenhang (4.17) auf $n - m$ dimensionslose Größen vereinfacht. m ist in der Regel die Anzahl der Grundgrößen, die für mechanische Probleme mit M, L, T bzw. mit F, L, T $m = 3$ ist. Bei der Betrachtung von Strömungen mit Temperatureinfluß ist die Temperatur eine weitere Grundgröße und m ist in diesem Fall $m = 4$.

Dieser Zusammenhang ist als das Π-Theorem von Buckingham bekannt, das wir in diesem Buch nicht beweisen wollen. Seine Richtigkeit ist z.B. sehr ausführlich in dem Buch von P.W. BRIDGMANN 1932 erklärt, das dem interessierten Leser als vertiefende Lektüre zu empfehlen ist. Wir wollen nachfolgend lernen, wie wir das Π-Theorem zur Vereinfachung von funktionalen Zusammenhängen anwenden können.

Zusammenfassend lautet das Π-Theorem von Buckingham:

Gegeben sind ein funktionaler Zusammenhang

$$F(Q_1, \ldots, Q_n) = 0 \tag{4.20}$$

mit n-dimensionsbehafteten physikalischen Größen $Q_1, \ldots, Q_n$ und m Grundgrößen (z.B. M, L, T bzw. F, L, T). Dann gibt es einen weiteren funktionalen Zusammenhang

$$\bar{F}(\Pi_1, \ldots, \Pi_{n-r}) = 0 \tag{4.21}$$

mit $n - r$ dimensionslosen Größen $\Pi_1 \ldots \Pi_{n-r}$. Für r gilt in der Regel $r = m$. Der Zusammenhang (4.21) beschreibt vollständig die Lösung des Problems.

Es stellt sich nun die Frage, wie die $n - r$ dimensionslosen Größen gebildet werden. Dazu betrachten wir die Dimensionen der n physikalischen Größen, die wir mit den m Grundgrößen $A_1, \ldots, A_m$ wie folgt ausdrücken können:

$$[Q_1] \;=\; A_1^{\alpha_{1,1}} \cdot A_2^{\alpha_{2,1}} \ldots A_m^{\alpha_{m,1}}$$
$$\vdots \qquad\qquad \vdots$$
$$[Q_n] \;=\; A_1^{\alpha_{1,n}} \cdot A_2^{\alpha_{2,n}} \ldots A_m^{\alpha_{m,n}} \;. \tag{4.22}$$

Die dimensionslosen Größen Π_i $(i = 1, \ldots, n - r)$ können wir wie folgt angeben:

$$\Pi_i = A_1^0 \cdot A_2^0 \cdots A_m^0 = [Q_1]^{k_1} \cdot [Q_2]^{k_2} \cdots [Q_n]^{k_n} \;. \tag{4.23}$$

Setzen wir in die Gleichungen (4.23) für $[Q_1], \ldots, [Q_n]$ die entsprechenden Ausdrücke gemäß der Gleichungen (4.22) ein, erhalten wir:

$$A_1^0 \cdot A_2^0 \cdots A_m^0 =$$
$$[A_1^{\alpha_{1,1}} \cdot A_2^{\alpha_{2,1}} \cdots A_m^{\alpha_{m,1}}]^{k_1} \cdot [A_1^{\alpha_{1,2}} \cdot A_2^{\alpha_{2,2}} \cdots A_m^{\alpha_{m,2}}]^{k_2} \cdots [A_1^{\alpha_{1,n}} \cdot A_2^{\alpha_{2,n}} \cdots A_m^{\alpha_{m,n}}]^{k_n} \tag{4.24}$$

Durch einen Vergleich der Exponenten der linken und rechten Seite der Gleichung (4.24) erhalten wir das folgende Gleichungssystem. Es lautet:

$$\alpha_{1,1} \cdot k_1 + \alpha_{1,2} \cdot k_2 + \ldots + \alpha_{1,n} \cdot k_n \;=\; 0$$
$$\vdots \qquad\qquad \vdots \qquad\qquad \vdots$$
$$\alpha_{m,1} \cdot k_1 + \alpha_{m,2} \cdot k_2 + \ldots + \alpha_{m,n} \cdot k_n \;=\; 0 \;. \tag{4.25}$$

Die Gleichungen (4.25) bilden ein homogenes Gleichungssystem bestehend aus m Gleichungen für die n Unbekannten $k_1, \ldots, k_n$ $(m \leq n)$.

Aus der linearen Algebra ist bekannt, daß ein homogenes Gleichungssystem genau r linear unabhängige Lösungen besitzt, wobei r der Rang der Koeffizientenmatrix

$$\begin{pmatrix} \alpha_{1,1} & \cdots & \alpha_{1,n} \\ \vdots & \ddots & \vdots \\ \alpha_{m,1} & \cdots & \alpha_{m,n} \end{pmatrix} \tag{4.26}$$

des Gleichungssystems (4.25) ist. Der Rang r der Matrix (4.26) entspricht der Anzahl der Zeilen und Spalten der Determinante mit der größten Zeilen- und Spaltenanzahl, deren zugehörige Matrix in (4.26) als Teilmatrix enthalten und deren Determinante von Null verschieden ist.

In der Mehrzahl der Fälle ist bei der Anwendung der Dimensionsanalyse der Rang r der Matrix (4.26) gleich der Zeilenanzahl m, die der Anazhl der Grundgrößen entspricht. Die Bestimmung der dimensionslosen Koeffizienten $\Pi_1 \ldots \Pi_{n-r}$ erfolgt nun entsprechend der nachfolgenden Vorgehensweise:

- Bestimmung der n physikalischen Größen der funktionalen Beziehung (4.20).

- Festlegung der Grundgrößen (für mechanische Probleme F, L, T bzw. M, L, T).

- Aufstellen der Koeffizientenmatrix (4.26) und Ermittlung ihres Ranges.

	W	U_∞	ρ_∞	l	μ_∞
F	1	0	1	0	1
L	0	1	-4	1	-2
T	0	-1	2	0	1

Tabelle 4.1: Dimensionstabelle

- Berechnung der $n - r$ linear unabhängigen Größen und der mit ihnen korrespondierenden dimensionslosen Größen $\Pi_1 \ldots \Pi_{n-r}$ (in den meisten Fällen ist $r = m$).

- Aufstellen des neuen funktionalen Zusammenhangs $\bar{F}(\Pi_1 \ldots \Pi_{n-r})$.

Wir kommen auf das Bespiel der Kraftfahrzeugumströmung zurück. Den ersten Schritt unserer Vorgehensweise haben wir bereits zu Beginn dieses Abschnittes durchgeführt als wir die Beziehung (4.1) aufstellten. Der zweite Schritt erscheint uns bereits trivial. Wir wählen als Grundgrößen die Größen F, L, T aus. Mit den ausgewählten Grundgrößen können wir die Koeffizientenmatrix (4.26) aufstellen, die wir gemäß der Tabelle 4.1.1 aufschreiben. Eine Teilmatrix, deren zugehörige Determinante von Null verschieden ist, ist z.B. die Matrix

$$\begin{pmatrix} 0 & 1 & 0 \\ 1 & -4 & 1 \\ -1 & 2 & 0 \end{pmatrix} \quad , \tag{4.27}$$

so daß wir gemäß dieser Teilmatrix die Größen U_∞, ρ_∞ und l als neue Grundgrößen auffassen und mit ihren Dimensionen die Dimensionen der verbleibenden Größen W und μ_∞ entsprechend des Potenzansatzes ausdrücken können. Es gilt also:

$$[W] = [U_\infty]^{k_1} \cdot [\rho_\infty]^{k_2} \cdot [l]^{k_3} \tag{4.28}$$

oder

$$F^1 \cdot L^0 \cdot T^0 = (F^0 \cdot L^1 \cdot T^{-1})^{k_1} \cdot (F^1 \cdot L^{-4} \cdot T^2)^{k_2} \cdot (F^0 \cdot L^1 \cdot T^0)^{k_3} \quad . \tag{4.29}$$

Durch einen Vergleich der Exponenten der linken und rechten Seite der Gleichung (4.29) erhält man das folgende Gleichungssystem für die Unbekannten k_1, k_2 und k_3. Es lautet:

$$
\begin{aligned}
F: \quad && 1 &= k_2 \\
L: \quad && 0 &= k_1 - 4 \cdot k_2 + k_3 \\
T: \quad && 0 &= -k_1 + 2 \cdot k_2
\end{aligned}
$$

Die Lösung des Gleichungssystems ergibt: $k_1 = 2$, $k_2 = 1$, $k_3 = 2$, so daß die erste dimensionslose Größe Π_1 entsprechend der Gleichung (4.28)

$$\Pi_1 = \frac{W}{\rho_\infty \cdot U_\infty^2 \cdot l^2} \tag{4.30}$$

lautet. Die zweite dimensionslose Größe Π_2 berechnet sich analog, indem die Dimension der Größe μ_∞ mit den Dimensionen der neuen Grundgrößen U_∞, ρ_∞ und l ausgedrückt wird. Man erhält als zweite dimensionslose Größe

$$\Pi_2 = \frac{\mu_\infty}{\rho_\infty \cdot U_\infty \cdot l} = \frac{1}{Re_\infty} \quad , \tag{4.31}$$

so daß der neue funktionale Zusammenhang wie folgt lautet:

$$\frac{W}{\rho_\infty \cdot U_\infty^2 \cdot l^2} = \bar{f}(\Pi_2)$$

oder

$$c_W = \frac{W}{\frac{\rho_\infty}{2} \cdot U_\infty^2 \cdot l^2} = \bar{f}(Re_\infty) \quad ,$$

so wie wir es bereits zu Anfang dieses Abschnittes kennenlernten.

Um das Verständnis für die Dimensionsanalyse abzurunden, wollen wir abschließend noch die Frage diskutieren, wie wir überhaupt die Einflußgrößen für den funktionalen Zusammenhang (4.20) ermitteln können. Dazu ist zu sagen, daß es keine Vorgehensweise gibt, mit der man die für das technische Problem relevanten Größen bestimmen kann. In der Regel setzt der erste Schritt der Dimensionsanalyse eine gewisse Erfahrung bezüglich des technischen Problems voraus.

So könnten wir z.B. bezüglich der Kraftfahrzeugumströmung der Meinung sein, daß der Luftdruck p_0 einen Einfluß auf den Widerstand W hat. Würden wir ihn mit in die Beziehung (4.1) aufnehmen und anschließend die Dimensionsanalyse gemäß unserer gelernten Vorgehensweise durchführen, dann würden wir die weitere dimensionslose Größe $\Pi_3 = p_0/(\rho_\infty \cdot U_\infty^2)$ erhalten. Der vereinfachte funktionale Zusammenhang würde dann

$$c_W = \bar{f}(Re_\infty, \frac{p_0}{\rho_\infty \cdot U_\infty^2}) \tag{4.32}$$

lauten.

Wenn wir anschließend z.B. mit Windkanalversuchen den funktionalen Zusammenhang (4.32) ermitteln, werden wir feststellen, daß die Größe W unabhängig von der Größe $p_0/(\rho_\infty \cdot U_\infty^2)$ ist. In diesem Fall würden wir die Größe $p_0/(\rho_\infty \cdot U_\infty^2)$ wieder aus der Beziehung (4.32) streichen.

Wie bereits gesagt, ist die Dimensionsanalyse der erste Schritt zur Lösung eines strömungsmechanischen Problems. Wenn man mit der Strömungsmechanik gut vertraut ist, dann wird das Bestimmen der wesentlichen Einflußgrößen keine Schwierigkeiten bereiten. Dazu ist jedoch anfänglich viel Übung erforderlich.

4.1.2 Linearisierung

Die in Kapitel 3 hergeleiteten Differentialgleichungen sind nichtlineare Gleichungen und deshalb bereitet ihre Lösung erhebliche mathematische Schwierigkeiten. Um diese Schwierigkeiten zu umgehen, werden häufig die das Problem beschreibenden Differentialgleichungen linearisiert und anschließend gelöst.

Wir werden uns in diesem Abschnitt mit der Linearisierung der Gleichung (3.159) auseinandersetzen. Die Vorgehensweise, die wir dabei lernen, ist auf viele andere Strömungsprobleme übertragbar. Die Anwendungen der linearsierten Gleichung (3.159) zur Berechnung von technisch interessierenden Strömungen werden als "Linearisierte Theorie" und als "Theorie kleiner Störungen" bezeichnet. Diese Bezeichungen werden uns bei der Herleitung der linearisierten Gleichungen verständlich werden.

Wir betrachten wieder die Tragflügelströmung und setzen voraus, daß die Reynoldszahl der Zuströmung $Re = U_\infty \cdot l/\nu_\infty$ sehr groß ist. Die Grenzschichten auf dem Tragflügel sind also dünn, und wir können ihre Dicke zur Berechnung der reibungsfreien Außenströmung vernachlässigen, so wie wir das bereits im Kapitel 3 bei der Diskussion der Anwendung der Potentialgleichung (3.159) ebenfalls vorausgesetzt haben.

Wir werden nun weiterhin annehmen, daß das Tragflügelprofil schlank ist, und daß es deshalb die ungestörte Zuströmung mit der Geschwindigkeit U_∞ nur geringfügig stört (s. Abbildung 4.3). Die Zuströmung ist parallel zur x-Achse. Den Geschwindigkeitsvektor $\vec{v}_1$ (s. Abbildung 4.3) können wir in zwei Anteile zerlegen, wobei der erste Anteil der ungestörten Zuströmung entspricht und der zweite Anteil gleich einem Störanteil ist, der durch das schlanke Tragflügelprofil hervorgerufen wird. $\vec{v}_1$ schreibt sich also wie folgt:

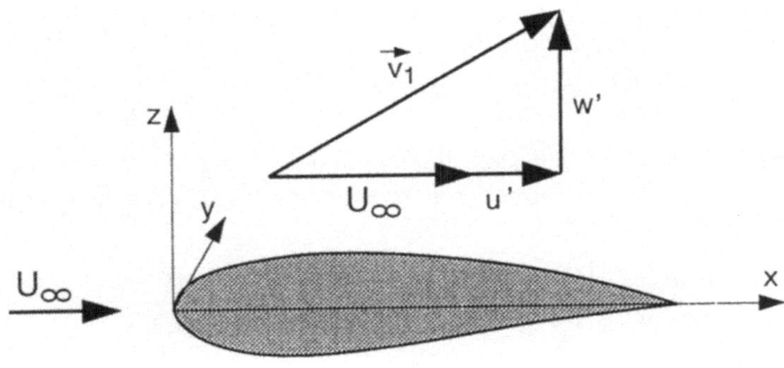

Abb. 4.3: Strömung um einen schlanken Tragflügel

$$\vec{v}_1 = \begin{pmatrix} U_\infty \\ 0 \\ 0 \end{pmatrix} + \begin{pmatrix} u' \\ v' \\ w' \end{pmatrix} \quad . \tag{4.33}$$

Die Geschwindigkeitskomponenten u', v' und w' fassen wir als Störgrößen auf, die im Vergleich zur ungestörten Zuströmgeschwindigkeit U_∞ klein sind. Den Geschwindigkeitsvektor $\vec{v}_1$ können wir mit der Potentialfunktion

$$\Phi = U_\infty \cdot x + \varphi \tag{4.34}$$

angeben, mit der wir durch Differenzieren nach x, y und z die Geschwindigkeitskomponenten u, v und w berechnen können. In Gleichung (4.34) steht φ für ein unbekanntes Störpotential, das wir später mittels der linearisierten Gleichung (3.159) bestimmen wollen.

Durch Differenzieren der Gleichung (4.34) nach x, y bzw. z erhalten wir gemäß der Gleichung (3.151) die entsprechenden Geschwindigkeitskomponenten u, v und w. Sie lauten:

$$u = \frac{\partial \Phi}{\partial x} = U_\infty + \frac{\partial \varphi}{\partial x} = U_\infty + u'$$

$$v = \frac{\partial \Phi}{\partial y} = \frac{\partial \varphi}{\partial y} = v' \tag{4.35}$$

$$w = \frac{\partial \Phi}{\partial z} = \frac{\partial \varphi}{\partial z} = w' \quad .$$

Wir benötigen weiterhin für die Gleichung (3.159) die zweiten Ableitungen von Φ nach x, y und z. Diese lauten:

$$\frac{\partial^2 \Phi}{\partial x^2} = \frac{\partial^2 \varphi}{\partial x^2} = \frac{\partial u'}{\partial x} \; , \qquad \frac{\partial^2 \Phi}{\partial y^2} = \frac{\partial^2 \varphi}{\partial y^2} = \frac{\partial v'}{\partial y} \; , \qquad \frac{\partial^2 \Phi}{\partial z^2} = \frac{\partial^2 \varphi}{\partial z^2} = \frac{\partial w'}{\partial z} \quad . \tag{4.36}$$

Durch Einsetzen der ersten und zweiten Ableitungen von Φ gemäß der Gleichungen (4.35) und (4.36) in die Gleichung (3.159) erhalten wir:

$$(a^2 - U_\infty^2 - 2 \cdot U_\infty \cdot u' - u'^2) \cdot \frac{\partial u'}{\partial x} + (a^2 - v'^2) \cdot \frac{\partial v'}{\partial y} + (a^2 - w'^2) \cdot \frac{\partial w'}{\partial z} -$$

$$2 \cdot (U_\infty + u') \cdot v' \cdot \frac{\partial u'}{\partial y} - 2 \cdot (U_\infty + u') \cdot w' \cdot \frac{\partial u'}{\partial z} - 2 \cdot v' \cdot w' \cdot \frac{\partial v'}{\partial z} = 0 \quad . \tag{4.37}$$

Weiterhin gilt für das Strömungsfeld die Bernoulligleichung. Wenden wir sie entlang eines Stromfadens von der ungestörten Zuströmung bis zu einer beliebigen Stelle im Strömungsfeld an, so gilt (s. J. ZIEREP 1993):

$$\frac{a_\infty^2}{\kappa - 1} + \frac{U_\infty^2}{2} = \frac{a^2}{\kappa - 1} + \frac{(U_\infty + u')^2 + v'^2 + w'^2}{2}$$

oder umgeformt:

$$a^2 = a_\infty^2 - \frac{\kappa - 1}{2} \cdot (2 \cdot U_\infty \cdot u' + u'^2 + v'^2 + w'^2) \quad . \tag{4.38}$$

a_∞ steht für die Schallgeschwindigkeit in der freien Zuströmung.

Ersetzen wir in der Gleichung (4.37) a^2 durch die rechte Seite der Gleichung (4.38) und dividieren anschließend die resultierende Gleichung durch a_∞^2, erhalten wir die folgende Gleichung:

$$\left[1 - \frac{\kappa-1}{2}\cdot M_\infty^2 \cdot \left(2\cdot\frac{u'}{U_\infty} + \frac{u'^2+v'^2+w'^2}{U_\infty^2}\right) - \right.$$
$$\left. M_\infty^2 - 2\cdot M_\infty^2 \cdot \frac{u'}{U_\infty} - M_\infty^2 \cdot \frac{u'^2}{U_\infty^2}\right]\cdot\frac{\partial u'}{\partial x} +$$

$$\left[1 - \frac{\kappa-1}{2}\cdot M_\infty^2 \cdot \left(2\cdot\frac{u'}{U_\infty} + \frac{u'^2+v'^2+w'^2}{U_\infty^2}\right) - M_\infty^2 \cdot \frac{v'^2}{U_\infty^2}\right]\cdot\frac{\partial v'}{\partial y} +$$

$$\left[1 - \frac{\kappa-1}{2}\cdot M_\infty^2 \cdot \left(2\cdot\frac{u'}{U_\infty} + \frac{u'^2+v'^2+w'^2}{U_\infty}\right) - M_\infty^2 \cdot \frac{w'^2}{U_\infty^2}\right]\cdot\frac{\partial w'}{\partial z} - \tag{4.39}$$

$$2\cdot M_\infty^2 \cdot \frac{v'}{U_\infty}\cdot\frac{\partial u'}{\partial y} - 2\cdot M_\infty^2 \cdot \frac{u'\cdot v'}{U_\infty^2}\cdot\frac{\partial u'}{\partial y} -$$

$$2\cdot M_\infty^2 \cdot \frac{w'}{U_\infty}\cdot\frac{\partial u'}{\partial z} - 2\cdot M_\infty^2 \cdot \frac{u'\cdot w'}{U_\infty^2}\cdot\frac{\partial u'}{\partial z} -$$

$$2\cdot M_\infty^2 \cdot \frac{v'\cdot w'}{U_\infty^2}\cdot\frac{\partial v'}{\partial z} = 0\ \ .$$

$M_\infty = U_\infty/a_\infty$ steht für die Zuströmmachzahl.

Die Gleichung (4.39) enthält keine Vereinfachungen. Sie gilt für jede drehungsfreie, isentrope Strömung. Wir haben in unseren Formeln auch noch nicht miteinfließen lassen, daß wir eine Strömung betrachten wollen, die durch das Tragflügelprofil nur schwach gestört wird. Gleichung (4.39) gilt deshalb sowohl für große als auch kleine Störgeschwindigkeiten u', v' und w'.

Mit einer einfachen Umformung können wir die Gleichung (4.39) wie folgt schreiben:

$$(1 - M_\infty^2)\cdot\frac{\partial u'}{\partial x} + \frac{\partial v'}{\partial y} + \frac{\partial w'}{\partial z} =$$

$$M_\infty^2 \cdot \left[(\kappa+1)\cdot\frac{u'}{U_\infty} + \left(\frac{\kappa+1}{2}\right)\cdot\frac{u'^2}{U_\infty^2} + \left(\frac{\kappa-1}{2}\right)\cdot\left(\frac{v'^2+w'^2}{U_\infty^2}\right)\right]\cdot\frac{\partial u'}{\partial x} +$$

$$M_\infty^2 \cdot \left[(\kappa-1)\cdot\frac{u'}{U_\infty} + \left(\frac{\kappa+1}{2}\right)\cdot\frac{v'^2}{U_\infty^2} + \left(\frac{\kappa-1}{2}\right)\cdot\left(\frac{u'^2+w'^2}{U_\infty^2}\right)\right]\cdot\frac{\partial v'}{\partial y} +$$

$$M_\infty^2 \cdot \left[(\kappa-1)\cdot\frac{u'}{U_\infty} + \left(\frac{\kappa+1}{2}\right)\cdot\frac{w'^2}{U_\infty^2} + \left(\frac{\kappa-1}{2}\right)\cdot\left(\frac{u'^2+v'^2}{U_\infty^2}\right)\right]\cdot\frac{\partial w'}{\partial z} +$$

$$M_\infty^2 \cdot \left[\frac{v'}{U_\infty} \cdot \left(1 + \frac{u'}{U_\infty}\right) \cdot \left(\frac{\partial u'}{\partial y} + \frac{\partial v'}{\partial x}\right) + \frac{w'}{U_\infty} \cdot \left(1 + \frac{u'}{U_\infty}\right) \cdot \left(\frac{\partial u'}{\partial z} + \frac{\partial w'}{\partial x}\right) + \right.$$

$$\left. \frac{v' \cdot w'}{U_\infty^2} \cdot \left(\frac{\partial w'}{\partial y} + \frac{\partial v'}{\partial z}\right) \right] \quad . \tag{4.40}$$

Bei der Umformung von Gleichung (4.39) auf Gleichung (4.40) haben wir dabei die Beziehungen

$$\frac{\partial v'}{\partial z} = \frac{\partial w'}{\partial y} \quad , \qquad \frac{\partial u'}{\partial y} = \frac{\partial v'}{\partial x} \quad , \qquad \frac{\partial u'}{\partial z} = \frac{\partial w'}{\partial x}$$

ausgenutzt, die durch die Voraussetzung der Drehungsfreiheit der Potential-strömung geliefert werden.

Die linke Seite der Gleichung (4.40) ist linear hinsichtlich der Störungsgeschwin-digkeitskomponenten u', v', w' und ihren Ortsableitungen. Hingegen enthält ihre rechte Seite nur nichtlineare Terme, da hier Produkte der Störungsterme unter-einander auftreten. Wir beschränken uns nun auf den Fall, daß der Tragflügel die Zuströmung nur geringfügig stört. Es gilt also:

$$\frac{u'}{U_\infty} \ll 1 \quad , \qquad \frac{v'}{U_\infty} \ll 1 \quad , \qquad \frac{w'}{U_\infty} \ll 1 \quad . \tag{4.41}$$

Wenn wir nun den ersten Summanden der linken Seite der Gleichung (4.40)

$$(1 - M_\infty^2) \cdot \frac{\partial u'}{\partial x}$$

mit dem ersten Summanden der rechten Seite

$$M_\infty^2 \cdot \left[(\kappa + 1) \cdot \frac{u'}{U_\infty} + \left(\frac{\kappa + 1}{2}\right) \cdot \frac{u'^2}{U_\infty^2} + \left(\frac{\kappa - 1}{2}\right) \cdot \left(\frac{v'^2 + w'^2}{U_\infty^2}\right) \right] \cdot \frac{\partial u'}{\partial x}$$

vergleichen, so stellen wir fest, daß der Betrag des letzteren für Unterschallströmun-gen bei einer Zuströmmachzahl M_∞ im Bereich von $0 \leq M_\infty < \approx 0.5$ wesentlich kleiner als der Betrag des zuerst genannten Summanden der linken Seite ist. Dieses trifft auch für Überschallanströmungen zu, vorausgesetzt, daß die Zuströmmach-zahl sich von $M_\infty = 1$ unterscheidet ($M_\infty > \approx 1.2$).

Wir können weiterhin auf der rechten Seite von Gleichung (4.40) den zweiten, dritten und vierten Summanden vernachlässigen, wenn die Bedingungen (4.41) erfüllt sind. Allerdings ist dies nur dann möglich, wenn die Machzahl nicht zu groß wird. Für Zuströmmachzahlen $M_\infty > \approx 5$ nimmt die rechte Seite der Glei-chung (4.40) allmählich Werte an, die verglichen mit den Werten der linken Seite von gleicher Größenordnung sind. Nach Durchführung der Linearisierungsschritte und Abschätzungen bleibt somit nur die linke Seite von Gleichung (4.40) erhalten, während die rechte Seite den Wert Null annimmt. Wir erhalten als Ergebnis eine lineare Gleichung, in der die Störungsgeschwindigkeiten nur in der ersten Potenz vorkommen.

Unter Beachtung von Gleichung (4.35) können wir Gleichung (4.40) in einer Form darstellen, die als einzige Unbekannte nur noch das Störpotential φ enthält. Die Gleichung (4.40) läßt sich also auf die linearisierte Potentialgleichung

$$(1 - M_\infty^2) \cdot \frac{\partial^2 \varphi}{\partial x^2} + \frac{\partial^2 \varphi}{\partial y^2} + \frac{\partial^2 \varphi}{\partial z^2} = 0 \qquad (4.42)$$

vereinfachen (beachte die Gleichungen (4.35)), wenn

- der Tragflügel schlank ist und deshalb die Bedingungen (4.41) gelten.

- die Zuströmmachzahl $M_\infty <\approx 5$ ist und sich von $M_\infty = 1$ deutlich unterscheidet, d.h. Gleichung (4.42) gilt <u>nicht für den Bereich</u> $\approx 0.5 < M_\infty <\approx 1.2$.

Die Randbedingungen für die lineare Differentialgleichung (4.42) werden für die ungestörte Zuströmung im Unendlichen und für die gestörte Strömung auf der Berandung des Profils formuliert. In der ungestörten Zuströmung verschwinden die Störgeschwindigkeiten u', v' und w'. Es gilt also:

$$x \to -\infty: \qquad u' = \frac{\partial \varphi}{\partial x} = 0 \,, \quad v' = \frac{\partial \varphi}{\partial y} = 0 \,, \quad w' = \frac{\partial \varphi}{\partial z} = 0 \quad . \qquad (4.43)$$

Auf der Berandung des Profils zeigt der Geschwindigkeitsvektor in tangentiale Richtung (s. Abbildung 4.4) und besitzt folglich an jedem Ort der Tragflügeloberfläche die gleiche Steigung wie die Profilkontur. Es gilt also an jeder beliebigen Stelle x_k, y_k und z_k der Profilberandung ($z_k = z_k(x,y)$ steht für die Fläche der Kontur) die Randbedingung:

$$x = x_k, \quad y = y_k, \quad z = z_k: \qquad \frac{\partial z_k}{\partial x} = \frac{w'}{U_\infty + u'} \,, \qquad \frac{\partial z_k}{\partial y} = \frac{w'}{v'} \quad . \qquad (4.44)$$

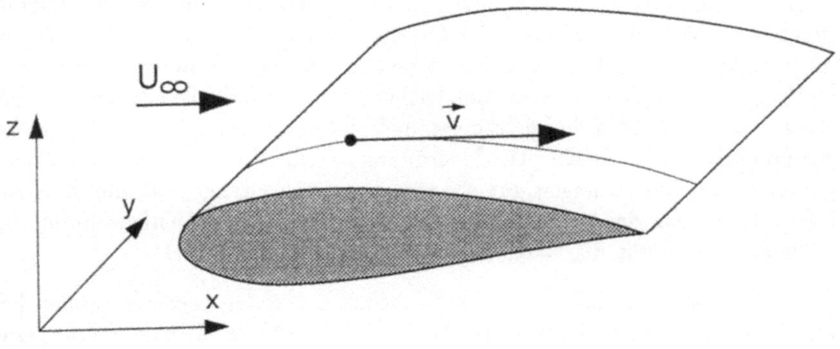

Abb. 4.4: Randbedingungen für einen schlanken Tragflügel

In der ersten Gleichung der Randbedingungen (4.44) berücksichtigen wir die Linearisierungsvoraussetzung $U_\infty \gg u'$ und zusätzlich die Gleichungen (4.35). Wir erhalten dann die endgültigen Randbedingungen. Sie lauten:

$$x = x_k, \quad y = y_k, \quad z = z_k : \qquad \frac{\partial z_k}{\partial x} = \frac{1}{U_\infty} \cdot \frac{\partial \varphi}{\partial z} \, , \qquad \frac{\partial z_k}{\partial y} = \frac{\partial \varphi / \partial z}{\partial \varphi / \partial y} \quad . \tag{4.45}$$

Der Gültigkeitsbereich der linearisierten Differentialgleichung (4.42) unterliegt wesentlich restriktiveren Bedingungen als der für Gleichung (3.159), wie wir bereits lernen konnten. Weiterhin gilt die Differentialgleichung nicht für den Staupunktbereich, da dort die Störungsgeschwindigkeiten von gleicher Größenordnung wie die Zuströmgeschwindigkeit U_∞ sind.

Trotz dieser Einschränkungen haben die Anwendungen der Differentialgleichung (4.42) in der Aerodynamik eine weite Verbreitung gefunden. Für Überschallströmungen ($M_\infty < 5$) kann die Differentialgleichung analytisch gelöst werden. Die Herleitung dieser analytischen Lösung wird weiter unten beschrieben.

Weiterhin basieren auf der Gleichung (4.42) für Unterschallströmungen Korrekturformeln zur Berücksichtigung des Kompressibiltätseinflusses. Darunter ist folgendes zu verstehen: Eine mögliche Vorgehensweise zur Berechnung der Druckverteilung auf einem Tragflügel in einer kompressiblen Strömung besteht aus der Berechnung der inkompressiblen Druckverteilung auf dem Tragflügel mit einer anschließenden Korrektur für den Kompressibilitätseffekt. Zu den bekanntesten Korrekturen zählt die Prandtl-Glauert-Regel. Für weitere Informationen über diese Korrekturformeln empfehlen wir dem Leser das Gasdynamik-Lehrbuch von J. ZIEREP 1991.

In Abbildung 4.5 ist der dimensionslose Druckbeiwert

$$c_p = \frac{p - p_\infty}{\frac{1}{2} \cdot \rho_\infty \cdot U_\infty^2}$$

über der Länge des ausgewählten NACA0012-Tragflügelprofils entsprechend der Ergebnisse mehrerer Strömungsberechnungen aufgetragen. Die erste Teilabbildung 1 zeigt einen Vergleich zwischen der Druckverteilung, die gemäß der nichtlinearen Potentialgleichung (3.159) berechnet wurde, und der Verteilung, die man unter Anwendung der linearisierten Potentialgleichung (4.42) erhält. Die Zuströmmachzahl beträgt $M_\infty = 0.4$. Obwohl im vorderen und hinteren Staupunktbereich die Störgeschwindigkeit u' von gleicher Größenordnung wie die Zuströmgeschwindigkeit U_∞ ist, stimmen beide Lösungen gut überein. Damit ist gezeigt, daß die linearisierte Potentialgleichung das Strömungsfeld für den Fall der von uns gewählten Unterschallanströmung mit $M_\infty = 0.4$ in guter Näherung beschreibt.

Da wir voraussetzen, daß die Grenzschichtdicken bei den vorherrschenden hohen Flug-Reynoldszahlen gering sind, ist der Einfluß der Grenzschichten auf die gesamte Druckverteilung gering, wenn wir den Hinterkantenbereich bei unserer Betrachtung nicht mitberücksichtigen. Die so berechneten Druckverteilungen stimmen folglich bereits recht genau mit den realen Druckverteilungen überein. Sie können deshalb zur Bestimmung des Auftriebs herangezogen werden.

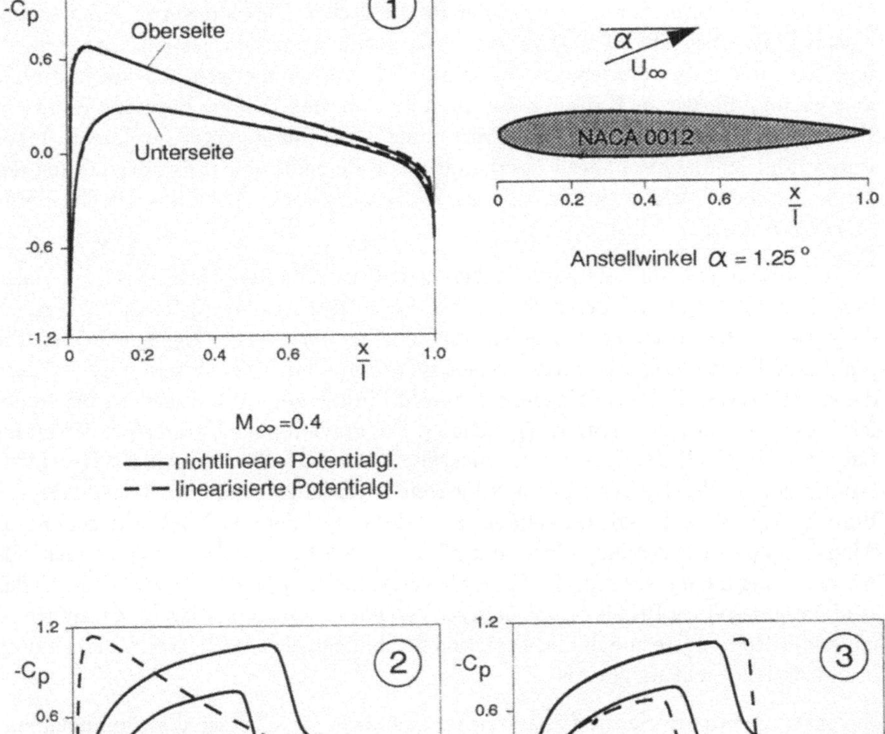

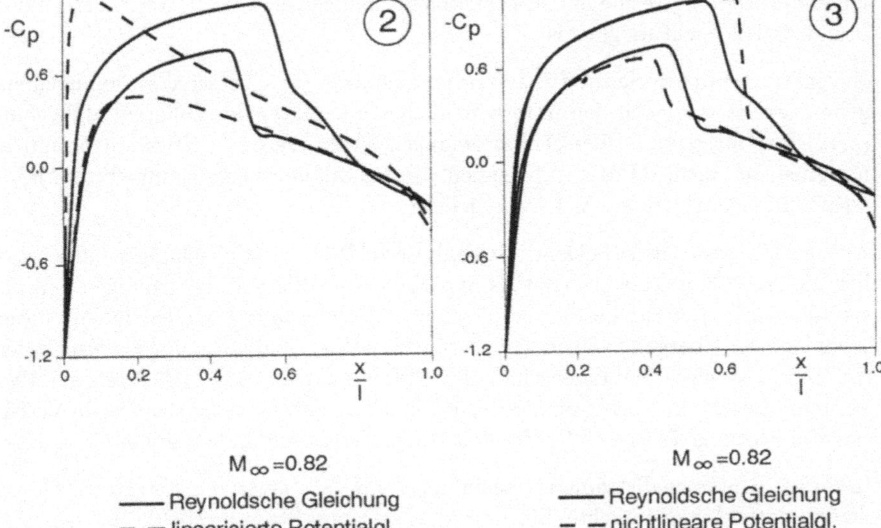

Abb. 4.5: Lösungen der Reynolds'schen Gleichungen (vgl. Kapitel 4.2.4), der nichtlinearen Potentialgleichung und der linearisierten Potentialgleichung für das NACA 0012Profil

In Teilabbildung 2 ist das Ergebnis der linearisierten Potentialgleichung im Vergleich mit einer Berechnung gemäß der Reynoldschen Gleichungen für die transsonische Flug-Machzahl $M = 0.82$ von Verkehrsflugzeugen dargestellt. Zur Ermittlung des zuletzt genannten Ergebnisses wurde eine numerische Lösungsmethode angewandt, die wir in Kapitel 4.2.4 vorstellen werden. Dieses Ergebnis repräsentiert am genauesten die reale Druckverteilung. Die Lösung gemäß der linearisierten Potentialgleichung hat nahezu überhaupt keine Gemeinsamkeit mit der Lösung der Reynoldsschen Gleichungen, womit die Gültigkeitsgrenze $M \approx 0.5$ der Gleichung (4.42) verständlich wird.

In Teilabbildung 3 sind die numerischen Lösungen der Reynoldsschen Gleichungen (vgl. Kapitel 4.2.4) und der nichtlinearen Potentialgleichung (3.159) im Vergleich dargestellt. Die zuerst genannte Lösung repräsentiert wieder am genauesten die reale Druckverteilung. Sie unterscheidet sich immer noch deutlich von der Lösung der nichtlinearen Potentialgleichung, obwohl diese bereits realistischere Werte liefert als die linearisierte Potentialgleichung. Ein gravierender Unterschied ist in der Lage der Stöße auf der Saug- und Druckseite erkennbar. Würden wir die Druckverteilung gemäß der Lösung der nichtlinearen Potentialgleichung als Grundlage zur Berechnung des Auftriebs verwenden, wäre der berechnete Auftrieb fehlerbehaftet. Allerdings ist dieser Fehler nicht so groß, daß der so ermittelte Auftrieb nicht als Abschätzung dienen könnte (der Fehler beträgt ungefähr 10%). Zur Berechnung des Widerstandes eines Profils ist ein solches Vorgehen jedoch unzulässig, da aufgrund fehlender Reibungsterme in den Potentialgleichungen eine Widerstandsberechnung grundsätzlich nicht möglich ist.

Bevor wir auf die Herleitung analytischer Lösungen für Überschallströmungen eingehen, wollen wir noch den unterschiedlichen Charakter der Differentialgleichung (4.42) für Unter- und Überschallströmungen diskutieren. Für Strömungen mit einer Anströmmachzahl $M_\infty < 1$ nennen wir die Differentialgleichung elliptisch, für Anströmmachzahlen $M_\infty > 1$ hyperbolisch.

Aus der Mathematik ist bekannt, daß elliptische Differentialgleichungen einen gänzlich anderen Charakter besitzen als hyperbolische Differentialgleichungen und daß sich die Verfahren zur Lösung elliptischer und hyperbolischer Gleichungen unterscheiden. Der Übergang von einer Unter- in eine Überschallströmung korrespondiert mit einem Wechsel der Eigenschaft der Differentialgleichung (4.42) von elliptisch auf hyperbolisch und ist in dem unterschiedlichen strömungsphysikalischen Verhalten von Störungen in einer Unter- und Überschallströmung begründet.

In einer Unterschallströmung beeinflußt eine an einer beliebigen Stelle im Strömungsfeld eingebrachte Störung das gesamte Strömungsfeld, da sich z.B. die Ausbreitung von Druckstörungen mit Schallgeschwindigkeit vollzieht, welche größer ist als die Strömungsgeschwindigkeit. Bei einer Überschallströmung hingegen können die eingebrachten Störungen das Strömungsfeld nur stromab und nicht stromauf beeinflussen, da alle Störungen mit der Strömung schneller stromab transportiert werden als die Ausbreitung der Störungen im Medium mit Schallgeschwindigkeit stromauf geschieht.

Zur Berechnung schallnaher Strömungen mit $M_\infty \approx 1$ können wir die Gleichung (4.40) nicht in der Weise vereinfachen, wie wir es zur Herleitung der Gleichung (4.42) bereits durchgeführt haben. Wenn wir nochmals die Vorfaktoren für $\partial u'/\partial x$ auf der linken und rechten Seite der Gleichung (4.40) miteinander vergleichen (diese Gleichung beschreibt exakt alle isentropen, drehungsfreien Strömungen), so können wir für Anströmmachzahlen im Bereich von $\approx 0.5 < M_\infty <\approx 1.2$ nur die quadratischen Glieder der Störgeschwindigkeiten vernachlässigen und müssen die linearen Glieder der Störgeschwindigkeiten stehen lassen.

Wir erhalten zur Berechnung von Strömungen mit Anströmmachzahlen im Bereich von $\approx 0.5 < M_\infty <\approx 1.2$ die folgende Gleichung:

$$\left(1 - M_\infty^2 \cdot \left[1 - (\kappa + 1) \cdot \frac{1}{U_\infty} \cdot \frac{\partial \varphi}{\partial x}\right]\right) \cdot \frac{\partial^2 \varphi}{\partial x^2} + \frac{\partial^2 \varphi}{\partial y^2} + \frac{\partial^2 \varphi}{\partial z^2} = 0 \qquad (4.46)$$

Die Gleichung (4.46) ist eine nichtlineare Differentialgleichung, mit der wir reibungsfreie, transsonische Tragflügelströmungen berechnen können. Sie basiert ebenfalls auf der Theorie kleiner Störungen und kann deshalb nur für Strömungen um schlanke Tragflügel angewandt werden. Im verbleibenden Teil dieses Abschnittes werden wir noch die analytische Lösung der Gleichung (4.42) für Überschallanströmungen mit $M_\infty > 1$ herleiten. Wir setzen dabei voraus, daß die Strömung überall parallel zur x, z-Ebene verläuft, so daß wir nur eine ebene Strömung betrachten müssen. Wir suchen also eine Lösung für die Differentialgleichung

$$\lambda^2 \cdot \frac{\partial^2 \varphi}{\partial x^2} - \frac{\partial^2 \varphi}{\partial z^2} = 0 \;, \qquad \lambda = \sqrt{M_\infty^2 - 1} \;, \qquad M_\infty > 1 \;. \qquad (4.47)$$

Die Differentialgleichung (4.47) entspricht dem Typ der Wellengleichung, für die

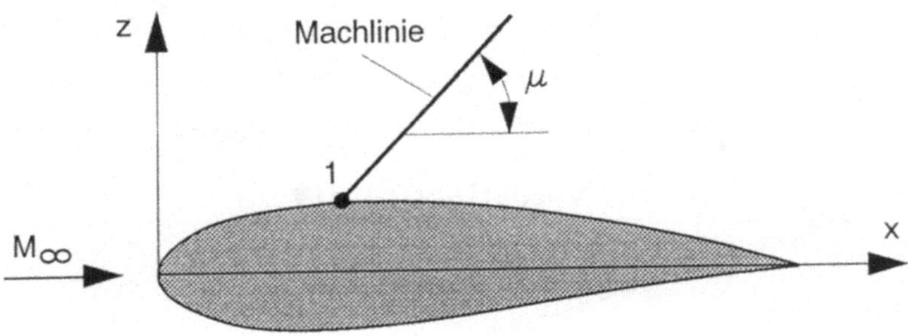

Abb. 4.6: Eine Machlinie der Tragflügelströmung

die allgemeine Lösung

$$\varphi = f(x - \lambda \cdot z) + g(x + \lambda \cdot z) \tag{4.48}$$

gilt. f und g stehen jeweils für eine Funktion, die von dem Argument $x - \lambda \cdot z$ bzw. $x + \lambda \cdot z$ abhängig sind. Die Richtigkeit der allgemeinen Lösung (4.48) kann durch Einsetzen der Ableitungen in die Gleichung (4.47) überprüft werden (s. dazu Übungsbuch Strömungsmechanik H. OERTEL jr., M. BÖHLE 1993).

Wir betrachten zunächst den Sonderfall $g = 0$. Aus der allgemeinen Lösung (4.48) geht hervor, daß auf Linien $x - \lambda \cdot z = const$ der Strömungszustand konstant ist (s. dazu Abbildung 4.6), d.h. eine Störung, die an der Stelle 1 eingebracht wird, breitet sich entlang dieser Linie aus. Die Linie, für die $x - \lambda \cdot z = const$ gilt, wird als Machlinie oder auch als Charakteristik bezeichnet.

Um ihre physikalische Bedeutung verstehen zu lernen, denken wir uns eine kleine Störquelle, die sich mit einer Geschwindigkeit U_s schneller als die örtliche Schallgeschwindigkeit a_s durch ein Gas bewegt (s. Abbildung 4.7). Die Störungen, die sie während ihrer Bewegung verursacht, breiten sich mit der Schallgeschwindigkeit a_s aus und beeinflussen nur den Bereich innerhalb des in Abbildung 4.7 gekennzeichneten Kegels. Dieser Kegel wird Machkegel genannt. Den Winkel μ' zwischen der Horizontalen und der Kegelbegrenzung können wir wie folgt angeben (s. Abbildung 4.7):

$$\mu' = \arcsin\left(\frac{a_s}{U_s}\right) = \arcsin\left(\frac{1}{M_s}\right) \quad . \tag{4.49}$$

Wir wollen nun wieder den Winkel μ zwischen der Machlinie und der Horizontalen in Abbildung 4.6 betrachten. Für die Steigung dz/dx der Linie gilt:

$$\frac{dz}{dx} = \frac{1}{\lambda} = \frac{1}{\sqrt{M_\infty^2 - 1}} = \tan\mu \quad .$$

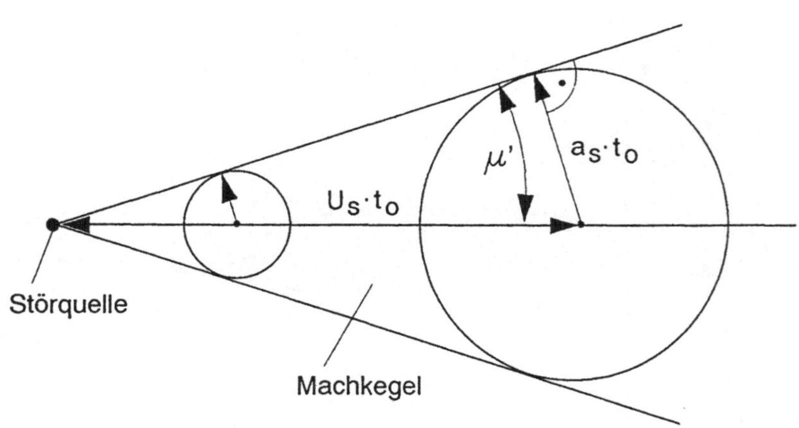

Abb. 4.7: Machkegel

Für den Winkel μ zwischen der Horizontalen und der Linie ergibt sich damit:

$$\mu = \arctan\left(\frac{1}{\sqrt{M_\infty^2 - 1}}\right) = \arcsin\left(\frac{1}{M_\infty}\right) \quad . \tag{4.50}$$

Durch einen Vergleich der Formeln (4.49) und (4.50) sowie der beiden zuvor diskutierten Sachverhalte erkennen wir die physikalische Bedeutung der Machlinie.

Wir kommen nun zurück auf die analytische Lösung der Gleichung (4.47) und beschränken uns weiterhin auf den Sonderfall $g = 0$. Durch Differenzieren der Gleichung (4.48) und unter Berücksichtigung $g = 0$ erhalten wir für die Störgeschwindigkeiten u' und w' die folgenden Gleichungen. Sie lauten:

$$u' = \frac{\partial \varphi}{\partial x} = f' \quad , \qquad w' = \frac{\partial \varphi}{\partial z} = -\lambda \cdot f' \quad . \tag{4.51}$$

f' steht für die Ableitung von f nach dem Argument $x - \lambda \cdot z$. Aus den beiden Gleichungen (4.51) folgt unmittelbar, daß zwischen u' und w' der Zusammenhang

$$w' = -\lambda \cdot u' \tag{4.52}$$

besteht.

Als nächsten Schritt berücksichtigen wir die Formel (4.52) in der kinematischen Strömungsbedingung. Diese lautet

$$\tan \Theta = \frac{w'}{U_\infty + u'} \quad , \tag{4.53}$$

wenn Θ der Winkel zwischen der Tangente an der oberen Konturseite und der Horizontalen ist (Abbildung 4.8). Berücksichtigen wir weiterhin, daß das Profil schlank ist, so können wir mit guter Näherung annehmen, daß gilt:

$$\tan \Theta \approx \Theta \quad , \qquad u' \ll U_\infty \quad ,$$

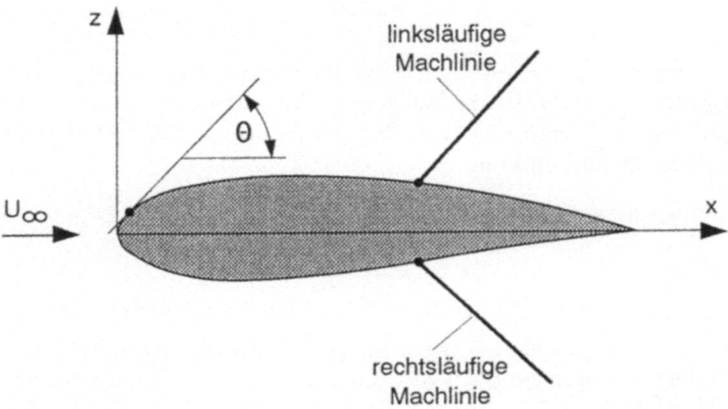

Abb. 4.8: Links- und rechtsläufige Machlinien

so daß sich die Gleichung (4.53) auf die Gleichung

$$\Theta = \frac{w'}{U_\infty} \qquad (4.54)$$

vereinfacht. Setzen wir in die Gleichung (4.54) für w' die rechte Seite der Gleichung (4.52) ein, erhalten wir:

$$\Theta = -\lambda \cdot \frac{u'}{U_\infty} \quad \Longrightarrow \quad u' = -\frac{U_\infty \cdot \Theta}{\lambda} \ . \qquad (4.55)$$

Mit der Gleichung (4.55) können wir die Störgeschwindigkeit u' auf der Kontur in Abhängigkeit von dem Konturwinkel Θ berechnen. Mit der Gleichung (4.52) erhalten wir dann die Störgeschwindigkeit w'. Damit ist uns der Geschwindigkeitsvektor auf der Kontur vollständig bekannt. Den Druck können wir anschließend mit der Bernoulligleichung für kompressible Strömungen ermitteln.

Die Herleitung der Gleichung (4.55) basiert auf dem Spezialfall $g = 0$ (s. Gleichung (4.48)), d.h. daß die Formel (4.55) nur für linksläufige Machlinien gültig ist. Die Begriffe links- und rechtsläufige Machlinien sind in der Abbildung 4.8 erklärt.

Wir können die Herleitung auch für den Spezialfall $f = 0$ durchführen. In diesem Fall würden wir die Störgeschwindigkeiten an den Stellen auf der Kontur berechnen, von denen eine rechtsläufige Machlinie ins Strömungsfeld hineinläuft. Bei der Tragflügelströmung liegen diese Stellen auf der Unterseite. Die Berechnungsformel für u' lautet dann:

$$u' = \frac{U_\infty \cdot \Theta}{\lambda} \ , \qquad (4.56)$$

so daß wir zusammenfassend für die Störgeschwindigkeit u' die folgende Formel angeben können:

$$\boxed{u' = \mp \frac{U_\infty \cdot \Theta}{\lambda}} \qquad (4.57)$$

Das Pluszeichen steht für die rechtsläufigen, das Minuszeichen für die linksläufigen Machlinien. Gleichzeitig müssen wir berücksichtigen, daß auch Θ positive und negative Werte annehmen kann.

Für den dimensionslosen Druckbeiwert

$$c_p = \frac{p - p_\infty}{\frac{1}{2} \cdot \rho_\infty \cdot U_\infty^2}$$

kann ebenfalls eine linearsierte Formel aufgestellt werden. Wir wollen auf ihre Herleitung in dem vorliegenden Buch verzichten, da sie in dem Übungsbuch H. OERTEL jr./M. BÖHLE 1993 als Übungsaufgabe mit Lösung formuliert ist. Dem Leser wird empfohlen, diese Übungsaufgabe selbst zu lösen, um mit der Linearisierung besser vertraut zu werden.

Für c_p erhält man gemäß der genannten Übungsaufgabe:

$$c_p = -2 \cdot \frac{u'}{U_\infty} \quad . \tag{4.58}$$

Setzen wir die rechte Seite der Gleichung (4.57) für u' in die Gleichung (4.58) ein, erhalten wir für c_p die endgültige und einfach anzuwendende Berechnungsformel

$$c_p = \pm \frac{2 \cdot \Theta}{\lambda} = \pm \frac{2 \cdot \Theta}{\sqrt{M_\infty^2 - 1}} \tag{4.59}$$

Das Pluszeichen steht für die linksläufigen, das Minuszeichen für die rechtsläufigen Machlinien. Weiterhin muß bei der Anwendung der Gleichung (4.59) beachtet werden, daß auch Θ, wie bereits gesagt, positiv und negativ sein kann. Winkel in Drehrichtung gegen den Uhrzeigersinn sind positiv.

Wie wir lernen konnten, können wir mit der Theorie kleiner Störungen einfache Differentialgleichungen und Formeln aufstellen, deren Anwendung uns die Berechnung von Druckverteilungen auf schlanken Profilen bei Unter- und Überschallzuströmungen mit moderaten Machzahlen ermöglichen. Allerdings bleibt diese Theorie auch auf diese Anwendungen beschränkt. Verdichtungsstöße, die in jeder Überschallumströmung auftreten, werden bei der Anwendung der linearisierten Theorie vernachlässigt.

4.1.3 Separationsmethode

Zur Lösung partieller Differentialgleichungen wird in der Strömungsmechanik desöfteren die Separationsmethode ausgewählt. Unter Anwendung des sogenannten Separationsansatzes soll erreicht werden, daß die Lösung einer partiellen Differentialgleichung mit zwei unabhängigen Variablen z.B. x und z, überführt wird in die Lösung zweier gewöhnlicher Differentialgleichungen, die jeweils nur noch von einer unabhängigen Variablen abhängen.

Um mit der Anwendung des Separationsansatzes vertraut zu werden, wollen wir ein strömungsmechanisches Phänomen aufgreifen, das in einem vorausgehenden Kapitel bereits vorgestellt wurde. Wir knüpfen dabei an Abbildung 2.2 an und wollen einen Weg aufzeigen, wie die Wechselwirkung eines Verdichtungsstoßes mit einer turbulenten Tragflügelgrenzschicht unter Benutzung der Separationsmethode näherungsweise berechnet werden kann (vgl. R. BOHNING 1982). Zuvor ist jedoch ein gewisser Aufwand nötig, um die Gleichungen in eine solche Form zu bringen, daß sie mit der Separationsmethode gelöst werden können. Dabei gehen wir nach einem Schema vor, das aus drei Schritten besteht:

- Aufarbeitung der Grundgleichungen

- Anpassung der Randbedingungen

- Durchführung der Separation

Wir betrachten zunächst Abbildung 4.9, um einige grundsätzliche Aussagen über das zu untersuchende Problem der Stoß-Grenzschicht-Wechselwirkung zu machen. Gezeigt ist die Strömung um ein Tragflügelprofil, das mit einer Machzahl von $M_\infty = 0.82$ stationär angeströmt wird. Auf der Oberseite des Tragflügels bildet sich in der Umgebung des Dickenmaximums ein lokales Überschallgebiet aus, das in der Regel stromab durch einen leicht gekrümmten, in Wandnähe nahezu senkrechten Verdichtungsstoß abgeschlossen wird. Wir interessieren uns speziell für die Detailvorgänge um den Fußpunkt des Stoßes, der in Abbildung 4.9 in der Vergrößerung oben rechts dargestellt ist. Dieser Verdichtungsstoß dringt in Wandnähe in die Grenzschicht ein, wodurch der ursprüngliche Drucksprung durch den Reibungseinfluß zur Wand hin immer mehr geglättet wird. Desweiteren erkennen wir, daß die durch den Verdichtungsstoß hervorgerufene Druckerhöhung zu einer Aufdickung der turbulenten Tragflügelgrenzschicht führt. In den Anwendungen interessiert dabei besonders die Frage, ob durch den Druckanstieg im Stoß und das Aufdicken der Grenzschicht eine Ablösung derselben herbeigeführt wird (vgl. Kapitel 5.4).

Um das Problem der Stoß-Grenzschicht-Wechselwirkung einer analytischen Berechnung zugänglich zu machen, müssen wir zunächst ein geeignetes Strömungsmodell entwickeln, das die wesentlichen physikalischen Vorgänge in Form von mathematischen Gleichungen widergibt. Dabei werden wir einen Weg einschlagen, den wir bereits kennengelernt haben, nämlich die Bereichseinteilung des gesamten Strömungsfeldes in charakteristische Teilbereiche derart, daß sich die Navier-Stokes-Gleichungen entsprechend dem physikalischen Charakter des jeweiligen Teilbereiches vereinfachen lassen. Wir hatten bereits bei der Diskussion der Strömungs-

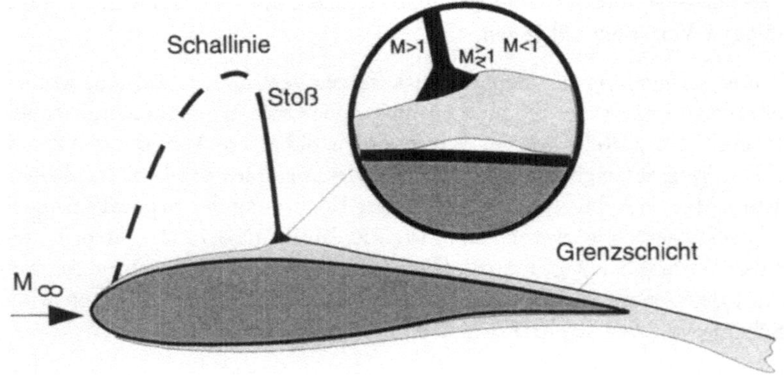

Abb. 4.9: Umströmung eines transsonischen Tragflügelprofils

bereiche um den Tragflügel die in Abbildung 4.10 durch I gekennzeichnete reibungsfreie Außenströmung von der reibungsbehafteten Grenzschichtströmung unterschieden. Wir gehen nun noch einen Schritt weiter und unterteilen die kompressible, turbulente Grenzschicht entsprechend Abbildung 4.10 in zwei Unterbereiche II und III.

Der äußere Teil II der Grenzschicht wird modelliert durch eine turbulente, kompressible Scherschicht, in der der Reibungseinfluß alleine durch die Vorgabe eines zeitlich gemittelten Grundgeschwindigkeitsprofils $\bar{u}_0(z)$ in den ansonsten reibungsfreien Störungsgleichungen eingeht, und in eine wandnahe viskose Unterschicht III der Dicke δ_μ. In dieser ist die Reibung wirksam und daher müssen dort die vollständigen Navier-Stokes-Gleichungen gelöst werden (siehe auch J. ZIEREP 1993). Der Name Störungsgleichungen erklärt sich dadurch, daß wir uns das mit dem Index 0 gekennzeichnete Grundströmungsfeld durch einen schallnahen d.h. schwachen senkrechten Verdichtungsstoß gestört denken. Wir werden uns im folgenden mit der Näherungslösung dieser reibungsfreien Störungsgleichungen im Grenzschichtbereich II befassen, die uns letztlich auf die Anwendung der Separationsmethode führt.

Wir beginnen mit der Beschreibung des zu untersuchenden Grundströmungsfeldes. Ähnlich wie bei Problemen der Grenzschichttheorie sehen wir auch hier ab von einer Abhängigkeit der Grundströmungsgrößen von der Stromabkoordinate x. Dies ist natürlich nur zulässig, wenn wir die Krümmung der Tragflügelwand als genügend klein voraussetzen und der in x-Richtung betrachtete Bereich mit der charakteristischen Längserstreckung l nicht zu groß ist (vgl. Abbildung 4.10). Wir beschränken uns auf eine zweidimensionale lokale Betrachtung der Vorgänge auf dem Tragflügel, in dem Bereich, in dem der Verdichtungsstoß auf die Grenzschicht auftrifft. Das kompressible stationäre Grundströmungsfeld, das wir untersuchen

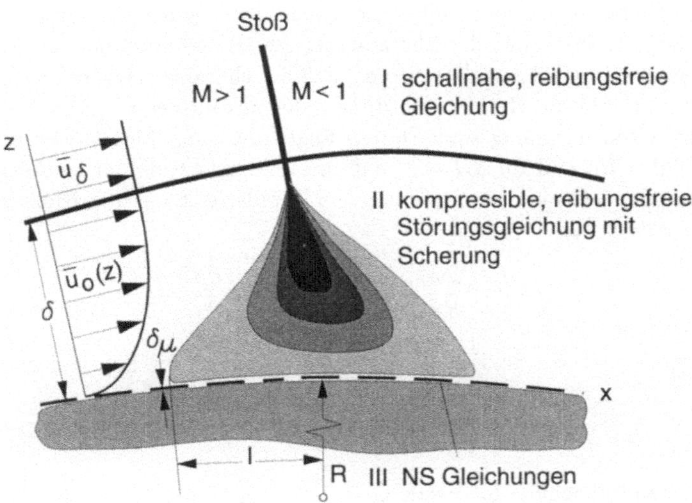

Abb. 4.10: Strömungsmodell im Stoß-Grenzschicht-Wechselwirkungsgebiet

wollen, ist dann gegeben durch die zeitlich gemittelten turbulenten Größen der Geschwindigkeit $\overline{u}_0(z)$, der Dichte $\overline{\rho}_0(z)$, der Temperatur $\overline{T}_0(z)$ und des Druckes $\overline{p}_0$. Sämtliche Größen mit Ausnahme des Druckes $\overline{p}_0$, hängen voraussetzungsgemäß nur von der Wandnormalenkoordinate z ab. Der Druck der Grundströmung $\overline{p}_0$ ist eine Konstante, da in Grenzschichtapproximation $\partial\overline{p}_0/\partial z = 0$ gilt.

Nach diesen Vorüberlegungen zur Aufstellung eines Strömungsmodells kommen wir zum ersten Punkt unseres Schemas und damit zur mathematischen Behandlung des Problems.

- Aufarbeitung der Grundgleichungen

Die Grundgleichungen, die das Problem beschreiben, sind zunächst die zweidimensionale kompressible Kontinuitätsgleichung und die Impulsgleichung in x-Richtung in Grenzschichtapproximation. In Anlehnung an die Gleichungen 3.132 und 3.133 aus dem Kapitel über die Grenzschichtgleichungen können wir an dieser Stelle einfach schreiben

$$\frac{\partial(\rho \cdot u)}{\partial x} + \frac{\partial(\rho \cdot w)}{\partial z} = 0 \tag{4.60}$$

$$\rho \cdot \left(u \cdot \frac{\partial u}{\partial x} + w \cdot \frac{\partial u}{\partial z} \right) = -\frac{\partial p}{\partial x} + \mu \cdot \frac{\partial^2 u}{\partial z^2} \quad . \tag{4.61}$$

Bei der Aufstellung der Impulsgleichung in Wandnormalenrichtung z ist jetzt jedoch Vorsicht geboten. Hier ist es nicht zulässig, zu sagen, der Druck in der Grenzschicht wird von der reibungsfreien Außenströmung aufgeprägt und daher reduziert sich die Aussage der Impulsgleichung in z-Richtung im Grenzschichtfall zu $\partial p/\partial z = 0$. Durch den in die Grenzschicht eindringenden Verdichtungsstoß und der damit verbundenen Glättung des Drucksprunges haben wir in der Impulsgleichung in z-Richtung für den Fall einer durch einen Verdichtungsstoß gestörten Grenzschicht sehr wohl einen Druckgradienten $\partial p/\partial z$ zu berücksichtigen. Ein Blick auf Abbildung 4.10 lehrt uns desweiteren, daß der charakteristische Längenbereich l in x-Richtung und die Grenzschichtdicke δ des uns interessierenden Bereiches II von gleicher Größenordnung sind. Daraus folgt im Grenzschichtfall für sehr große Reynoldszahlen Re und für $\delta/l \approx 1$, daß die Reibungsterme der Impulsgleichung in z-Richtung vollständig verschwinden. Die Impulsgleichung in z-Richtung lautet damit in unserem Fall

$$\rho \cdot \left(u \cdot \frac{\partial w}{\partial x} + w \cdot \frac{\partial w}{\partial z} \right) = -\frac{\partial p}{\partial z} \quad . \tag{4.62}$$

Weiterhin benötigen wir als Erhaltungsgleichungen noch die Energiegleichung

$$c_p \cdot T + \frac{u^2}{2} = konst \tag{4.63}$$

und die Zustandsgleichung für ideale Gase

$$\frac{p}{\rho} = R \cdot T \quad . \tag{4.64}$$

Damit haben wir 5 Gleichungen zur Bestimmung der 5 abhängigen Größen u, w, p, ρ und T. Diese 5 abhängigen Größen stellen die Summe aus den mit dem Index 0 gekennzeichneten Grundströmungsgrößen und den Störgrößen dar, die wir wie gewohnt mit einem Strich kennzeichnen wollen. Wir machen folglich einen Störansatz der Form:

$$u \;=\; \overline{u}_0(z) + u', \qquad w = w',$$
$$p \;=\; \overline{p}_0 + p', \qquad \rho = \overline{\rho}_0(z) + \rho', \qquad\qquad T = \overline{T}_0(z) + T' \quad . \qquad (4.65)$$

Die gestrichenen Strömungsgrößen u', w', p', ρ' und T' stehen dabei für die Störungen, die aufgrund des Verdichtungsstoßes im Strömungsfeld auftreten. Sie sind im Gegensatz zu den Größen der Grundströmung von beiden Ortskoordinaten x und z abhängig. Nun können wir daran gehen, den Störungsansatz (4.65) in das Gleichungssystem (4.60)-(4.64) einzusetzen. Wie wir im vorausgehenden Abschnitt lernen konnten, verschwinden Produkte der Störungsgrößen bei der Linearisierung. Berücksichtigen wir weiterhin die reine z-Abhängigkeit der Grundströmungsgrößen, so erhalten wir aus der Kontinuitätsgleichung und den beiden Navier-Stokes-Gleichungen:

$$\overline{\rho}_0 \cdot \frac{\partial u'}{\partial x} + \overline{u}_0 \cdot \frac{\partial \rho'}{\partial x} + \frac{\partial(\overline{\rho}_0 \cdot w')}{\partial z} \;=\; 0 \qquad (4.66)$$

$$\overline{\rho}_0 \cdot \overline{u}_0 \cdot \frac{\partial u'}{\partial x} + \overline{\rho}_0 \cdot w' \cdot \frac{d\overline{u}_0}{dz} \;=\; -\frac{\partial p'}{\partial x} + \mu \cdot \left(\frac{d^2\overline{u}_0}{dz^2} + \frac{\partial^2 u'}{\partial z^2} \right) \qquad (4.67)$$

$$\overline{\rho}_0 \cdot \overline{u}_0 \cdot \frac{\partial w'}{\partial x} \;=\; -\frac{\partial p'}{\partial z} \quad . \qquad (4.68)$$

Die Energiegleichung und die Zustandsgleichung liefern nach der Linearisierung die Gleichungen:

$$\overline{u}_0 \cdot u' + c_p \cdot T' \;=\; 0 \qquad (4.69)$$

$$\overline{\rho}_0 \cdot T' + \rho' \cdot \overline{T}_0 \;=\; p' \cdot \frac{\overline{\rho}_0 \cdot \overline{T}_0}{\overline{p}_0} \quad . \qquad (4.70)$$

Im Folgenden wollen wir wieder zu dimensionslosen Gleichungen übergehen, um weitere Vereinfachungen treffen zu können. Es hat sich im Falle der Stoß-Grenzschicht-Wechselwirkung als vorteilhaft erwiesen, die dimensionsbehafteten Größen nicht auf die Größen der ungestörten Anströmung zu beziehen, sondern als Bezugsgrößen die kritischen Werte auszuwählen. Als kritische Werte bezeichnen wir die Strömungsfeldgrößen in einem Zustand, in dem gerade Schallgeschwindigkeit (Machzahl $M = 1$) herrscht (siehe auch J. ZIEREP 1991). Sie werden von uns mit einem Index k gekennzeichnet. Beispielsweise hat man unter dem kritischen Druck p_k zu verstehen: $p_k = p(M = 1)$. Alle in den Gleichungen (4.66)-(4.70) auftretenden Geschwindigkeitsterme werden mit der kritischen Schallgeschwindigkeit a_k dimensionslos gemacht, Druck, Dichte und Temperatur mit den kritischen Werten p_k, ρ_k und T_k. Die Stromabkoordinate x beziehen wir auf die in Abbildung 4.10 eingezeichnete charakteristische Länge l und die Wandnormalenkoordinate z auf die Grenzschichtdicke δ von Bereich II. Die wichtigste Kennzahl, die wir dadurch erhalten, ist die kritische Machzahl M_k, gebildet mit der Grundströmungsgeschwindigkeit $\overline{u}_0$ und der kritischen Schallgeschwindigkeit a_k zu $M_k = \overline{u}_0/a_k$.

Zwecks Vereinfachung benötigen wir weiter unten die Temperatur der Grundströmung $\overline{T}_0(z)$ in dimensionsloser Form in Abhängigkeit der kritischen Machzahl M_k. Die gesuchte Beziehung leiten wir an dieser Stelle her, um die Bedeutung der Kennzahl M_k zu unterstreichen. Der dimensionsbehaftete Energieerhaltungssatz angewandt auf den Grundströmungszustand und den kritischen Zustand lautet:

$$c_p \cdot \overline{T}_0 + \frac{1}{2} \cdot \overline{u}_0^2 = c_p \cdot T_k + \frac{1}{2} \cdot a_k^2 \quad \Rightarrow \quad c_p \cdot \overline{T}_0 = c_p \cdot T_k + \frac{1}{2} \cdot a_k^2 \cdot \left(1 - \frac{\overline{u}_0^2}{a_k^2}\right) . \tag{4.71}$$

In Gleichung (4.71) berücksichtigen wir zunächst die Definition $M_k(z) = \overline{u}_0(z)/a_k$ und führen anschließend außerhalb der Klammer die kritische Schallgeschwindigkeit a_k nach der Formel $a_k = \sqrt{\kappa \cdot (c_p - c_v) \cdot T_k}$ auf die kritische Temperatur T_k zurück, so daß folgt:

$$\overline{T}_0(z) = T_k + \frac{\kappa - 1}{2} \cdot T_k \cdot \left(1 - M_k^2(z)\right) \quad . \tag{4.72}$$

Beziehen wir in Gleichung (4.72) die Temperatur der Grundströmung $\overline{T}_0(z)$ auf die kritische Temperatur T_k und behalten die Bezeichnungen bei, so erhalten wir die unten benötigte Beziehung in dimensionsloser Form:

$$\overline{T}_0(z) = 1 + \frac{\kappa - 1}{2} \cdot \left(1 - M_k^2(z)\right) \quad . \tag{4.73}$$

Ebenfalls unter Beibehaltung der bisherigen Bezeichnungen für die einzelnen physikalischen Größen erhalten wir dann nach der Entdimensionierung die folgenden Differentialgleichungen für die dimensionslose Kontinuitätsgleichung und die dimensionslosen Navier-Stokes-Gleichungen:

$$\overline{\rho}_0 \cdot \frac{\partial u'}{\partial x} + M_k \cdot \frac{\partial \rho'}{\partial x} + \frac{l}{\delta} \cdot \frac{\partial(\overline{\rho}_0 \cdot w')}{\partial z} = 0$$

$$\overline{\rho}_0 \cdot M_k \cdot \frac{\partial u'}{\partial x} + \overline{\rho}_0 \cdot w' \cdot \frac{l}{\delta} \cdot \frac{dM_k}{dz} = -\frac{p_k}{\rho_k \cdot a_k^2} \cdot \frac{\partial p'}{\partial x} + \frac{\mu}{\rho_k \cdot a_k} \cdot \frac{l}{\delta^2} \cdot \left(\frac{d^2 M_k}{dz^2} + \frac{\partial^2 u'}{\partial z^2}\right)$$

$$\overline{\rho}_0 \cdot M_k \cdot \frac{\partial w'}{\partial x} = -\frac{p_k}{\rho_k \cdot a_k^2} \cdot \frac{l}{\delta} \cdot \frac{\partial p'}{\partial z} \quad . \tag{4.74}$$

Weiterhin erhalten wir unter Beibehaltung der Bezeichnungen den Energiesatz aus Gleichung (4.69) nach Einführung der kritischen Werte in der Form:

$$a_k^2 \cdot M_k \cdot u' + c_p \cdot T_k \cdot T' = 0 \quad . \tag{4.75}$$

Hierin bedeuten u' und T' sinngemäß die dimensionslose Störgeschwindigkeit bzw. die dimensionslose Störtemperatur. In Gleichung (4.75) benutzen wir für a_k ebenfalls die Formel $a_k = \sqrt{\kappa \cdot (c_p - c_v) \cdot T_k}$ und erhalten nach Kürzen die dimensionslose Form des Energiesatzes:

$$T' + (\kappa - 1) \cdot M_k \cdot u' = 0 \quad . \tag{4.76}$$

Die Zustandsgleichung mit dimensionslosen Größen lautet entsprechend:

$$\overline{\rho}_0 \cdot T' + \rho' \cdot \overline{T}_0 = p' \quad . \tag{4.77}$$

Weiter folgt aus der Zustandsgleichung, daß die dimensionslosen Grundgrößen $\overline{\rho}_0$ und $\overline{T}_0$ für sich die Beziehung

$$\overline{\rho}_0 \cdot \overline{T}_0 = 1 \tag{4.78}$$

erfüllen, da aufgrund der Konstanz des Druckes der normierte Druck den Wert 1 hat. Mit diesem Ergebnis können wir jetzt auch die lokale Machzahl $M_0(z)$ der ungestörten Grundströmung einführen, die für die unten durchzuführende Separation von Bedeutung ist. Bei gleicher Strömungsgeschwindigkeit gilt für lokale und kritische Machzahl die Beziehung

$$\frac{M_0(z)}{M_k(z)} = \frac{a_k}{a_0} \quad , \tag{4.79}$$

wobei a_0 die lokale Schallgeschwindigkeit bezeichnet. Unter Beachtung der allgemeinen Beziehung $a = \sqrt{\kappa \cdot p/\rho}$ und des Wertes 1 für den normierten Druck folgt nach Entdimensionierung der Zusammenhang:

$$M_0(z) = M_k(z) \cdot \sqrt{\overline{\rho}_0(z)} \tag{4.80}$$

mit $\overline{\rho}_0$ als dimensionsloser Dichte der Grundströmung. Weiterhin erhalten wir nach Einführung der Reynoldszahl $Re_\delta = a_k \cdot \rho_k \cdot \delta/\mu$ und mit $a_k^2 = \kappa \cdot p_k/\rho_k$ aus den Gleichungen (4.74) das folgende dimensionslose Differentialgleichungssystem aus Kontinuitätsgleichung und den beiden Navier-Stokes-Gleichungen:

$$\boxed{\begin{aligned} \overline{\rho}_0 \cdot \frac{\partial u'}{\partial x} + M_k \cdot \frac{\partial \rho'}{\partial x} + \frac{l}{\delta} \cdot \frac{\partial(\overline{\rho}_0 \cdot w')}{\partial z} &= 0 \\[2mm] \overline{\rho}_0 \cdot M_k \cdot \frac{\partial u'}{\partial x} + \overline{\rho}_0 \cdot w' \cdot \frac{l}{\delta} \cdot \frac{dM_k}{dz} &= -\frac{1}{\kappa} \cdot \frac{\partial p'}{\partial x} + \frac{1}{Re_\delta} \cdot \frac{l}{\delta} \cdot \left(\frac{d^2 M_k}{dz^2} + \frac{\partial^2 u'}{\partial z^2} \right) \\[2mm] \overline{\rho}_0 \cdot M_k \cdot \frac{\partial w'}{\partial x} &= -\frac{1}{\kappa} \cdot \frac{l}{\delta} \cdot \frac{\partial p'}{\partial z} \end{aligned}} \tag{4.81}$$

Die drei Gleichungen (4.81) enthalten jedoch vier unbekannte Größen u', w', p' und ρ', so daß ρ' eliminiert werden muß. Zunächst ersetzen wir in Gleichung (4.77) den Faktor $\overline{T}_0$ durch $1/\overline{\rho}_0$ wegen Gleichung (4.78). Die sich ergebende Gleichung wird nach ρ' aufgelöst und T' auf der rechten Seite anschließend mittels Gleichung (4.76) ersetzt. Wir erhalten:

$$\rho' = \overline{\rho}_0 \cdot p' + \overline{\rho}_0^2 \cdot (\kappa - 1) \cdot M_k \cdot u' \quad . \tag{4.82}$$

Dieses ρ' wird nun in die erste Gleichung aus (4.79) eingesetzt, so daß folgt:

$$\overline{\rho}_0 \cdot \left(1 + \overline{\rho}_0 \cdot (\kappa - 1) \cdot M_k^2\right) \cdot \frac{\partial u'}{\partial x} + \overline{\rho}_0 \cdot M_k \cdot \frac{\partial p'}{\partial x} + \frac{l}{\delta} \cdot \frac{\partial(\overline{\rho}_0 \cdot w')}{\partial z} = 0 \quad . \tag{4.83}$$

Erinnern wir uns an dieser Stelle, daß gemäß Abbildung 4.10 die charakteristische Länge l in x-Richtung und die Grenzschichtdicke δ in Bereich II von gleicher Größenordnung sind, so können wir in den Gleichungen (4.81) den Quotienten l/δ zu 1 annehmen. Machen wir die zusätzliche Annahme

$$Re_\delta \gg 1 \quad ,$$

so fällt der Reibungsanteil in Bereich II völlig heraus und geht nur indirekt über das Geschwindigkeitsprofil der vorgegebenen Grundströmung ein. Berücksichtigen wir diese Annahmen, sowie Gleichung (4.83), so folgt das vereinfachte Differentialgleichungssystem

$$\boxed{\begin{aligned}
\overline{\rho}_0 \cdot \left(1 + \overline{\rho}_0 \cdot (\kappa - 1) \cdot M_k^2\right) \cdot \frac{\partial u'}{\partial x} + \overline{\rho}_0 \cdot M_k \cdot \frac{\partial p'}{\partial x} + \frac{\partial(\overline{\rho}_0 \cdot w')}{\partial z} &= 0 \\[2mm]
\overline{\rho}_0 \cdot M_k \cdot \frac{\partial u'}{\partial x} + \overline{\rho}_0 \cdot w' \cdot \frac{dM_k}{dz} &= -\frac{1}{\kappa} \cdot \frac{\partial p'}{\partial x} \\[2mm]
\overline{\rho}_0 \cdot M_k \cdot \frac{\partial w'}{\partial x} &= -\frac{1}{\kappa} \cdot \frac{\partial p'}{\partial z}
\end{aligned}} \qquad (4.84)$$

Der nächste Schritt besteht darin, das Gleichungssystem (4.84) mit drei Gleichungen und drei Unbekannten u', w' und p' zu überführen in ein Gleichungssystem mit zwei Gleichungen und zwei Unbekannten, auf das dann der Separationsansatz angewandt werden kann. Zu diesem Zweck eliminieren wir die Störgeschwindigkeit u'. Dazu lösen wir die zweite Gleichung aus (4.84) nach $\partial u'/\partial x$ auf und setzen das Ergebnis in die erste Gleichung aus (4.84) ein. Somit erhalten wir:

$$\frac{1}{\kappa} \cdot \left(\overline{\rho}_0 \cdot M_k^2 - 1\right) \cdot \frac{\partial p'}{\partial x} - \overline{\rho}_0 \cdot w' \cdot \left(1 + \overline{\rho}_0 \cdot (\kappa - 1) \cdot M_k^2\right) \cdot \frac{dM_k}{dz} +$$
$$M_k \cdot w' \cdot \frac{d\overline{\rho}_0}{dz} + \overline{\rho}_0 \cdot M_k \cdot \frac{\partial w'}{\partial z} = 0 \quad . \qquad (4.85)$$

Den Ausdruck $d\overline{\rho}_0/dz$ in Gleichung (4.85) können wir eliminieren, indem wir Gleichung (4.78) nach z ableiten:

$$\begin{aligned}
\frac{d}{dz}\left(\overline{\rho}_0(z) \cdot \overline{T}_0(z)\right) &= \overline{\rho}_0(z) \cdot \frac{d\overline{T}_0(z)}{dz} + \overline{T}_0(z) \cdot \frac{d\overline{\rho}_0(z)}{dz} = 0 \\[2mm]
\Rightarrow \quad \frac{d\overline{\rho}_0(z)}{dz} &= -\frac{\overline{\rho}_0(z)}{\overline{T}_0(z)} \cdot \frac{d\overline{T}_0(z)}{dz} = -\overline{\rho}_0^2(z) \cdot \frac{d\overline{T}_0(z)}{dz} \\[2mm]
\Rightarrow \quad \frac{d\overline{\rho}_0(z)}{dz} &= \overline{\rho}_0^2(z) \cdot (\kappa - 1) \cdot M_k \cdot \frac{dM_k}{dz} \quad .
\end{aligned} \qquad (4.86)$$

Die in Gleichung (4.86) enthaltene Temperatur und die Ableitung der Temperatur nach z wurden durch die Beziehungen aus den Gleichungen (4.73) und (4.78) auf die kritische Machzahl $M_k(z)$ zurückgeführt. Setzen wir die letzte Beziehung aus Gleichung (4.86) in Gleichung (4.85) ein, so folgt:

$$\frac{1}{\kappa} \cdot \left(\overline{\rho}_0 \cdot M_k^2 - 1\right) \cdot \frac{\partial p'}{\partial x} - \overline{\rho}_0 \cdot w' \cdot \frac{dM_k}{dz} + \overline{\rho}_0 \cdot M_k \cdot \frac{\partial w'}{\partial z} = 0 \quad . \qquad (4.87)$$

In obiger Gleichung berücksichtigen wir jetzt noch die Beziehung aus Gleichung (4.80). Zusammen mit der letzten Gleichung aus (4.84) erhalten wir dann ein Differentialgleichungssystem bestehend aus zwei Gleichungen für die beiden Unbekannten p' und w' alleine.

$$\frac{1}{\kappa} \cdot \left(M_0^2 - 1\right) \cdot \frac{\partial p'}{\partial x} - \overline{\rho}_0 \cdot w' \cdot \frac{dM_k}{dz} + \overline{\rho}_0 \cdot M_k \cdot \frac{\partial w'}{\partial z} = 0$$

$$\frac{1}{\kappa} \cdot \frac{\partial p'}{\partial z} + \overline{\rho}_0 \cdot M_k \cdot \frac{\partial w'}{\partial x} = 0 \qquad (4.88)$$

Für die Gleichungen (4.88) müssen wir noch das Randwertproblem bezüglich p' und w' formulieren. Dies deshalb, da einerseits durch den Stoß Randwerte am äußeren Grenzschichtrand von Bereich II vorgeschrieben werden und andererseits auch die viskose Unterschicht von Bereich III Randbedingungen an der umströmten Wand zu erfüllen hat. Da wir in den Gleichungen (4.88) Ableitungen der Störungsgrößen p' und w' jeweils nach x und z vorfinden, haben wir insgesamt vier Randbedingungen zu formulieren, die in Abbildung 4.11 anschaulich dargestellt sind.

- Am äußeren Grenzschichtrand zwischen Bereich II und Bereich I wird die Druckverteilung von der Außenströmung im Bereich I aufgeprägt. Die Druckstörung p' ist also an der Stelle $z = 1$ für alle x vorgeschrieben:

$$p' = p'(x, 1) \qquad \text{für} \qquad z = 1 \quad . \qquad (4.89)$$

- In genügend großem Abstand stromauf- und stromabwärts vom Stoß, bei den dimensionslosen Koordinaten $x = \pm L$, müssen die Störgeschwindigkeiten w' verschwinden, um einen stetigen Übergang in die Grundströmung zu

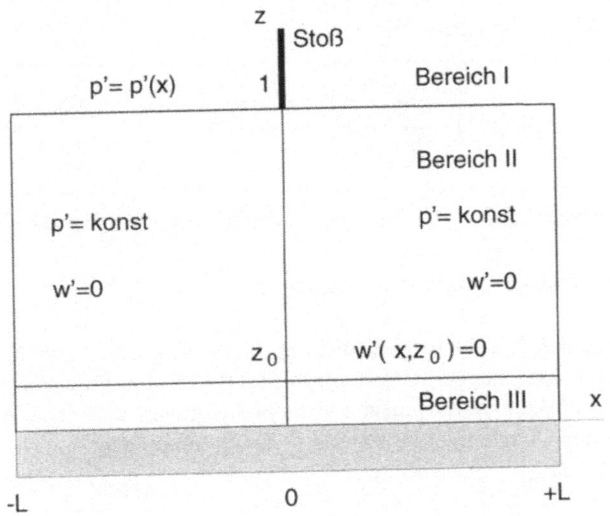

Abb. 4.11: Randbedingungen des Störungsproblems

gewährleisten. Wir erhalten die beiden Randbedingungen:

$$w' = 0 \quad \text{für} \quad x = +L \ ,$$
$$w' = 0 \quad \text{für} \quad x = -L \ . \tag{4.90}$$

- Für die viskose Unterschicht in Bereich III gilt die bekannte Grenzschichtbedingung, daß für alle x der Druck längs der Wandnormalenkoordinate z konstant ist:

$$\frac{\partial p'(x, z_0)}{\partial z} = 0 \quad \text{für} \quad z = z_0 = \frac{\delta_\mu}{\delta} \ .$$

Wegen der unteren Gleichung aus (4.88) folgt daraus, das für $z = z_0$ gilt: $\partial w'/\partial x = 0$. Zusammen mit der Bedingung aus Gleichung (4.90) erhalten wir somit die vierte Randbedingung:

$$w'(x, z_0) = 0 \quad \text{mit} \quad z_0 = \frac{\delta_\mu}{\delta} \ . \tag{4.91}$$

Nach der Formulierung der Randbedingungen fahren wir fort mit der weiteren Vereinfachung des Gleichungssystems (4.88) in Hinblick auf die Anwendung der Separationsmethode. Durch einen geeignet gewählten Ansatz läßt sich das Gleichungssystem (4.88) in eine einzige partielle Differentialgleichung 2. Ordnung für eine Funktion $\Psi(x, z)$ überführen, die die folgenden Eigenschaften aufweist:

$$p' = -\kappa \cdot \frac{\partial \Psi}{\partial x} \ , \qquad w' = \frac{M_k(z)}{M_0^2(z)} \cdot \frac{\partial \Psi}{\partial z} \ . \tag{4.92}$$

Die Ansätze aus (4.92) eingesetzt in die untere Gleichung aus (4.88) führen auf eine Identität. Eingesetzt in die obere Gleichung aus (4.88) jedoch, erhalten wir unter Beachtung von Gleichung (4.80) diejenige partielle Differentialgleichung 2. Ordnung, die wir letztlich wollen:

$$\left(1 - M_0^2(z)\right) \cdot \frac{\partial^2 \Psi}{\partial x^2} - \frac{2}{M_0(z)} \cdot \frac{dM_0(z)}{dz} \cdot \frac{\partial \Psi}{\partial z} + \frac{\partial^2 \Psi}{\partial z^2} = 0 \tag{4.93}$$

An dieser Stelle haben wir den zweiten Punkt unseres Schemas abzuarbeiten:

- Anpassung der Randbedingungen

Um das Randwertproblem in Gleichung (4.93) lösen zu können, müssen wir die Randbedingungen aus den Gleichungen (4.89)-(4.91) auf die Variable Ψ umschreiben. Wir benötigen weiterhin vier Randbedingungen und erhalten unter Berücksichtigung der Gleichungen (4.92) für Ψ die Bedingungen:

$$\frac{\partial \Psi(x, 1)}{\partial x} = -\frac{1}{\kappa} \cdot p'(x, 1) \quad , \qquad \frac{\partial \Psi(x, z_0)}{\partial z} = 0 \quad ,$$
$$\frac{\partial \Psi(+L, z)}{\partial z} = 0 \quad , \qquad \frac{\partial \Psi(-L, z)}{\partial z} = 0 \quad . \tag{4.94}$$

Gleichung (4.93) mit den Randbedingungen (4.94) stellt wegen der Ableitung $\partial\Psi(x,1)/\partial x$, die von Null verschieden ist, ein inhomogenes Randwertproblem dar. Diese inhomogene Randbedingung läßt sich mit einem gängigen Separationsansatz, wie wir ihn vermitteln wollen, nicht separieren. Daher müssen wir eine zusätzliche Transformation für die Funktion $\Psi(x,z)$ durchführen, so daß beide Randbedingungen längs $(x,1)$ und (x,z_0) homogen sind. Wir bezeichnen diese transformierte Funktion mit der Variablen $\overline{\Psi}(x,z)$ und sie steht mit der bisherigen Funktion Ψ in der Beziehung:

$$\overline{\Psi}(x,z) = \Psi(x,z) + \frac{1}{\kappa} \cdot \int\limits_{-L}^{x} p'(\xi,1)\, d\xi \quad . \tag{4.95}$$

Gleichung (4.95) aufgelöst nach Ψ und eingesetzt in Gleichung (4.93) ergibt:

$$\left(1 - M_0^2(z)\right) \cdot \frac{\partial^2\overline{\Psi}}{\partial x^2} - \frac{2}{M_0(z)} \cdot \frac{dM_0(z)}{dz} \cdot \frac{\partial\overline{\Psi}}{\partial z} + \frac{\partial^2\overline{\Psi}}{\partial z^2} =$$
$$\left(1 - M_0^2(z)\right) \cdot \frac{1}{\kappa} \cdot \frac{dp'(x,1)}{dx} = \left(1 - M_0^2(z)\right) \cdot F(x) \tag{4.96}$$

Den Druckterm haben wir darin zur Funktion $F(x)$ zusammengefaßt. Wir schreiben die Randbedingungen aus Gleichung (4.94) auf die transformierte Funktion $\overline{\Psi}(x,z)$ um und erhalten dann homogene Randbedingungen für $\overline{\Psi}(x,z)$.

$$\frac{\partial\overline{\Psi}(x,1)}{\partial x} = 0 \quad , \qquad \frac{\partial\overline{\Psi}(x,z_0)}{\partial z} = 0 \quad ,$$
$$\frac{\partial\overline{\Psi}(+L,z)}{\partial z} = 0 \quad , \qquad \frac{\partial\overline{\Psi}(-L,z)}{\partial z} = 0 \quad . \tag{4.97}$$

Nach diesen Vorbereitungen stehen wir vor der Aufgabe, die partielle Differentialgleichung 2. Ordnung (4.96) mit den Randbedingungen (4.97) für die Funktion $\overline{\Psi}(x,z)$ zu lösen. Wir sind somit bei Punkt drei des Lösungsschemas angelangt:

- Durchführung der Separation

Sinn und Zweck eines Separationsansatzes ist es, das Problem der Lösung einer partiellen Differentialgleichung zurückzuführen auf die Lösung zweier gewöhnlicher Differentialgleichungen, die jeweils nur noch von einer unabhängigen Variablen abhängen. Für die Funktion $\overline{\Psi}(x,z)$ machen wir einen Separationsansatz nach Fourier. Die Lösung wird dabei als Fourier-Reihe bezüglich z angesetzt, wobei x als Parameter aufgefaßt wird.

$$\overline{\Psi}(x,z) = \sum_{n=1}^{\infty} g_n(x) \cdot f_n(z) \tag{4.98}$$

In anderen Worten: $\overline{\Psi}(x, z)$ wird nach einem vollständigen Funktionensystem $f_n(z)$, das später bestimmt wird, entwickelt. Gleichung (4.98) enthält mit $g_n(x) \cdot f_n(z)$ einen Produktansatz. $g_n(x)$ und $f_n(z)$ sind dabei Funktionen, die jeweils durch die Lösung einer gewöhnlichen Differentialgleichung bestimmt werden müssen.

Damit ein Separationsansatz zum Erfolg führt, muß es möglich sein, die Funktionen $g_n(x)$ und $f_n(z)$ so zu wählen, daß die Randbedingungen für $\overline{\Psi}(x, z)$ erfüllt sind, d. h. auch die Randbedingungen müssen separierbar sein. Die Randbedingungen für $\overline{\Psi}(x, z)$ aus Gleichung (4.97) beinhalten partielle Ableitungen von $\overline{\Psi}$ nach x und z. Aus Gleichung (4.98) erhalten wir hierfür:

$$\frac{\partial \overline{\Psi}(x, z)}{\partial x} = \sum_{n=1}^{\infty} \frac{d\, g_n(x)}{d\, x} \cdot f_n(z)$$

$$\frac{\partial \overline{\Psi}(x, z)}{\partial z} = \sum_{n=1}^{\infty} g_n(x) \cdot \frac{d\, f_n(z)}{d\, z} \quad . \tag{4.99}$$

Setzen wir in diese Ableitungen die Bedingungen aus den Gleichungen (4.97) ein und vergleichen mit den jeweiligen rechten Seiten, so folgt:

$$f_n(1) = 0 \quad , \quad g_n(-L) = 0 \quad , \quad g_n(+L) = 0 \quad , \quad \frac{d\, f_n(z_0)}{d\, z} = 0 \quad . \tag{4.100}$$

Wir erhalten zwei Randbedingungen für die Funktionen $f_n(z)$ und ebenfalls zwei für die Funktionen $g_n(x)$. Die Randbedingungen für $\overline{\Psi}(x, z)$ sind folglich separierbar und der Ansatz aus Gleichung (4.98) war somit richtig gewählt. Die Funktion $F(x)$ aus Gleichung (4.96) wird wie der Ansatz für $\overline{\Psi}(x, z)$ ebenfalls als Fourier-Reihe geschrieben:

$$F(x) = - \sum_{n=1}^{\infty} b_n(x) \cdot f_n(z) \tag{4.101}$$

Wir werden im Anschluß an die Separation noch zu zeigen haben, wie die Funktion $f_n(z)$ aus Gleichung (4.101) auf ein bestimmtes Integral zurückgeführt werden kann, so daß auch die rechte Seite der Gleichung (4.101) ausschließlich von x abhängt. Die einzelnen Summenglieder $g_n(x) \cdot f_n(z)$ sind partikuläre Lösungen von (4.96) d.h. für jedes n erfüllt $g_n(x) \cdot f_n(z)$ für sich die Differentialgleichung und die Gesamtlösung wird durch Superposition der Partikulärlösungen gefunden. Wir setzen daher den Produktansatz $g_n(x) \cdot f_n(z)$ sowie $-b_n(x) \cdot f_n(z)$ in die Gleichung (4.96) ein und erhalten:

$$\left(1 - M_0^2(z)\right) \left(\frac{d^2 g_n(x)}{dx^2} \cdot f_n(z) + b_n(x) \cdot f_n(z) \right) - \frac{2}{M_0(z)} \cdot \frac{dM_0(z)}{dz} \cdot g_n(x) \cdot \frac{df_n(z)}{dz} +$$

$$g_n(x) \cdot \frac{d^2 f_n(z)}{dz^2} = 0 \quad . \tag{4.102}$$

Dividieren wir Gleichung (4.102) durch $g_n(x) \cdot f_n(z) \cdot (1 - M_0^2(z))$ und schreiben alle Größen, die ausschließlich von z abhängen auf eine Seite, so erhalten wir:

$$\frac{1}{g_n(x)} \cdot \frac{d^2 g_n(x)}{dx^2} + \frac{b_n(x)}{g_n(x)} = \lambda_n =$$

$$\frac{2}{(1 - M_0^2(z)) \cdot M_0(z)} \cdot \frac{dM_0(z)}{dz} \cdot \frac{1}{f_n(z)} \cdot \frac{d f_n(z)}{d z} - \frac{1}{1 - M_0^2(z)} \cdot \frac{1}{f_n(z)} \cdot \frac{d^2 f_n(z)}{dz^2}$$

$$(4.103)$$

Die Variable λ_n in Gleichung (4.103) ist eine Konstante und stellt einen **Separationsparameter** dar, der die unabhängigen Variablen x und z separiert. Die Ausdrücke rechts von λ_n sind ausschließlich Funktionen der unabhängigen Variablen z. Die Ausdrücke links von λ_n sind ausschließlich Funktionen der unabhängigen Variablen x. Da somit x und z unabhängig voneinander variiert werden können, kann Gleichung (4.103) nur erfüllt sein, wenn sich die Ausdrücke auf beiden Seiten von λ_n nicht mit x bzw. z ändern. Die beiden Gleichungsseiten müssen daher gleich ein und derselben Konstanten λ_n sein.

Wir betrachten zunächst die rechte Seite von Gleichung (4.103) in der nur die unabhängige Variable z auftritt. Sie nimmt nach einfacher Umformung die Gestalt an:

$$\frac{2}{M_0^3(z)} \cdot \frac{dM_0(z)}{dz} \cdot \frac{df_n(z)}{dz} - \frac{1}{M_0^2(z)} \cdot \frac{d^2 f_n(z)}{dz^2} = \lambda_n \cdot \frac{1 - M_0^2(z)}{M_0^2(z)} \cdot f_n(z) \quad .(4.104)$$

Multiplizieren wir Gleichung (4.104) mit dem Faktor (-1) und wenden anschließend auf der linken Seite der Gleichung die Produktregel der Differentiation an, so erhalten wir nach Umstellung:

$$\frac{d}{dz}\left[\frac{1}{M_0^2(z)} \cdot \frac{df_n(z)}{dz} \right] + \lambda_n \cdot \left[\frac{1 - M_0^2(z)}{M_0^2(z)} \right] \cdot f_n(z) = 0 \qquad (4.105)$$

Gleichung (4.105) ist eine gewöhnliche Differentialgleichung 2. Ordnung für die unbekannte Funktion $f_n(z)$ mit den zwei Randbedingungen $f_n(1) = 0$ und $df_n(z_0)/dz = 0$. Bevor wir auf die Lösung dieser Differentialgleichung näher eingehen, bringen wir noch die linke Seite von Gleichung (4.103) auf die Form:

$$\frac{d^2 g_n(x)}{dx^2} - \lambda_n \cdot g_n(x) = -b_n(x) \qquad (4.106)$$

Gleichung (4.106) ist nun ebenfalls eine gewöhnliche Differentialgleichung 2. Ordnung für die unbekannte Funktion $g_n(x)$ unter den beiden Randbedingungen $g_n(-L) = 0$ und $g_n(+L) = 0$. Wir fassen an dieser Stelle kurz zusammen, was wir bisher erreicht haben. Durch die Einführung des Separationsansatzes aus Gleichung (4.98) ist es uns gelungen, die Lösung der partiellen Differentialgleichung (4.96) für die Funktion $\overline{\Psi}(x, z)$ zurückzuführen auf die Lösung zweier gewöhnlicher Differentialgleichungen (4.105) und (4.106) für die Funktionen $f_n(z)$ und $g_n(x)$.

Abhängig vom Typ der erhaltenen gewöhnlichen Differentialgleichungen sind aus der Mathematik Lösungsmethoden bekannt, die in der Regel ohne allzu großen Aufwand zur Lösung dieser Gleichungen führen. So zählt die Differentialgleichung (4.106) in x-Richtung für $g_n(x)$ zur Gruppe der inhomogenen Schwingungsdifferentialgleichungen. Die Differentialgleichung (4.105) in z-Richtung für $f_n(z)$ stellt dagegen ein Sturm-Liouvillesches Eigenwertproblem dar. In Gleichung (4.105) nennt man jeden Wert des Separationsparameters λ_n, für welchen unter den gegebenen Randbedingungen eine nichttriviale Lösung $f_n(z)$ existiert, einen **Eigenwert** und jede zugehörige Lösung $\neq 0$ eine **Eigenfunktion**. Im Vergleich zu Eigenwertproblemen bei $n \times n$ - Matrizen sind bei Differentialgleichungen im allgemeinen unendlich viele verschiedene Eigenwerte λ_n zu erwarten. n ist dabei eine Zählvariable von 1 bis ∞. Im Falle von Gleichung (4.105) gehört zu jedem solchen **Eigenwert** λ_n eine **Eigenfunktion** $f_n(z)$. Die gleichen Eigenwerte λ_n stehen aufgrund der Separation auch in der Differentialgleichung (4.106), die nach der Lösung des Eigenwertproblems (4.105) mit den dann bekannten Eigenwerten λ_n ihrerseits gelöst werden kann.

Die Lösungen $f_n(z)$ des Sturm-Liouvilleschen Eigenwertproblems bilden ein vollständiges orthogonales Funktionensystem. Nach dem Entwicklungssatz für solche Funktionensysteme folgt für die Koeffizienten $b_n(x)$ aus Gleichung (4.101):

$$b_n(x) = -\frac{1}{\kappa} \cdot \frac{dp'(x,1)}{dx} \cdot \int\limits_{z_0}^{1} \frac{1 - M_0^2(z)}{M_0^2(z)} \cdot f_n(z)\, dz \quad . \tag{4.107}$$

Weiterhin erfüllen die Eigenfunktionen $f_n(z)$ die Orthogonalitätsbedingung

$$\int\limits_{z_0}^{1} \frac{1 - M_0^2(z)}{M_0^2(z)} \cdot f_n^2(z)\, dz = 1 \quad . \tag{4.108}$$

Mit dem Mittelwertsatz der Integralrechnung folgt daraus:

$$\int\limits_{z_0}^{1} \frac{1 - M_0^2(\zeta)}{M_0^2(\zeta)} \cdot f_n^2(\zeta)\, d\zeta = f_n(z) \cdot \int\limits_{z_0}^{1} \frac{1 - M_0^2(\zeta)}{M_0^2(\zeta)} \cdot f_n(\zeta)\, d\zeta = 1 \tag{4.109}$$

und damit die Beziehung

$$\frac{1}{f_n(z)} = \int\limits_{z_0}^{1} \frac{1 - M_0^2(\zeta)}{M_0^2(\zeta)} \cdot f_n(\zeta)\, d\zeta \quad . \tag{4.110}$$

Eingesetzt in Gleichung (4.107) und verglichen mit Gleichung (4.101) sieht man, daß der Ansatz korrekt war.

Bezüglich der Lösung der gewöhnlichen Differentialgleichungen (4.105) und (4.106) verweisen wir auf die gängigen Lösungsverfahren in der einschlägigen Literatur K. MEYBERG, P. VACHENAUER 1991 und R. BOHNING 1982. Es kam uns in diesem Kapitel darauf an, zu zeigen, wie man mit Hilfe der Separationsmethode eine partielle Differentialgleichung durch Überführen in zwei gewöhnliche Differentialgleichungen mit den gängigen Methoden der angewandten Mathematik analytisch lösen kann. Mit den dann bekannten Funktionen $g_n(x)$ und $f_n(z)$ läßt sich die gesuchte Funktion $\overline{\Psi}(x,z)$ aus Gleichung (4.98) in Form einer unendlichen Reihe darstellen und auf die Ausgangsfunktion $\Psi(x,z)$ zurücktransformieren:

$$\overline{\Psi}(x,z) = \sum_{n=1}^{\infty} g_n(x) \cdot f_n(z)$$

$$\Psi(x,z) = \overline{\Psi}(x,z) - \frac{1}{\kappa} \cdot \int_{-L}^{x} p'(\xi,1)\, d\xi \qquad (4.111)$$

Mit Hilfe von Gleichung (4.92) berechnet sich aus der Funktion $\Psi(x,z)$ der eigentlich interessierende Druckverlauf.

In Abbildung 4.12 ist der berechnete Druckverlauf, dargestellt durch den negativen Druckkoeffizienten $-c_p$, über der Stromabkoordinate x/δ aufgetragen. Das Diagramm zeigt den Wanddruckverlauf für $z = 0$ im Vergleich mit experimentellen Ergebnissen. Es ist deutlich zu erkennen, wie der in der reibungsfreien Außenströmung durch den Verdichtungsstoß verursachte Drucksprung durch den Reibungseinfluß in der Grenzschicht verschmiert wird. Die gute Übereinstimmung der theoretischen und experimentellen Werte zeigt die Tragfähigkeit der analytischen Separationsmethode für die Berechnung der Stoß-Grenzschicht-Wechselwirkung auf einem transsonischen Profil.

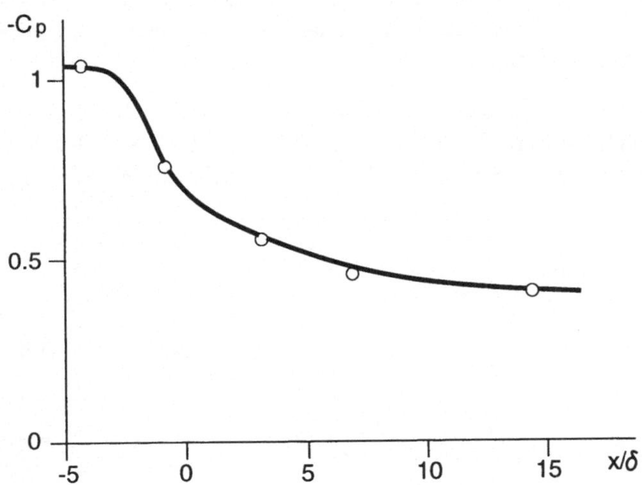

Abb. 4.12: Berechneter Druckverlauf $(-c_p)$ an der Wand eines transsonischen Profils im Vergleich mit experimentellen Werten (o)

4.1.4 Stabilitätsanalyse

Nachdem wir in Abschnitt 4.1.2 die Methode der Linearisierung kennengelernt haben, wollen wir in diesem Abschnitt über die Methode der Stabilitätsanalyse eine Anwendung der Störungsrechnung behandeln. Entsprechend ihrer Namensgebung liegt die Aufgabe der Stabilitätsanalyse darin, die zeitliche oder räumliche Entwicklung von Störungen zu bestimmen, die einer gegebenen Laminarströmung überlagert sind. Die entscheidende Frage dabei ist, ob die aufgebrachten Störungen anwachsen oder abklingen. Klingen die Störungen ab, so bezeichnen wir die gegebene laminare Grundströmung als stabil. Wachsen die Störungen jedoch an, so setzt ein Transitionsprozeß ein und wir nennen die Grundströmung instabil. Ziel der in diesem Abschnitt vorgestellten stabilitätsanalytischen Methoden ist die Berechnung einer mit der Lauflänge x gebildeten kritischen Reynoldszahl Re_c, oberhalb derer eine gegebene Laminarströmung instabil wird und in den turbulenten Strömungszustand übergeht.

Um die mathematische Methode der Stabilitätsanalyse ableiten zu können, behandeln wir den laminar-turbulenten Übergang in einer Grenzschichtströmung und betrachten hierzu Abbildung 4.13. Bei einer Grenzschichtströmung vollzieht sich der Übergang von einem laminaren in einen turbulenten Strömungszustand unter Ablauf eines sogenannten Transitionsprozesses, der sich als Folge einer strömungsmechanischen Instabilität einstellt. Von den Transitionsvorgängen in der dreidimensionalen Tragflügel-Grenzschicht untersuchen wir in einem ausgewählten Volumenelement den laminar-turbulenten Übergang, der stromab mit Tollmien-Schlichting-Wellen (TS) einsetzt. Auf die ebenfalls dargestellte Querströmungsinstabilität (QS) gehen wir hier nicht näher ein, da Einzelheiten des Transitionsprozesses in Abschnitt 5.3 vertieft werden.

Wir beginnen die Stabilitätsanalyse, indem wir aus dem in Abbildung 4.13 gezeigten Strömungsfeld im Bereich der Tollmien-Schlichting-Wellen ein lokales Volumenelement herausgreifen, in welchem wir den laminar-turbulenten Übergang erwarten,

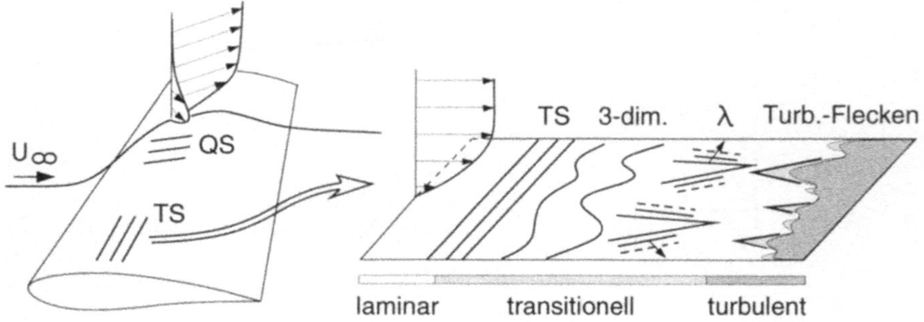

Abb. 4.13: Laminar-turbulenter Übergang in einer Tragflügel-Grenzschicht

und machen die folgenden vereinfachenden Annahmen: Zunächst vernachlässigen wir die Krümmung des Tragflügels stromab und gehen davon aus, daß sich die Grenzschichtdicke über dem betrachteten Volumenelement nur geringfügig ändert. Dies ist die Aussage der Parallelströmungsannahme. Damit haben wir das Stabilitätsproblem der Tragflügel-Grenzschicht auf die Transition in einer Plattengrenzschicht reduziert, die wir zur weiteren Vereinfachung als inkompressibel annehmen wollen (vgl. Abbildung 4.14). Den stationären, zweidimensionalen laminaren Grundströmungszustand, den wir auf Stabilität untersuchen wollen, kennzeichnen wir im folgenden durch einen tiefgestellten Index 0. Diese Laminarströmung steht dabei unter der Einwirkung kleiner Störungen in den Geschwindigkeitskomponenten u und w sowie des Druckes p, die z.B. durch Wandrauhigkeiten oder auch vorhandene Unregelmäßigkeiten im Anströmzustand verursacht werden können. Die Störungsgrößen werden von uns mit einem an der jeweiligen Variablen angebrachten Strich gekennzeichnet. Abbildung 4.14 deutet den Fall an, daß eine vorhandene harmonische Störungsgeschwindigkeit u' (eine TS-Welle) am gleichen Ort in ihrer Amplitude zeitlich anwächst.

Jede physikalisch mögliche Strömung, ob gestört oder ungestört, muß zunächst notwendigerweise die Kontinuitätsgleichung und die Navier-Stokes-Gleichungen erfüllen, die wir zu Beginn der mathematischen Analyse für eine zweidimensionale, inkompressible Strömung gemäß Gleichung 3.20 in koordinatenfreier Vektorschreibweise aufstellen:

$$\nabla \cdot \vec{v} = 0 \tag{4.112}$$

$$\frac{\partial \vec{v}}{\partial t} + (\vec{v} \cdot \nabla)\vec{v} = -\frac{1}{\rho}\nabla p + \nu \cdot \triangle \vec{v} \quad . \tag{4.113}$$

Die stationäre, inkompressible Grundströmung, die wir auf Stabilität untersuchen wollen, setzen wir in gewohnter Schreibweise, lediglich mit einem tiefgestellten Index 0 versehen, in der Form:

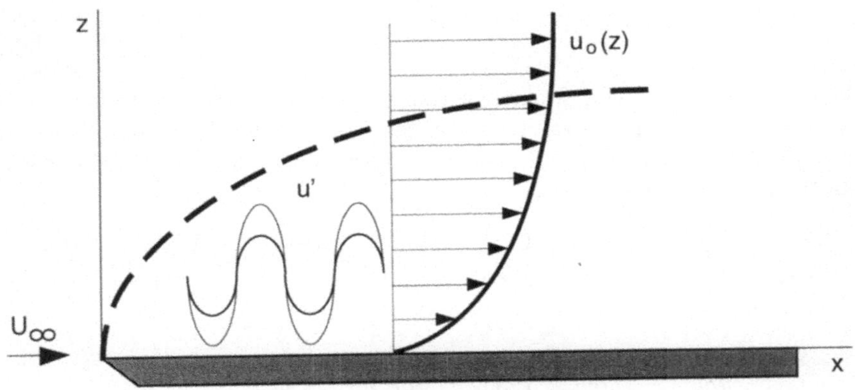

Abb. 4.14: Laminar-turbulenter Übergang in einer Plattengrenzschicht

138

$$\vec{v}_0 = (u_0(z), 0, 0)_{x=X} \quad , \quad (\nabla p_0)_{x=X} = const \qquad (4.114)$$

als bekannt voraus. u_0 bezeichnet dabei die Geschwindigkeitskomponente in Stromabrichtung x und der Index $x = X$ bedeutet, daß wir das gegebene Geschwindigkeitsprofil $\vec{v}_0$ und den ebenfalls bekannten Druckgradienten ∇p_0 an einer fest vorgegebenen Position $x = X$ in Stromabrichtung auswerten und somit eine lokale Analyse der Grundströmung betreiben. Mit der Voraussetzung, daß u_0 ausschließlich von der Wandnormalenkoordinate z abhängt und daß die beiden anderen Geschwindigkeitskomponenten verschwinden, haben wir die Parallelströmungsannahme angewandt. Dieser bekannten Grundströmung $\vec{v}_0$, ∇p_0 werden Störungen $\vec{v}' = (u', 0, w')$, $\nabla p' = (\partial p'/\partial x, 0, \partial p'/\partial z)$ überlagert, deren Entwicklung wir untersuchen wollen. u' und w' bezeichnen Störungsgeschwindigkeiten in x- bzw. z-Richtung und p' die Druckstörung. Der Ausdruck physikalisch möglich bedeutet hierbei, daß die aus Grundströmung und Störströmung zusammengesetzte Gesamtströmung

$$\vec{v} = \vec{v}_0 + \vec{v}' = \begin{pmatrix} u_0 + u' \\ 0 \\ w' \end{pmatrix}, \qquad \nabla p = \nabla p_0 + \nabla p' = \begin{pmatrix} \frac{\partial p_0}{\partial x} + \frac{\partial p'}{\partial x} \\ 0 \\ \frac{\partial p_0}{\partial z} + \frac{\partial p'}{\partial z} \end{pmatrix} \qquad (4.115)$$

ebenfalls die Navier-Stokes-Gleichungen zu erfüllen hat. Die Störungsgrößen nehmen wir als zweidimensional und zeitabhängig an, sie haben folglich die Gestalt

$$u'(x, z, t), \qquad w'(x, z, t), \qquad p'(x, z, t) \quad . \qquad (4.116)$$

Die Störungsgrößen nach Gleichung 4.116 sind als infinitesimal klein anzunehmen. Daher werden wir im weiteren Verlauf unserer Überlegungen lineare Störungsdifferentialgleichungen erhalten, da wir quadratische Glieder der Störungsbewegungen gegenüber den linearen Gliedern vernachlässigen können. Wir setzen nun die aus Grundströmung und Störanteilen zusammengesetzte Gesamtströmung gemäß Gleichung 4.115 in die Kontinuitätsgleichung 4.112 und die Navier-Stokes-Gleichungen 4.113 ein. Wir erhalten also der Reihe nach zunächst aus der Kontinuitätsgleichung

$$\frac{\partial u'}{\partial x} + \frac{\partial w'}{\partial z} = 0 \quad . \qquad (4.117)$$

In den folgenden Navier-Stokes-Gleichungen schreiben wir die Terme, die ausschließlich Grundströmungsanteile mit dem tiefgestellten Index 0 enthalten, auf die rechte Seite und vernachlässigen desweiteren die in den Störungsgliedern quadratischen Terme, so daß folgt

$$\frac{\partial u'}{\partial t} + u_0 \cdot \frac{\partial u'}{\partial x} + w' \cdot \frac{du_0}{dz} + \frac{1}{\rho}\frac{\partial p'}{\partial x} - \nu \cdot \left(\frac{\partial^2 u'}{\partial x^2} + \frac{\partial^2 u'}{\partial z^2} \right) = -\frac{1}{\rho}\frac{\partial p_0}{\partial x} + \nu \cdot \frac{\partial^2 u_0}{\partial z^2}$$

$$(4.118)$$

$$\frac{\partial w'}{\partial t} + u_0 \cdot \frac{\partial w'}{\partial x} + \frac{1}{\rho}\frac{\partial p'}{\partial z} - \nu \cdot \left(\frac{\partial^2 w'}{\partial x^2} + \frac{\partial^2 w'}{\partial z^2} \right) = -\frac{1}{\rho}\frac{\partial p_0}{\partial z} \qquad (4.119)$$

Da die stationäre Grundströmung aus Gleichung 4.114 für sich alleine die Navier-Stokes-Gleichungen erfüllt, werden die rechten Seiten der Gleichungen (4.118) und (4.119) identisch zu Null. Somit verbleiben drei lineare Differentialgleichungen zur Ermittlung der drei Störungsgrößen u', w' und p' in der Form des Stördifferentialgleichungssystems:

$$\frac{\partial u'}{\partial x} + \frac{\partial w'}{\partial z} = 0$$

$$\frac{\partial u'}{\partial t} + u_0 \cdot \frac{\partial u'}{\partial x} + w' \cdot \frac{du_0}{dz} = -\frac{1}{\rho}\frac{\partial p'}{\partial x} + \nu \cdot \left(\frac{\partial^2 u'}{\partial x^2} + \frac{\partial^2 u'}{\partial z^2}\right)$$

$$\frac{\partial w'}{\partial t} + u_0 \cdot \frac{\partial w'}{\partial x} = -\frac{1}{\rho}\frac{\partial p'}{\partial z} + \nu \cdot \left(\frac{\partial^2 w'}{\partial x^2} + \frac{\partial^2 w'}{\partial z^2}\right) \qquad (4.120)$$

Die Störungsgrößen müssen weiterhin bestimmte Randbedingungen erfüllen, um aus der Mannigfaltigkeit der möglichen Lösungen des Störungsdifferentialgleichungssystems diejenigen Lösungen zu bestimmen, die unser Stabilitätsproblem eindeutig charakterisieren. Im Falle einer festen Wand mit der Koordinate $z = z_w$ bedeutet dies, daß alle Störungsgeschwindigkeiten aufgrund der Haftbedingung an der Wand verschwinden

$$u'(x, z = z_w, t) = 0, \qquad w'(x, z = z_w, t) = 0 \qquad (4.121)$$

und daß bei einer Strömung mit Grenzschichtcharakter die Störung nicht bis ins Unendliche wirkt

$$\vec{v}'(x, z \to \infty, t) = 0 \quad , \quad p'(x, z \to \infty, t) = 0 \qquad . \qquad (4.122)$$

Die nach Gleichung 4.116 als zweidimensional und zeitabhängig vorausgesetzten Störungsgrößen werden durch den Exponentialansatz

$$u'(x, z, t) = \hat{u}(z) \cdot exp(-i \cdot \omega \cdot t) \cdot exp(i \cdot a \cdot x)$$

$$w'(x, z, t) = \hat{w}(z) \cdot exp(-i \cdot \omega \cdot t) \cdot exp(i \cdot a \cdot x)$$

$$p'(x, z, t) = \hat{p}(z) \cdot exp(-i \cdot \omega \cdot t) \cdot exp(i \cdot a \cdot x) \qquad (4.123)$$

modelliert, der auch als Wellenansatz bezeichnet wird. In Gleichung (4.123) bedeutet i die imaginäre Einheit und somit stellt jede Störungsgröße eine in Anströmrichtung x fortschreitende Welle dar, wodurch sich der Name Wellenansatz erklärt. Die mit einem Dach gekennzeichneten Größen bezeichnen die Amplitudenfunktionen der jeweiligen Wellen, die nur von der Wandnormalenkoordinate z abhängen. Dieser Ansatz für die Amplituden erklärt sich dadurch, daß auch die Grundströmung u_0 ebenfalls nur von z abhängt.

Die Variable ω steht für die Kreisfrequenz der Welle wohingegen a die Wellenzahl in Fortschreitungsrichtung x darstellt. Diese Wellenzahl a steht mit der Wellenlänge λ in x-Richtung über die Gleichung $a = 2 \cdot \pi / \lambda$ in Zusammenhang. Im Rahmen einer Einführung in die Stabilitätstheorie setzen wir die Wellenzahl a als rein reelle Größe voraus, was bedeutet, daß die Störungsgrößen räumlich periodische Wellen darstellen. Die Kreisfrequenz ω hingegen ist eine komplexe Größe, die wir in Real- und Imaginärteil zerlegen, so daß für ω gilt: $\omega = \omega_r + i \cdot \omega_i$. Dieses Vorgehen wird sofort verständlich, wenn wir im Wellenansatz für die Störgrößen das Additionstheorem der Exponentialfunktion anwenden. Betrachten wir beispielsweise in Gleichung 4.123 den Faktor $\hat{u}(z) \cdot exp(-i \cdot \omega \cdot t)$ und berücksichtigen außerdem die Euler-Darstellung der e-Funktion so folgt

$$
\begin{aligned}
\hat{u}(z) \cdot exp(-i \cdot \omega \cdot t) &= \hat{u}(z) \cdot exp\left(-i \cdot (\omega_r + i \cdot \omega_i) \cdot t\right) = \\
\hat{u}(z) \cdot exp(\omega_i t) \cdot exp(-i\omega_r t) &= \hat{u}(z) \cdot exp(\omega_i t) \cdot (cos(\omega_r t) - i \cdot sin(\omega_r t)) \quad .
\end{aligned}
\qquad (4.124)
$$

Anhand der letzten Darstellung von Gleichung 4.124 können wir nun sofort eine Aussage über die zeitliche Entwicklung einer aufgebrachten Wellenstörung mit vorgegebener Wellenzahl a machen. Wir betreiben somit eine zeitliche Stabilitätsanalyse. Wenn für den Imaginärteil ω_i der Kreisfrequenz die Beziehung $\omega_i > 0$ erfüllt ist, so wachsen die mit einem Dach gekennzeichneten Störungsamplituden exponentiell mit der Zeit an und die zu untersuchende Strömung ist instabil. Für Werte $\omega_i < 0$ wird der Exponent negativ, was dazu führt, daß die Störungsamplituden zeitlich gedämpft werden und abklingen. In diesem Falle ist die auf Stabilität zu untersuchende Grundströmung stabil gegenüber aufgebrachten Störungen. Der Grenzfall $\omega_i = 0$ bedeutet neutrale, indifferente Störungen, die ihren ursprünglichen Amplitudenwert zeitlich nicht verändern.

Nun können wir den Wellenansatz aus Gleichung (4.123) in die Störungsdifferentialgleichungen (4.120) einsetzen und anschließend die beiden Exponentialfaktoren $exp(-i\omega t) \cdot exp(iax)$ kürzen. Wir erhalten:

$$
\begin{aligned}
a \cdot \hat{u} &= i \cdot \frac{d\hat{w}}{dz} \\
(a \cdot u_0 - \omega) \cdot \hat{u} - i \cdot \frac{du_0}{dz} \cdot \hat{w} &= -\frac{1}{\rho} \cdot a \cdot \hat{p} + i \cdot \nu \cdot \left(a^2 \cdot \hat{u} - \frac{d^2\hat{u}}{dz^2} \right) \\
(a \cdot u_0 - \omega) \cdot \hat{w} &= i \cdot \frac{1}{\rho} \cdot \frac{d\hat{p}}{dz} + i \cdot \nu \cdot \left(a^2 \cdot \hat{w} - \frac{d^2\hat{w}}{dz^2} \right)
\end{aligned}
\quad .(4.125)
$$

Die zugehörigen Randbedingungen aus den Gleichungen (4.121) und (4.122) nehmen nach Kürzen des Exponentialfaktors die Form

$$
\begin{aligned}
\hat{u}(z = z_w) &= 0 \,, & \hat{w}(z = z_w) &= 0 \,, \\
\vec{\hat{v}}(z \to \infty) &= 0 \,, & \hat{p}(z \to \infty) &= 0
\end{aligned}
\qquad (4.126)
$$

an. Die Gleichungen (4.125) beschreiben gemeinsam mit den Randbedingungen (4.126) ein vollständiges Differentialgleichungssystem, das sich, wie im folgenden gezeigt wird, zu einer einzigen Differentialgleichung zusammenfassen läßt.

Wir beginnen, indem wir den Störterm $\hat{u}$ eliminieren. Dazu formen wir die erste Gleichung aus (4.125) nach $\hat{u}$ um setzen das Ergebnis in die zweite Gleichung aus (4.125) ein. Wir erhalten mit

$$
i \left[(a\, u_0 - \omega) \frac{d\hat{w}}{dz} - a\, \hat{w} \frac{du_0}{dz} \right] = \frac{-a^2}{\rho} \hat{p} - \nu \left(a^2 \frac{d\hat{w}}{dz} - \frac{d^3\hat{w}}{dz^3} \right)
\qquad (4.127)
$$

eine Gleichung, in der nur noch die Störungsgrößen $\hat{w}$ und $\hat{p}$ vorhanden sind. Die gleichen Störungsgrößen befinden sich auch in der dritten Gleichung aus (4.125), so daß es sich anbietet, aus diesen beiden verbliebenen Gleichungen die Druckstörung $\hat{p}$ zu eliminieren. Dazu leiten wir Gleichung (4.127) zunächst nach z ab und erhalten

$$i \left[(a\, u_0 - \omega) \frac{d^2 \hat{w}}{dz^2} - a\, \hat{w}\, \frac{d^2 u_0}{dz^2} \right] = \frac{-a^2}{\rho} \frac{d\hat{p}}{dz} - \nu \left(a^2 \frac{d^2 \hat{w}}{dz^2} - \frac{d^4 \hat{w}}{dz^4} \right) \quad . \quad (4.128)$$

Um den Druck vollständig zu eliminieren müssen wir jetzt noch die dritte Gleichung aus (4.125) mit dem Faktor $(-i \cdot a^2)$ multiplizieren und anschließend zu Gleichung (4.128) hinzuaddieren. Nach einer zusätzlichen Erweiterung mit der imaginären Einheit i ergibt sich:

$$(au_0 - \omega) \frac{d^2 \hat{w}}{dz^2} + \left(a^2 \omega - a^3 u_0 - a \frac{d^2 u_0}{dz^2} \right) \hat{w} + i\, \nu \left(\frac{d^4 \hat{w}}{dz^4} - 2a^2 \frac{d^2 \hat{w}}{dz^2} + a^4 \hat{w} \right) = 0 \; .$$

$$(4.129)$$

In der resultierenden Gleichung (4.129) finden wir als einzige verbliebene Störungsgröße die Amplitude $\hat{w}$ der Störungsgeschwindigkeit w'. Zu Beginn dieses Kapitels, im Abschnitt 4.1.1 über die Dimensionsanalyse, konnten wir lernen, wie es durch die Einführung dimensionsloser Kennzahlen gelingt, zu einer wesentlichen Reduktion der Einflußparamter zu kommen, welche ein Problem charakterisieren. Daher werden wir in Gleichung 4.129 unter Verwendung einer charakteristischen Geschwindigkeit U_δ und einer charakteristischen Länge d dimensionslose Größen einführen. Als charakteristische Geschwindigkeit U_δ wählen wir zweckmäßigerweise die Strömungsgeschwindigkeit am oberen Rand der Grenzschicht an der zu untersuchenden Stelle $x = X$ in Stromabrichtung. Die charakteristische Länge d steht mit der Lauflänge $x = X$ im Zusammenhang: $d = \sqrt{\nu X / U_\delta}$. Alle Größen mit der Dimension einer Länge werden mit der charakteristischen Länge d gemäß Abschnitt 3.4 entdimensioniert und alle Geschwindigkeiten mit der charakteristischen Geschwindigkeit U_δ. Die Kreisfrequenz ω, welche die Dimension Zeit^{-1} besitzt, wird mit dem Quotienten d/U_δ entdimensioniert.

Unter Beibehaltung der bisherigen Bezeichnungen für die einzelnen physikalischen Größen erhalten wir somit eine einzige dimensionslose Differentialgleichung 4. Ordnung, welche die Wellenzahl a, die Kreisfrequenz ω und die Reynoldszahl $Re_d = U_\delta \cdot d/\nu$ als Parameter enthält. Dies ist Gleichung 4.130, die in der Literatur unter dem Namen ORR-SOMMERFELD-Gleichung bekannt ist. Da die ORR-SOMMERFELD-Gleichung die Störungsamplitude $\hat{w}$ in der vierten Ableitung enthält, müssen wir zur eindeutigen Bestimmung vier Randbedingungen für $\hat{w}$ erfüllen.

$$\boxed{(au_0 - \omega) \frac{d^2 \hat{w}}{dz^2} + a \left(a\omega - a^2 u_0 - \frac{d^2 u_0}{dz^2} \right) \hat{w} + i\, \frac{1}{Re_d} \left(\frac{d^4 \hat{w}}{dz^4} - 2a^2 \frac{d^2 \hat{w}}{dz^2} + a^4 \hat{w} \right) = 0}$$

$$(4.130)$$

Zwei Randbedingungen können wir unmittelbar aus den Gleichungen (4.126) übernehmen, indem wir fordern, daß die Störung $\hat{w}$ an der Wand und im Unendlichen verschwunden ist. Um die beiden anderen Randbedingungen zu erhalten, betrachten wir die erste Zeile der Gleichungen (4.125). Wir wissen bereits, daß auch die andere Störungskomponente $\hat{u}$ an der Wand zu Null wird. Das bedeutet aber, daß die Ableitung $d\hat{w}/dz$ auf der rechten Seite der Gleichung ebenfalls an der Wand den Wert Null hat. Völlig analoge Überlegungen führen uns zur vierten Randbedingung, wenn wir bedenken, daß nach Gleichung 4.126 die Störkomponente $\hat{u}$ im Unendlichen ebenfalls zu Null wird. Wir können nun die Randbedingungen für $\hat{w}$ wie folgt zusammenfassen:

$$\hat{w} = 0 \; , \; \frac{d\hat{w}}{dz} = 0 \; \text{ für } \; z = z_w \quad \text{und} \quad \hat{w} = 0 \; , \; \frac{d\hat{w}}{dz} = 0 \; \text{ für } \; z \to \infty \; . \quad (4.131)$$

Damit ist es uns gelungen, die lokale zeitliche Stabilitätsanalyse des von uns vorausgesetzten Grundströmungsprofils in ein Eigenwertproblem der Differentialgleichung (4.130) und der Randbedingungen (4.131) zu überführen. Wir hatten bereits festgestellt, daß die Frage nach Stabilität oder Instabilität der Grundströmung vom Verhalten des Vorzeichens des Imaginärteils ω_i der komplexen Kreisfrequenz $\omega = \omega_r + i \cdot \omega_i$ beantwortet wird, wobei $\omega_i < 0$ Stabilität und $\omega_i > 0$ Instabilität bedeutet. Die komplexe Kreisfrequenz ω stellt den Eigenwert des Eigenwertproblems dar und die Störungsamplitudenfunktion $\hat{w}(z)$ die zugehörige Eigenfunktion. Um eine lokale zeitliche Stabilitätsanalyse durchführen zu können, benötigen wir als gegebene Größen das Profil der Grundströmung $u_0(z)$, die Reynoldszahl Re_d und die Wellenzahl a der Störungen. Das sich ergebende Eigenwertproblem, das numerisch gelöst werden muß, liefert dann einen komplexen Eigenwert ω und eine Eigenfunktionen $\hat{w}(z)$.

Als numerische Lösungsmethode für das Eigenwertproblem wird ein Spektralverfahren eingesetzt, welches eine Funktion durch einen Reihenansatz approximiert. Aus den bekannten Spektralverfahren wählen wir die Tschebyscheff-Spektralmethode aus, da mit ihrer Hilfe auch nichtperiodische Funktionen durch einen Polynom-Ansatz mit Tschebyscheff-Polynomen approximiert werden können. Besonders geeignet zur Lösung des Eigenwertproblems ist die Tschebyscheff-Matrixmethode, die eine Variante der Tschebyscheff-Spektralmethode darstellt. Wir kommen in Kapitel 4.2.1 darauf zurück.

Die Lösungen des Eigenwertproblems werden in Form von Stabilitätsdiagrammen dargestellt. Das Stabilitätsdiagramm wird erstellt, indem die Wellenzahl a über der Reynoldszahl Re_d aufgetragen wird. Für ein jeweils gegebenes Wertepaar $(Re_d \, , \, a)$ wird die Nullstelle des Imaginärteils $\omega_i = 0$ des komplexen Eigenwertes ω im Diagramm eingetragen. Diese Neutralkurve trennt die stabilen von den instabilen Störungen. Sie wird auch Indifferenzkurve genannt, da im Falle $\omega_i = 0$ die Störungsamplituden ihren ursprünglichen Wert beibehalten. Im Gebiet innerhalb der Indifferenzkurve gilt $\omega_i > 0$, was Instabilität bedeutet. Im Bereich außerhalb der Indifferenzkurve nimmt ω_i negative Werte an und die zu untersuchende Grundströmung ist somit bei der betrachteten Reynoldszahl stabil gegenüber aufgebrachten Störungen mit der links an der Ordinate abzulesenden Wellenzahl.

Somit sind wir in der Lage, eine kritische Reynoldszahl Re_c anzugeben, oberhalb derer eine gegebene Laminarströmung instabil wird und in den turbulenten Srömungszustand übergeht. Dazu müssen wir in Abbildung 4.15 eine Parallele zur a-Achse legen und diese Parallele, beginnend bei $Re_d = 0$, soweit nach rechts verschieben bis sie tangential an der Indifferenzkurve anliegt. Der Schnittpunkt dieser Tangente mit der Abszisse gibt den Wert der gesuchten kritischen Reynoldszahl Re_c an. Für eine Blasius-Grenzschicht beträgt der mit der Lauflänge x gebildete Wert der kritischen Reynoldszahl

$$Re_c = \left(\frac{U_\delta \cdot x}{\nu} \right)_c = 5 \cdot 10^5 \quad . \tag{4.132}$$

Mit der kritischen Reynoldszahl $Re_c = 5 \cdot 10^5$ korrespondiert die kritische Wellenzahl a_c, die in diesem Fall den Wert $a_c = 0.31$ annimmt. Dividieren wir die dimensionslose Wellenzahl a_c durch die ebenfalls mit der Lauflänge x gebildete charakteristische Länge $d = \sqrt{\nu \cdot x / U_\delta}$, so erhalten wir die dimensionsbehaftete Wellenzahl $a = 2 \cdot \pi / \lambda_c$, aus der sich sofort die kritische Wellenlänge λ_c der aufgebrachten Störungen berechnen läßt. Physikalisch bedeutet dies, daß die laminare Grundströmung für Reynoldszahlen kleiner Re_c gegenüber Störungen beliebiger Wellenlänge stabil ist, da in diesem Reynoldszahlbereich $\omega_i < 0$ gilt, für alle möglichen Wellenzahlen a.

Für ein tieferes Verständnis der Stabilitätstheorie sowie für ergänzende Beispiele strömungsmechanischer Instabilitäten empfehlen wir das Buch von D. D. JOSEPH 1976 und das Lehrbuch von H. OERTEL jr., J. DELFS 1995, in dem verschiedene Anwendungen der Stabilitätsanalyse ausführlich beschrieben werden.

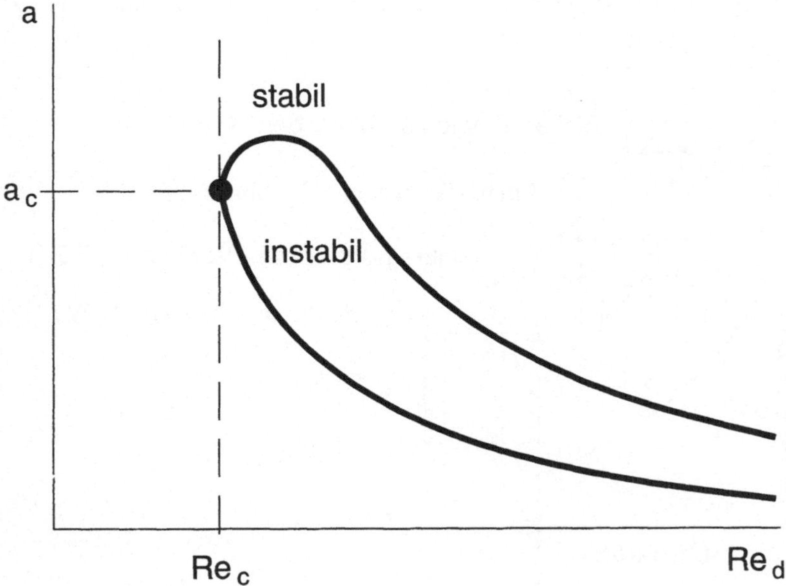

Abb. 4.15: Stabilitätsdiagramm

144

4.2 Numerische Methoden

In diesem Abschnitt wollen wir die Grundlagen numerischer Lösungsmethoden zur näherungsweisen Lösung der strömungsmechanischen Grundgleichungen erarbeiten, die wir in Kapitel 3 vorgestellt haben. Unser Ziel ist es, eine erste Einführung in die Vorgehensweise bei der numerischen Lösung eines strömungsmechanischen Problems zu geben. Dabei werden wir wichtige Begriffe aus der numerischen Mathematik im Rahmen unserer Lehrbuchreihe an dieser Stelle erstmalig einführen, sowie einen Überblick über die in der Strömungsmechanik gängigsten numerischen Lösungsverfahren geben. Wir verzichten bewußt auf die ausführliche Beschreibung der mathematischen Details der numerischen Algorithmen und der linearen Algebra. Dem an den mathematischen Einzelheiten interessierten Leser empfehlen wir z.B. die Lehrbücher von E. STIEFEL 1970 und L. LAPIDUS, G. F. PINDER 1982. Bezüglich einer detaillierten Beschreibung numerischer Methoden in der Strömungsmechanik und ihrer Anwendungen bei praktischen Strömungsproblemen verweisen wir auf unser Lehrbuch H. OERTEL jr., E. LAURIEN 1995.

Grundsätzlich existieren zwei unterschiedliche Klassen numerischer Lösungsmethoden, die sich in der praktischen Anwendung ergänzen. In der einen Klasse wird bereits vor der Durchführung der Näherungsrechnung von einem Lösungsansatz für eine gesuchte Größe ausgegangen. Diese Größe wird dabei in Form einer endlichen Reihe approximiert, wobei der Reihenansatz nach einer bestimmten Anzahl von Reihengliedern entsprechend der gewünschten Genauigkeit abgebrochen wird. Zu dieser Klasse von Lösungsmethoden gehören z.B. das Galerkin- und das Spektralverfahren mit dem besonderen Vorteil, daß die einzelnen Ansatzfunktionen die Randbedingungen des zu lösenden Strömungsproblems exakt erfüllen. Der Nach-

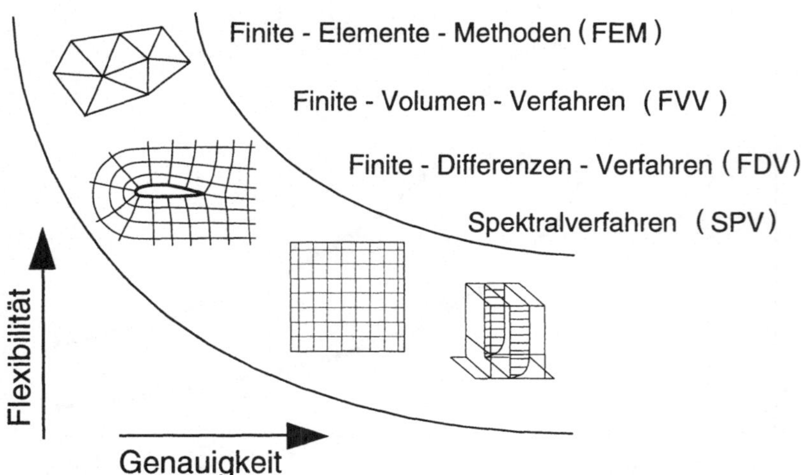

Abb. 4.16: Genauigkeit und Flexibilität numerischer Lösungsmethoden

teil dieser ansonsten sehr genauen Lösungsmethoden liegt darin, daß z.B. für eine vorgegebene Kraftfahrzeug- oder Flugzeugkonfiguration bzw. für den Drehmomentenwandler keine geeigneten Ansatzfunktionen gefunden werden können.

Deshalb haben sich für die erwähnten Strömungsprobleme diejenigen numerischen Lösungsmethoden durchgesetzt, die nach einer Diskretisierung des Integrationsgebietes direkt die partiellen Differentialgleichungen näherungweise lösen und dabei ohne vorher auszuwählende Ansatzfunktionen auskommen. Je nachdem wie die Diskretisierung des Strömungsfeldes erfolgt (in strukturierte bzw. in unstrukturierte Gitter) und wie die Erhaltungssätze für die jeweiligen Volumenelemente erfüllt werden, lassen sich eine Vielzahl numerischer Lösungsalgorithmen ableiten, von denen wir lediglich die wichtigsten auf die von uns in Kapitel 2 ausgewählten Strömungsprobleme anwenden werden. Abbildung 4.16 faßt die in den folgenden Abschnitten beschriebenen numerischen Lösungsmethoden bezüglich ihrer Genauigkeit und Flexibilität zusammen. Die Galerkin- und Spektralverfahren (SPV) sind entsprechend der gewählten Ansatzfunktionen und je nach Anzahl der Reihenglieder sehr genau, lassen sich jedoch nicht auf komplexe Konfigurationen anwenden. Spektralverfahren beruhen auf global definierten Funktionensystemen, die jedoch nur für sehr einfache Geometrien bekannt sind. Aber z.B. der Transitionsprozeß in der Tragflügelgrenzschicht läßt sich in dem in Abbildung 4.13 ausgewählten Volumenelement mit Hilfe des Spektralverfahrens sehr genau berechnen. Das Finite-Differenzen-Verfahren (FDV) diskretisiert das Strömungsfeld in orthogonale Gitter und ersetzt die Differentialquotienten der Grundgleichungen durch die entsprechenden Differenzenquotienten. Für die Berechnung der Strömung um ein Kraftfahrzeug bzw. der Tragflügelströmung ist vor der Anwendung des Differenzenverfahrens jeweils eine aufwendige Transformation der komplexen Konfiguration auf ein Rechteckgebiet erforderlich. Diese Transformation erspart man sich bei einem Finite-Volumen-Verfahren (FVV) und bei den Finite-Elemente-Methoden (FEM), die sich inzwischen in der Praxis durchgesetzt haben. Das Finite-Volumen-Verfahren erfüllt die diskretisierten Erhaltungssätze über jedes Volumenelement im Strömungsfeld während bei den Finite-Elemente-Methoden der numerische Fehler mit geeigneten Ansatzfunktionen und der Formulierung eines Variationsproblems in jedem Volumenelement minimiert wird. Finite-Elemente-Verfahren besitzen die höchste Flexibilität, da sie auf sehr flexiblen unstrukturierten Netzen aufbauen.

4.2.1 Galerkin-Verfahren

Wir beginnen ganz formal mit der Einführung einer gesuchten Funktion $g(x, y, z)$, die von den drei Raumkoordinaten x, y und z abhängt. Diese Funktion g stehe stellvertretend für eine jeweils gesuchte Größe aus den Navier-Stokes-Gleichungen (3.19) für ein vorgegebenes stationäres Strömungsproblem mit den dortigen Bezeichnungen $\vec{v} = (u, v, w), p, \rho$ und T. Gegeben sei weiterhin ein Differentialoperator L der Gestalt

$$L(x, y, z,\ g,\ g',\ g'') = 0\ . \tag{4.133}$$

Gleichung (4.133) bedeutet, daß zwischen den drei unabhängigen Koordinaten x, y, z, der abhängigen Größe g, sowie ihrer ersten Ableitung g' und ihrer zweiten Ableitung g'' nach den unabhängigen Variablen eine Beziehung besteht, in der alle abhängigen und unabhängigen Variablen auf die linke Seite der Gleichung geschrieben werden können, so daß die rechte Seite zu Null wird. Es handelt sich also lediglich um eine formalisierte Schreibweise für eine Differentialgleichung. Wir betrachten beispielsweise die Navier-Stokes-Gleichung in x-Richtung zur Bestimmung der Geschwindigkeitskomponenten $u(x, y, z)$ für den Fall, daß alle anderen Größen bekannt sind und schreiben alle Größen auf die linke Seite:

$$u \cdot \frac{\partial u}{\partial x} + v \cdot \frac{\partial u}{\partial y} + w \cdot \frac{\partial u}{\partial z} + \frac{1}{\rho} \cdot \frac{\partial p}{\partial x} - \nu \cdot \left(\frac{\partial^2 u}{\partial x^2} + \frac{\partial^2 u}{\partial y^2} + \frac{\partial^2 u}{\partial z^2} \right) = 0 \quad . \quad (4.134)$$

In formalisierter Schreibweise mit einem Differentialoperator L gemäß Gleichung (4.133) lautet Gleichung (4.134):

$$L \left(x, \ y, \ z, \ u, \ \frac{\partial u}{\partial x}, \ \frac{\partial u}{\partial y}, \ \frac{\partial u}{\partial z}, \ \frac{\partial^2 u}{\partial x^2}, \ \frac{\partial^2 u}{\partial y^2}, \ \frac{\partial^2 u}{\partial z^2} \right) = 0 \quad . \quad (4.135)$$

Für gekoppelte partielle Differentialgleichungen 2. Ordnung, wie z.B. die vollständigen Navier-Stokes-Gleichungen, bezeichnet L einen Matrixoperator.

Das Prinzip des Galerkin-Verfahrens besteht darin, für die gesuchte Funktion $g(x, y, z)$ einen Lösungsansatz in Form einer endlichen Reihe zu finden, der die Randbedingungen des Problems exakt erfüllt:

$$g(x, y, z) \approx \sum_{i=1}^{N} c_i \cdot F_i(x, y, z) = c_1 \cdot F_1(x, y, z) + \cdots + c_N \cdot F_N(x, y, z) \quad . \ (4.136)$$

N bezeichnet die Anzahl der Reihenglieder, c_i sind die zu bestimmenden konstanten Koeffizienten und F_i die ausgewählten Ansatzfunktionen. Das Ungefährzeichen $\approx$ erklärt sich dadurch, daß die gesuchte Funktion $g(x, y, z)$ nur im Falle $N \rightarrow \infty$ exakt durch ein vollständiges, orthogonales Funktionensystem F_i widergegeben wird. Da wir nach einer endlichen Zahl N von Reihengliedern abbrechen, wird $g(x, y, z)$ je nach der Größe von N beliebig genau approximiert aber nicht exakt erreicht. Setzen wir den Ansatz (4.136) in die Differentialgleichung (4.133) ein, so erhalten wir:

$$L \left(x, y, z, \sum_{i=1}^{N} c_i \cdot F_i(x, y, z), \sum_{i=1}^{N} c_i \cdot F_i'(x, y, z), \sum_{i=1}^{N} c_i \cdot F_i''(x, y, z) \right) = R \neq 0 \ (4.137)$$

In Gleichung (4.137) steht R für das Residuum, also einen Fehler, der dadurch entsteht, daß für die Funktion $g(x, y, z)$ ein Näherungsansatz eingesetzt wurde. Je kleiner das Residuum R ist, umso genauer entspricht der Näherungsansatz aus (4.136) der Lösung der Differentialgleichung (4.133). Die gesuchten Koeffizienten c_i müssen so bestimmt werden, daß das Residuum möglichst klein wird. Wir erreichen dieses Ziel, indem wir das Residuum R mit Gewichtungsfunktionen G_j multiplizieren und anschließend fordern, daß das über den Definitionsbereich gemittelte gewichtete Residuum verschwindet. Das Residuum muß hierzu linear unabhängig und orthogonal zu jeder der N Gewichtsfunktionen G_j sein. Grundsätzlich ist es möglich, verschiedene Arten von Funktionen als Gewichtsfunktionen G_j einzusetzen. Das Charakteristikum eines Galerkin-Verfahrens besteht darin, daß als Gewichtsfunktionen G_j die jeweiligen Ansatzfunktionen F_j verwendet werden, d.h.

beim Galerkin-Verfahren gilt $G_j = F_j$. In Formeln lauten diese Forderungen, die zur Minimierung des Fehlers R führen:

$$\int\limits_V R \cdot F_j \, dV = 0 \quad . \tag{4.138}$$

Wenn wir noch das Residuum R durch Gleichung (4.137) ersetzen, so erhalten wir die Galerkin'schen Gleichungen zur Minimierung des Fehlers:

$$\int\limits_V L\left(x, y, z, \sum_{i=1}^{N} c_i \cdot F_i(x,y,z), \sum_{i=1}^{N} c_i \cdot F_i'(x,y,z), \sum_{i=1}^{N} c_i \cdot F_i''(x,y,z)\right) \cdot F_j \, dV = 0 \tag{4.139}$$

Gleichung (4.139) stellt ein System von N algebraischen Gleichungen zur Bestimmung der N Unbekannten c_i dar, die mit den Methoden der linearen Algebra ermittelt werden. Die auf diese Weise erhaltenen Koeffizienten c_i ergeben, eingesetzt in Gleichung (4.136), eine Näherungslösung für die gesuchte Funktion $g(x, y, z)$.

Wir sind bisher noch nicht auf die Auswahl der Ansatzfunktionen F_i eingegangen, da die Ansatzfunktionen entsprechend der unterschiedlichen Strömungsprobleme jeweils problemangepaßt ausgewählt werden müssen. Hierzu bedarf es einer gewissen Erfahrung. Bei der Auswahl der Ansatzfunktionen ist zu beachten, daß die Randbedingungen des Problems exakt erfüllt werden. Desweiteren müssen auch höhere Ableitungen von $g(x, y, z)$ durch die ausgewählten Ansatzfunktionen dargestellt werden können. Im Falle der Navier-Stokes-Gleichungen wird von den Ansatzfunktionen gefordert, Ableitungen zweiter Ordnung problemlos zu modellieren. In unserem Übungsbuch haben wir für die Berechnung der ebenen Kanalströmung trigonometrische Ansatzfunktionen gewählt, die an den Kanalberandungen die Haftbedingung erfüllen. Im Lehrbuch 'Numerische Strömungsmechanik' wird ergänzend ein Wärmetransportproblem behandelt, das mit einem Potenz-Reihenansatz bzw. einer geeigneten Kombination von trigonometrischen Funktionen zu Näherungslösungen führt.

Zum Einüben wollen wir das bisher rein formal vorgestellte Galerkin-Verfahren mit einem einfachen mathemathischen Beispiel anwenden lernen. Der Differentialoperator L aus Gleichung (4.133) sei die folgende gewöhnliche Differentialgleichung:

$$L\left(x, g(x), \frac{d\,g(x)}{d\,x}\right) = \frac{d\,g(x)}{d\,x} - g(x) = 0 \quad . \tag{4.140}$$

Die gesuchte Funktion $g(x)$ hängt von einer unabhängigen Variablen x ab und erfüllt mit ihrer ersten Ableitung die Gleichung (4.140). Als Randbedingung fordern wir: $g(x = 0) = 1$. Wir wollen für $g(x)$ eine Näherungslösung im Intervall $0 \leq x \leq 1$ bestimmen und diese mit der exakten Lösung des Randwert-Problems $g(x) = e^x$ vergleichen.

Wir wählen für $g(x)$ eine endliche Potenzreihe mit N Summanden gemäß Gleichung (4.136):

$$g(x) \approx \sum_{i=1}^{N} c_i \cdot F_i(x) = \sum_{i=1}^{N} c_i \cdot x^{i-1} = c_1 + c_2 \cdot x + c_3 \cdot x^2 + \cdots + c_N \cdot x^{N-1} \quad (4.141)$$

Die Ansatzfunktionen $F_i(x)$ sind also: $F_i(x) = x^{i-1}$. Dieser Ansatz erfüllt die Randbedingung $g(x = 0) = 1$ mit $c_1 = 1$. Aus Gleichung (4.141) ergibt sich für die Ableitung $g'(x)$:

$$\frac{d\,g(x)}{d\,x} \approx \sum_{i=1}^{N} (i-1) \cdot c_i \cdot x^{i-2} = c_2 + 2 \cdot c_3 \cdot x + \cdots + (N-1) \cdot c_N \cdot x^{N-2} \, .$$

$$(4.142)$$

Wir betrachten die Näherungslösung für $N = 4$. Setzen wir den Reihenansatz für $g(x)$ und für die erste Ableitung $g'(x)$ in die Differentialgleichung (4.140) ein, so erhalten wir im Falle $N = 4$ für das Residuum R:

$$-c_1 + c_2 \cdot (1-x) + c_3 \cdot (2 \cdot x - x^2) + c_4 \cdot (3 \cdot x^2 - x^3) = R \quad . \qquad (4.143)$$

Dieses Residuum R multipliziert mit der Gewichtsfunktion $F_j(x) = x^{j-1}$ und eingesetzt in Gleichung (4.139) ergibt für $j = 2, 3, 4$ drei Gleichungen zur Bestimmung der noch unbekannten Koeffizienten c_2, c_3 und c_4. Auf die vierte Gleichung für $j = 1$ können wir verzichten, da $c_1 = 1$ bereits durch die Randbedingung bestimmt ist. Wir erhalten der Reihe nach:

$$\int_0^1 R \cdot F_j(x) \, dx = \int_0^1 R \cdot x^{j-1} \, dx = c_1 \cdot \int_0^1 (-x^{j-1}) \, dx + c_2 \cdot \int_0^1 (x^{j-1} - x^j) \, dx +$$

$$c_3 \cdot \int_0^1 2 \cdot (x^j - x^{j+1}) \, dx + c_4 \cdot \int_0^1 3 \cdot (x^{j+1} - x^{j+2}) \, dx = 0 \quad .(4.144)$$

Nach Ermitteln der Stammfunktionen und Einsetzen der Integrationsgrenzen folgt aus Gleichung (4.144) unter Beachtung von $c_1 = 1$:

$$-\frac{1}{j} + \left(\frac{1}{j} - \frac{1}{j+1} \right) \cdot c_2 + \left(\frac{2}{j+1} - \frac{1}{j+2} \right) \cdot c_3 + \left(\frac{3}{j+2} - \frac{1}{j+3} \right) \cdot c_4 = 0 \quad .$$

$$(4.145)$$

Setzen wir für die Zählvariable j nacheinander die Werte 2, 3 und 4 ein, so können wir Gleichung (4.145) in der folgenden Matrixschreibweise darstellen:

$$\begin{pmatrix} \frac{1}{6} & \frac{5}{12} & \frac{11}{10} \\ \frac{1}{12} & \frac{3}{10} & \frac{13}{30} \\ \frac{1}{20} & \frac{7}{30} & \frac{15}{42} \end{pmatrix} \begin{pmatrix} c_2 \\ c_3 \\ c_4 \end{pmatrix} = \begin{pmatrix} \frac{1}{2} \\ \frac{1}{3} \\ \frac{1}{4} \end{pmatrix} \qquad (4.146)$$

Wenn wir die linke Matrix aus (4.146) mit Hilfe des Gauß-Eliminationsverfahrens auf die untere Dreiecksform bringen, so ergibt sich:

$$\begin{pmatrix} 0,1\overline{6} & 0,41\overline{6} & 0,55 \\ 0 & 0,091\overline{6} & 0,158\overline{3} \\ 0 & 0 & -0,00429 \end{pmatrix} \begin{pmatrix} c_2 \\ c_3 \\ c_4 \end{pmatrix} = \begin{pmatrix} 0,5 \\ 0,08\overline{3} \\ -0,00128 \end{pmatrix} \qquad (4.147)$$

Aus Gleichung (4.147) erhalten wir nacheinander für die gesuchten Koeffizienten c_i die Werte:

$$c_4 = 0,29837 \quad , \qquad c_3 = 0,39373 \quad , \qquad c_2 = 1,03105 \quad . \qquad (4.148)$$

Wir setzen diese Koeffizienten zusammen mit dem aus der Randbedingung bekannten Koeffizient $c_1 = 1$ in den Ansatz aus Gleichung (4.141) ein, so daß sich die folgende Näherungslösung für $g(x) = e^x$ ergibt:

$$g(x) \approx 1 + 1,03105 \cdot x + 0,39373 \cdot x^2 + 0,29837 \cdot x^3 \qquad (4.149)$$

Für einen Wert $x = 0,5$ aus der Mitte des Integrationsbereichs $0 \leq x \leq 1$ lautet der exakte Wert $e^{0,5} = 1,64872$, der Näherungswert nach Gleichung (4.149) beträgt $g(0,5) \approx 1,65125$. Der Vergleich der Näherungslösung mit der exakten Lösung zeigt eine Abweichung von weniger als $0,2\%$ des korrekten Wertes. Angesichts der geringen Anzahl von $N = 4$ Reihengliedern spricht das Ergebnis für die Genauigkeit des Galerkin-Verfahrens.

Rechenbeispiele zum Galerkin-Verfahren aus dem Bereich der Strömungsmechanik finden sich in unserem Übungsbuch H. OERTEL jr., M. BÖHLE 1993. Weitere Anwendungsbeispiele und eine Vertiefung des Galerkin-Verfahrens finden sich z.B. in dem Buch von C. A. J. FLETCHER 1984.

Spektralverfahren

In Zusammenhang mit dem Galerkin-Verfahren gehen wir noch auf das Spektralverfahren ein, welches sich direkt aus dem Galerkin-Verfahren ableitet. Zur Minimierung des numerischen Fehlers wird jetzt ein Variationsproblem formuliert, bei dem als Ansatz- und Gewichtsfunktionen solche Funktionen F_k eingeführt werden, die beliebig oft differenzierbar sind. Auch hier wird das Problem der Fehler-Minimierung zurückgeführt auf ein algebraisches Gleichungssystem zur Bestimmung der unbekannten Koeffizienten $\hat{u}_k$. Beim Spektralverfahren benutzt man als Zählvariable k, um Verwechslungen mit der hierbei häufig benötigten imaginären Einheit $i = \sqrt{-1}$ zu vermeiden. Ganz analog zum Ansatz aus Gleichung (4.136) des Galerkin-Verfahrens wird eine gesuchte Funktion, beispielsweise eine Geschwindigkeit $u(x,y,t)$, durch Funktionensysteme mit Hilfe eines Reihenansatzes approximiert:

$$u(x,y,t) \approx \sum_{k=0}^{N} \hat{u}_k(y,t) \cdot F_k(x) = \hat{u}_0(y,t) \cdot F_0(x) + \cdots \hat{u}_N(y,t) \cdot F_N(x) \quad . \quad (4.150)$$

Der Index '$\hat{}$' auf den Koeffizienten soll darauf hindeuten, daß es sich im Falle periodischer Ansatzfunktionen F_k bei den $\hat{u}_k$ um Fourier-Koeffizienten, also Wellenamplituden, handelt. Beliebig oft differenzierbare Funktionen F_k, sind beispielsweise Sinus- und Cosinusfunktionen. In Gleichung (4.151) führen die Ansatzfunktionen $exp(i \cdot k \cdot a \cdot x)$ auf die sogenannten Fourier-Spektralmethoden.

$$u(x,y,t) \approx \sum_{k=0}^{N} \hat{u}_k(y,t) \cdot exp(i \cdot k \cdot a \cdot x) \quad . \qquad (4.151)$$

150

Die Variable a steht für die Wellenzahl $a = 2 \cdot \pi/\lambda$. Die Ansatzfunktionen stellen gemäß $exp(i \cdot k \cdot a \cdot x) = cos(k \cdot a \cdot x) + i \cdot sin(k \cdot a \cdot x)$ Sinus- und Cosinusfunktionen dar. Die gesuchte Funktion $u(x,y,t)$ wird dadurch in eine Fourier-Reihe in x-Richtung entwickelt. Die x-Abhängigkeit von $u(x,y,t)$ wird dabei in die Ansatzfunktionen übernommen, während die $\hat{u}_k(y,t)$ die zugehörigen zu bestimmenden Fourier-Koeffizienten sind. Sie werden auch als Spektrum oder Wellenzahlenspektrum bezeichnet.

Spektralverfahren konvergieren besonders schnell und sind sehr genau. Sie werden in der Strömungsmechanik insbesondere bei Strömungsproblemen mit periodischen Randbedingungen eingesetzt. Der Vorteil eines Spektralverfahrens macht sich vor allem bei der Approximation höherer Ableitungen bemerkbar. Die p-te Ableitung der Fourier-Reihe aus Gleichung (4.151) ist ebenfalls wieder eine Fourier-Reihe:

$$\frac{\partial^p u(x,y,t)}{\partial x^p} \approx \sum_{k=0}^{N} i^p \cdot k^p \cdot a^p \cdot \hat{u}_k(y,t) \cdot exp(i \cdot k \cdot a \cdot x) \quad . \tag{4.152}$$

Beim Programmieren eines numerischen Rechenverfahrens werden typischerweise nur die Koeffizienten $\hat{u}_k$ anstelle der gesamten Funktionen im Rechner gespeichert. Nach Ende der Rechnung werden die gesuchten Funktionen durch Anwendung der Reihenentwicklung (4.150) aus den Spektral-Koeffizienten $\hat{u}_k$ berechnet. Man spricht daher auch vom Spektralen Raum (k_1, k_2, k_3) im Gegensatz zum physikalischen Raum (x, y, z), wobei wir den eindimensionalen Ansatz mit $k_1 = k$ und x vorgestellt haben.

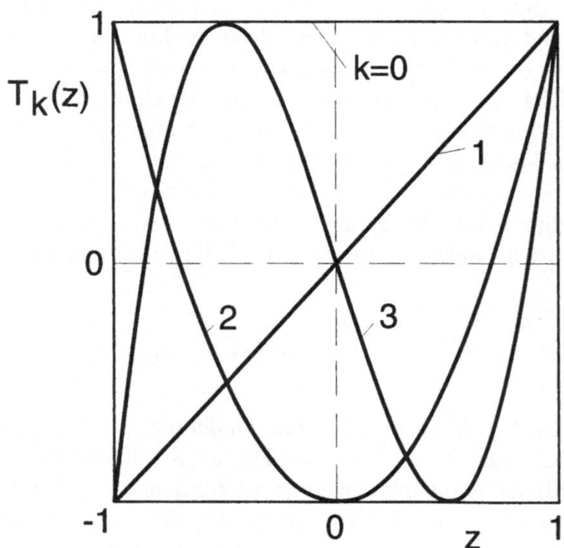

Abb. 4.17: Die ersten vier Tschebyscheff-Polynome

Soll eine nichtperiodische Funktion, z.B die Geschwindigkeitsverteilung einer Kanalströmung $u(z)$ mit dem Spektralverfahren approximiert werden, so sind Fourier-Ansätze nicht geeignet. u steht für die Geschwindigkeit in Stromabrichtung und z für die Kanalhöhe. Legt man die Koordinate $z = 0$ in die Symmetrieebene des Kanals und normiert die Kanalhöhe auf das Intervall $-1 \leq z \leq 1$, so lassen sich als Ansatzfunktionen Tschebyscheff-Polynome verwenden, die genau auf diesem Intervall definiert sind. Tschebyscheff-Polynome sind nach der Gleichung

$$T_k(z) = \cos\left(k \cdot arccos(z)\right) \tag{4.153}$$

definiert. Die ersten vier Tschebyscheff-Polynome, die in Abbildung 4.17 dargestellt sind, berechnen sich für $k = 0,\ 1,\ 2,\ 3$ nach den Gleichungen

$$
\begin{aligned}
k \;=\; 0 \;:\quad & T_0(z) = 1 & , \quad & k = 1 \;:\quad & T_1(z) = z \\
k \;=\; 2 \;:\quad & T_2(z) = 2 \cdot z^2 - 1 & , \quad & k = 3 \;:\quad & T_3(z) = 4 \cdot z^3 - 3 \cdot z
\end{aligned}
\quad . \tag{4.154}
$$

Die weiteren Tschebyscheff-Polynome für $k \geq 4$ berechnen sich nach der Rekursionsformel

$$T_k(z) = 2 \cdot z \cdot T_{k-1} - T_{k-2} \quad . \tag{4.155}$$

Die gesuchte Geschwindigkeitsfunktion $u(z)$ wird dann approximiert durch die endliche Reihe

$$u(z) \approx \sum_{k=0}^{N} u_k \cdot T_k(z) \quad . \tag{4.156}$$

Als Anwendungsbeispiel des Spektralverfahrens behandeln wir die numerische Berechnung des Transitionsprozesses in einem Volumenelement in einer kompressiblen Grenzschichtströmung (siehe Abbildung 4.13), und ergänzen damit unsere stabilitätstheoretischen Überlegungen in Kapitel 4.1.4.

Wir verwenden das räumlich-periodische Modell, das den Transitionsprozeß in der Grenzschicht auf eine zeitliche Entwicklung der Störwellen reduziert. Wir bewegen uns also mit dem betrachteten Volumenelement in der Grenzschicht stromab und berechnen ausgehend von den Tollmien-Schlichting-Wellen die zeitliche Entwicklung der λ-Wirbelbildung und deren Zerfall bis hin zur turbulenten Grenzschichtströmung. Dabei benutzen wir räumlich periodische Randbedingungen $u(x) = u(x + L_x)$ und $u(y) = u(y + L_y)$. Darin sind L_x und L_y die Längen des Transitionsbereiches in x- und y-Richtung, für den die Simulationsrechnung durchgeführt wird. Nur mit den periodischen Randbedingungen läßt sich das Transitionsproblem mit dem Spektralverfahren berechnen. Wir hatten bereits in Abbildung 4.13 eine schematische Darstellung des Transitionsvorganges gezeigt. Dort waren λ-Strukturen aufgeführt, auf die wir im folgenden näher eingehen.

Solche λ-Strukturen sind in Abbildung 4.18 in ihrer räumlichen Anordnung dargestellt. Die Plattenebene ist ein Teil der x, y-Ebene, wobei die x-Richtung mit der durch einen Pfeil angedeuteten Anströmrichtung zusammenfällt und die y-Achse mit der Spannweitenrichtung der Platte. Die Wandnormalenkoordinate z steht senkrecht auf der Plattenoberfläche. Die λ-Strukturen bilden sich im Verlauf

152

der fortschreitenden Instabilität als stromabweisende pfeilspitzenartige Strukturen aus, die in der räumlichen Verteilung bestimmter Strömungsgrößen, wie z.B. des Betrags gleicher Drehung, sichtbar gemacht werden können. In Abbildung 4.18 sind die Isoflächen der Drehung $\omega = konst$ der λ-Strukturen im Volumenelement eingezeichnet. Die Drehung berechnet sich aus dem Kreuzprodukt des Nabla-Operators ∇ mit dem Geschwindigkeitsvektor $\vec{v}$ zu $\vec{\omega} = (\omega_x, \omega_y, \omega_z)^T = \nabla \times \vec{v}$. Die Abbildung zeigt Simulationsergebnisse für die charakteristischen Kennzahlen Machzahl $M_\infty = 0.8$ und Reynoldszahl $Re_d = 846$. Die Reynoldszahl Re_d wird genau wie in Kapitel 4.1.4 mit dem Abstand des Transitionsgebietes $x = X$ von der Plattenvorderkante gemäß $Re_d = U_\infty \cdot d / \nu$ gebildet, wobei $d = \sqrt{\nu \cdot X / U_\infty}$ einen charakteristischen Längenparameter darstellt.

λ-Strukturen sind Bereiche lokaler Scherung und Übergeschwindigkeit in der Spitze. Dadurch wird das letzte Stadium der Transition zur ausgebildeten Turbulenz eingeleitet. Die λ-Strukturen sind grundsätzlich spannweitig periodisch aufgereiht. Beim sogenannten fundamentalen Transitionstyp in Abbildung 4.18 sind mehrere solcher Reihen von λ-Strukturen periodisch hintereinander angeordnet. Mit der Entstehung der λ-Strukturen ist das Auftreten hoher freier Scherschichten verbunden. Dies sind weit von der Wand abgehobene lokale Maxima der Schubspannung. Im weiteren Verlauf der Transition zerfallen die hohen Scherschichten in zunehmend kleinere Strukturen wodurch schließlich der turbulente Endzustand erreicht wird.

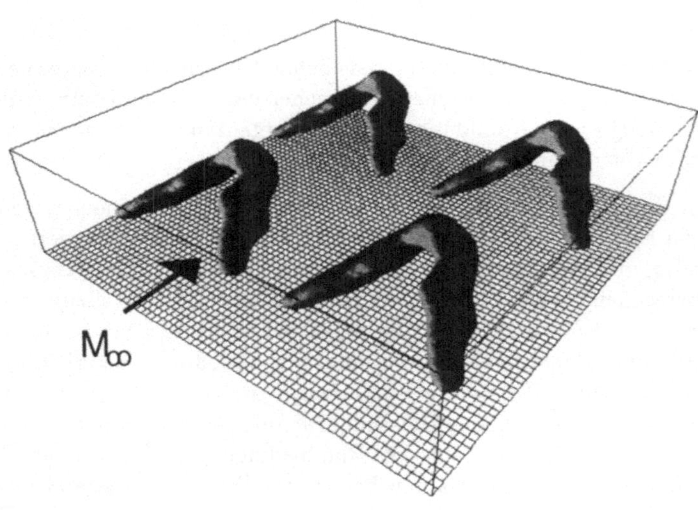

Abb. 4.18: Laminar-turbulenter Übergang in einer kompressiblen Plattengrenzschichtströmung mit λ-Strukturen beim fundamentalen Transitionstyp

4.2.2 Finite-Elemente-Verfahren

Die Methode der Finiten-Elemente wurde ursprünglich in der Festkörper-Mechanik zur Berechnung von Strukturproblemen entwickelt. Ihre Anwendung bei Strömungsproblemen wurde in Zusammenhang mit der erforderlichen Diskretisierung des Integrationsfeldes mit unstrukturierten Netzen bei komplexen Konfigurationen wie dem Flugzeug oder dem Kraftfahrzeug attraktiv. Wir geben in diesem Kapitel eine vorläufige Einführung in das Finite-Elemente-Verfahren und verweisen bezüglich der mathematischen Details auf die Bücher von E. STEIN 1988 bzw. H. GOERING, H.-G. ROOS, L. TOBISKA 1989.

Zur Vereinfachung behandeln wir ein zweidimensionales Problem. Im ersten Schritt wird das Integrationsgebiet in der x, z-Ebene, das den Definitionsbereich einer gesuchten Funktion $u(x, z)$ darstellt, in sich nicht überlappende geometrische Elemente gleicher Art unterteilt. Im zweidimensionalen Fall handelt es sich dabei meist um Dreiecke, bzw. im dreidimensionalen Fall um Tetraeder. Die Eckpunkte dieser Elemente heißen Knoten. Die Gesamtheit der Elemente und Knoten bildet ein Netz, welches das Integrationsgebiet diskretisiert (siehe auch Abbildung 4.22).

Abbildung 4.19 zeigt die Diskretisierung eines Teils der x, z-Ebene in Dreieckselemente, die ein unstrukturiertes Netz bilden. Bei unstrukturierten Netzen kann ohne Rücksicht auf die Netzstruktur, lokalen Erfordernissen entsprechend, eine Netzverfeinerung vorgenommen werden. Im Vergleich zu strukturierten Netzen in der Ebene, bei der die Knoten und die Elemente durch ein Indexpaar definiert sind, werden die Knoten und Elemente bei unstrukturierten Netzen mehr oder weniger beliebig durchnummeriert. Das auf diese Weise diskretisierte Integrationsgebiet der Funktion $u(x, z)$ bezeichnen wir als Rechengebiet Ω. An die Stelle der kontinuierlichen Funktion $u(x, z)$ treten nach der Diskretisierung als gesuchte Größen die Werte von u in den Knotenpunkten von Ω. Eine sogenannte Zuordnungsmatrix stellt den

Element-Nr.	A	B	C
1	3	2	4
2	6	2	3
3	2	5	4
4	2	7	5
5	1	7	2
6	1	2	6
7	1	8	7
8	7	8	9
9	7	9	5

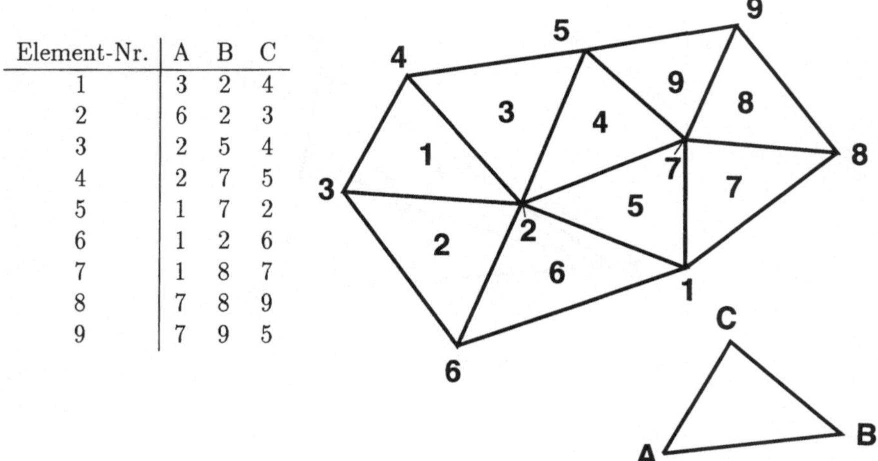

Abb. 4.19: Unstrukturiertes Finite-Elemente Netz

154

Zusammenhang zwischen Knoten und Elementen her. Jedem Dreieckselement mit den lokalen Knotennummern A, B und C (im mathematisch positiven Drehsinn angeordnet) werden darin die globalen Elementnummern in der x, z-Ebene zugeordnet. Die Zuordnungsmatrix ist ebenfalls in Abbildung 4.19 gezeigt.

In Abbildung 4.20 betrachten wir ein Dreieckselement mit den drei Knoten A, B und C. Die drei Knoten haben die bekannten Koordinaten $(x_A, z_A), (x_B, z_B)$ und (x_C, z_C). Wir gehen nun dazu über, innerhalb eines jeden Elements lokale Koordinaten einzuführen, die unabhängig von der tatsächlichen geometrischen Form des Elementes sind. Wir wählen unter den verschiedenen Möglichkeiten für lokale Koordinaten die sogenannten Lagrange'schen Flächenkoordinaten aus und betrachten erneut Abbildung 4.20. Durch einen beliebigen Punkt innerhalb des Dreiecks (A,B,C) wird der Flächeninhalt des vollständigen Dreiecks unterteilt in drei Teilflächen F_1, F_2 und F_3, deren Summe wieder den Gesamtflächeninhalt F_{ABC} des Dreieckselementes ergeben muß. Die Lagrange'schen Flächenkoordinaten ξ_j lassen sich interpretieren als das Verhältnis der Fläche des j-ten Teildreiecks F_j zur Gesamtfläche des Dreiecks (A,B,C) und sind somit definiert als

$$\xi_j = \frac{F_j}{\sum\limits_{j=1}^{3} F_j} = \frac{F_j}{F_1 + F_2 + F_3} = \frac{F_j}{F_{ABC}} \quad . \tag{4.157}$$

Jeweils zwei Koordinaten verschwinden auf den Knoten des Dreiecks und jeweils eine auf den Seiten. Wandert der Punkt innerhalb des Dreiecks (A,B,C) aus Abbildung 4.20 beispielsweise in die Ecke A, so wird $\xi_1 = F_1/F_{ABC} = 1$, während F_2 und F_3 zu Null werden und somit ξ_2 und ξ_3 verschwinden. Der Wert der Koordinaten ξ_j liegt folglich zwischen null und eins und die Summe aller drei Koordinaten beträgt immer eins.

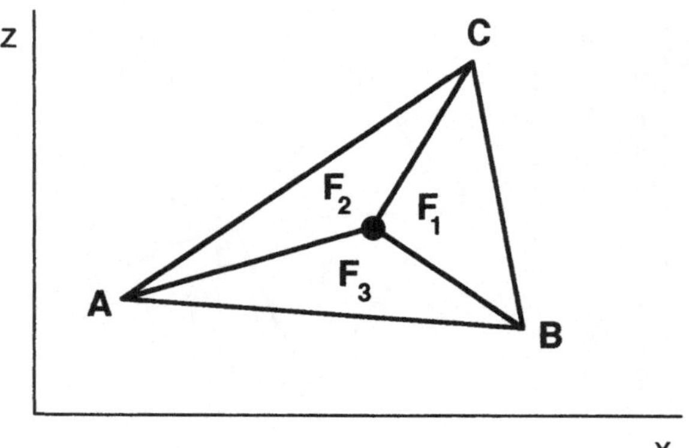

Abb. 4.20: Lokale Koordinaten im Dreieckselement

Jeder Punkt innerhalb eines bestimmten Dreieckselementes (A,B,C) ist durch Angabe seiner Lagrange'schen Flächenkoordinaten (ξ_1, ξ_2, ξ_3) im lokalen Koordinatensystem eindeutig bestimmt. Zwischen diesen lokalen Koordinaten und den Koordinaten des gleichen Punktes im globalen (x,z)-Koordinatensystem besteht der folgende Zusammenhang:

$$
\begin{aligned}
x &= x_A \cdot \xi_1 + x_B \cdot \xi_2 + x_C \cdot \xi_3 \\
z &= z_A \cdot \xi_1 + z_B \cdot \xi_2 + z_C \cdot \xi_3 \\
1 &= \xi_1 + \xi_2 + \xi_3
\end{aligned}
\qquad (4.158)
$$

oder in Matrizenschreibweise:

$$
\begin{pmatrix} x \\ z \\ 1 \end{pmatrix} = \begin{pmatrix} x_A & x_B & x_C \\ z_A & z_B & z_C \\ 1 & 1 & 1 \end{pmatrix} \begin{pmatrix} \xi_1 \\ \xi_2 \\ \xi_3 \end{pmatrix} . \qquad (4.159)
$$

Die Wertepaare (x_A, z_A) etc. bezeichnen darin wieder die globalen Koordinaten der Knoten des jeweiligen Dreiecks (A, B, C) im Integrationsgebiet Ω.

Durch Einführung der Finiten Elemente, in unserem Fall Dreieckselemente, wird das globale Integrationsgebiet Ω der gesuchten Funktion $u(x, z)$ in n einzelne lokale Integrationsgebiete Ω_e unterteilt. Ω_e entspricht dabei dem Gebiet eines Dreieckselementes, wobei der Index e die Zählvariable für die Anzahl n der Elemente darstellt.

Im zweiten Schritt des Finite-Elemente-Verfahrens werden auf diesen Elementgebieten Ω_e in Abhängigkeit lokaler Koordinaten ξ_j sogenannte Formfunktionen $N_j(\xi_1, \xi_2, \xi_3)$ definiert, die zur endgültigen Diskretisierung des Problems führen. Diese Formfunktionen N_j bei den Finite-Elemente-Verfahren sind völlig analog zu den Ansatzfunktionen beim Galerkin-Verfahren. Der Index j bei N_j bezeichnet die Zählvariable für die Anzahl der Knoten eines Elements. In unserem Beispiel mit Dreieckselementen läuft j von 1 bis 3. Die Formfunktion N_j besitzt die Eigenschaft, daß sie an einem Knoten j eines jeweils betrachteten Elementes e den Wert eins besitzt und an allen anderen Knoten des selben Elementes den Wert null.

Damit kann eine Zustandsgröße $u_e(\xi_1, \xi_2, \xi_3)$ an den Knoten eines Elementes e approximiert werden durch die Gleichung :

$$
u_e(\xi_1, \xi_2, \xi_3) = \sum_{j=1}^{3} u_{e,j} \cdot N_j(\xi_1, \xi_2, \xi_3) = u_{e,1} \cdot N_1 + u_{e,2} \cdot N_2 + u_{e,3} \cdot N_3 . \quad (4.160)
$$

Auch hier wird die Analogie zum Approximationsansatz des Galerkin-Verfahrens aus Gleichung (4.136) deutlich. Wir erkennen aber gleichzeitig die Unterschiede zum Galerkin-Verfahren. In Gleichung (4.160) gilt der Reihenansatz mit den gesuchten Koeffizienten $u_{e,j}$ und den Formfunktionen N_j nur für ein jeweils diskretes Element aus dem Integrationsbereich, während das Galerkin-Verfahren ohne Diskretisierung des Integrationsbereichs in einzelne Elemente auskommt.

156

Wegen der Ausblendeigenschaft der Formfunktion N_j ($N_j = 1$ im Knoten j, in den anderen Knoten $N_j = 0$) sind die Ansatzkoeffizienten $u_{e,j}$ in Gleichung (4.160) auch gleichzeitig die Werte der Funktion $u_e(\xi_1, \xi_2, \xi_3)$ an den Knoten j.

Es gibt verschiedene Möglichkeiten, Formfunktion N_j mit den geforderten Eigenschaften auszuwählen. Beim häufig eingesetzten Taylor-Galerkin-Finite-Elemente-Verfahren (siehe auch H. OERTEL jr. et al., Aerothermodynamik, 1994), welches nicht identisch ist mit dem Galerkin-Verfahren aus Abschnitt 4.2.1, arbeitet man mit linearen Formfunktionen, auf die wir näher eingehen wollen.

In Abbildung 4.21 sind die linearen Formfunktionen im Dreieckselement dargestellt. Die Formfunktion nimmt linear ab vom Wert eins im betrachteten Knoten des Elementes auf den Wert null in den anderen beiden Knoten des selben Elementes. Die linearen Formfunktionen N_j berechnen sich somit in Abhängigkeit der Lagrange'schen Flächenkoordinaten nach den Gleichungen:

$$N_1 = N_A = \xi_1 \quad , \quad N_2 = N_B = \xi_2 \quad , \quad N_3 = N_C = \xi_3 \quad . \tag{4.161}$$

Durch Summation über alle Elemente erhalten wir dann eine Approximation für die ursprünglich gesuchte Funktion $u(x, z)$:

$$u(x, z) \approx \sum_{e=1}^{n} \sum_{j=1}^{3} u_{e,j} \cdot N_j = \sum_{e=1}^{n} (u_{e,1} \cdot N_1 + u_{e,2} \cdot N_2 + u_{e,3} \cdot N_3) \tag{4.162}$$

In Gleichung (4.162) bezeichnet der Summationsindex j die Summe über alle Knoten eines Elements Ω_e. Im Falle der von uns behandelten Dreieckselemente läuft j von 1 bis 3. Der Index e bezeichnet die Summation über alle n Elemente Ω_e, in die der Integrationsbereich Ω der gesuchten Funktion $u(x, z)$ diskretisiert wurde.

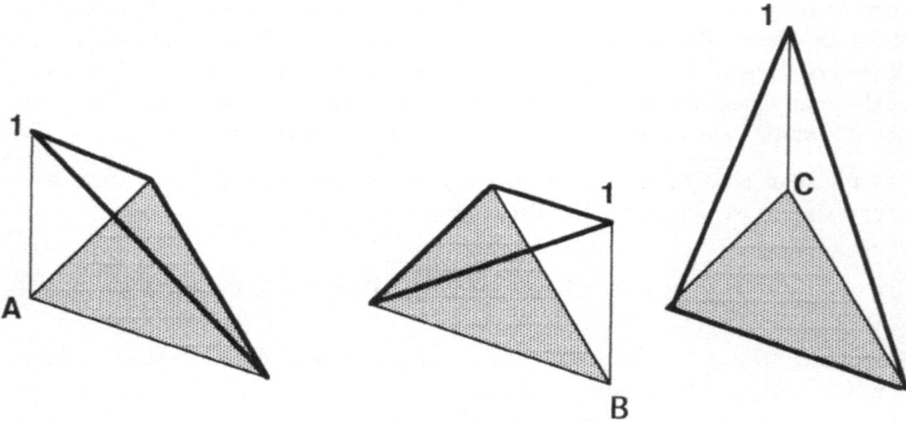

Abb. 4.21: Lineare Formfunktionen im Dreieckselement

Die Bestimmung der unbekannten Koeffizienten $u_{e,j}$ geschieht über die Formulierung eines Variationsproblems, wie wir es beim Galerkin-Verfahren im letzten Abschnitt bereits kennengelernt haben. Der Approximationsansatz aus Gleichung (4.162) wird in die zu lösende Differentialgleichung eingesetzt. Dadurch erhält man, wie bereits in Gleichung (4.137) gezeigt, ein Residuum R aus der Differenz zwischen der exakten Lösung $u(x,z)$ und der Näherungslösung für $u(x,z)$. Beim Taylor-Galerkin-Finite-Elemente-Verfahren wird das Residuum R mit Gewichtsfunktionen N_k multipliziert und anschließend gefordert, daß das Skalarprodukt aus Residuum R und Gewichtungsfunktionen N_k, integriert über den Integrationsbereich, verschwindet. Der Index k läuft dabei über die Anzahl der Knoten eines Elementes. Wegen der Diskretisierung in einzelne Elemente wird dieses Integral aufgesplittet in eine Summe von Integralen über die Elemente. Als Bestimmungsgleichungen für die Koeffizienten $u_{e,j}$ erhalten wir:

$$\int_{\Omega} (R \cdot N_k)\ d\Omega = \sum_{e=1}^{n} \int_{\Omega_e} (R \cdot N_k)\ d\Omega = 0 \qquad (4.163)$$

Die Gleichungen (4.163) sind wiederum ein lineares Gleichungssystem zur Bestimmung der gesuchten Koeffizienten. In unserem Übungsbuch Strömungsmechanik finden sich zwei Beispielaufgaben zur Kanalströmung, die einmal mit dem Galerkin-Verfahren nach Abschnitt 4.2.1 und einmal mit dem Galerkin-Finite-Elemente-Verfahren gelöst werden. Desweiteren sind in den Musterlösungen für diese Aufgaben die einzelnen Lösungsschritte vom approximierten Lösungsansatz bis zur Formulierung des linearen Gleichungssystems ausführlich beschrieben.

Bei der Anwendung der Finiten-Elemente-Methode kommen wir auf die Tragflügelströmung zurück und zeigen in Abbildung 4.22 ein Rechennetz und eine numerische Lösung für das Tragflügelprofil. Das Rechennetz besteht aus unstrukturierten Dreieckselementen. Am Rand der Kontur und im Nachlaufbereich hinter dem Tragflügel sind die Dreieckselemente erheblich dichter angeordnet als in einiger Entfernung vom Tragflügelprofil. Dies ist notwendig, um die Grenzschicht und die Nachlaufströmung mit ausreichender Genauigkeit auflösen zu können. Bei der Auswahl geeigneter Netze ist ein Verständnis der Strömungsphänomene erforderlich, um eine geeignete lokale Verfeinerung der Netze vornehmen zu können. Wir kommen in Kapitel 5 auf die Strömungsphänomene zurück. So muß im Bereich eines Verdichtungsstoßes entsprechend dem lokalen Drucksprung das Netz verfeinert werden, um den Stoß numerisch auflösen zu können. Dazu verwendet man sogenannte adaptive Netze, für die unstrukturierte Elemente besonders geeignet sind. Unter der Netzadaption versteht man die Anpassung des Netzes an das Strömungsproblem. Die numerische Auflösung ist dort groß, wo starke Gradienten der Strömungsgrößen vorhanden sind, und dort gering, wo die Strömungsgrößen konstant sind oder sich nur schwach ändern. Treten während einer numerischen Berechnung starke Gradienten auf, so werden in diesen Gebieten zusätzliche Knoten eingefügt, was zu einer Netzverfeinerung durch kleinere Elemente führt. Für eine eingehende Beschreibung der Netzgenerierung und Netzadaption verweisen wir auf unser Lehrbuch 'Numerische Strömungsmechanik', H. OERTEL jr., E. LAURIEN 1995.

Die Abbildung 4.22 zeigt eine mit Finiten-Elementen auf unstrukturierten Netzen berechnete Druckverteilung auf dem Profil im Vergleich mit einer experimentell gewonnenen Druckverteilung. Die Machzahl beträgt $M_\infty = 0.79$, die Reynoldszahl $Re_\infty = 6.5 \cdot 10^6$ und der Anstellwinkel des Profils $\alpha = 2.3°$. Die obere Kurve zeigt die Druckverteilung auf der Oberseite des Tragflügels und die untere Kurve die Druckverteilung auf der Unterseite.

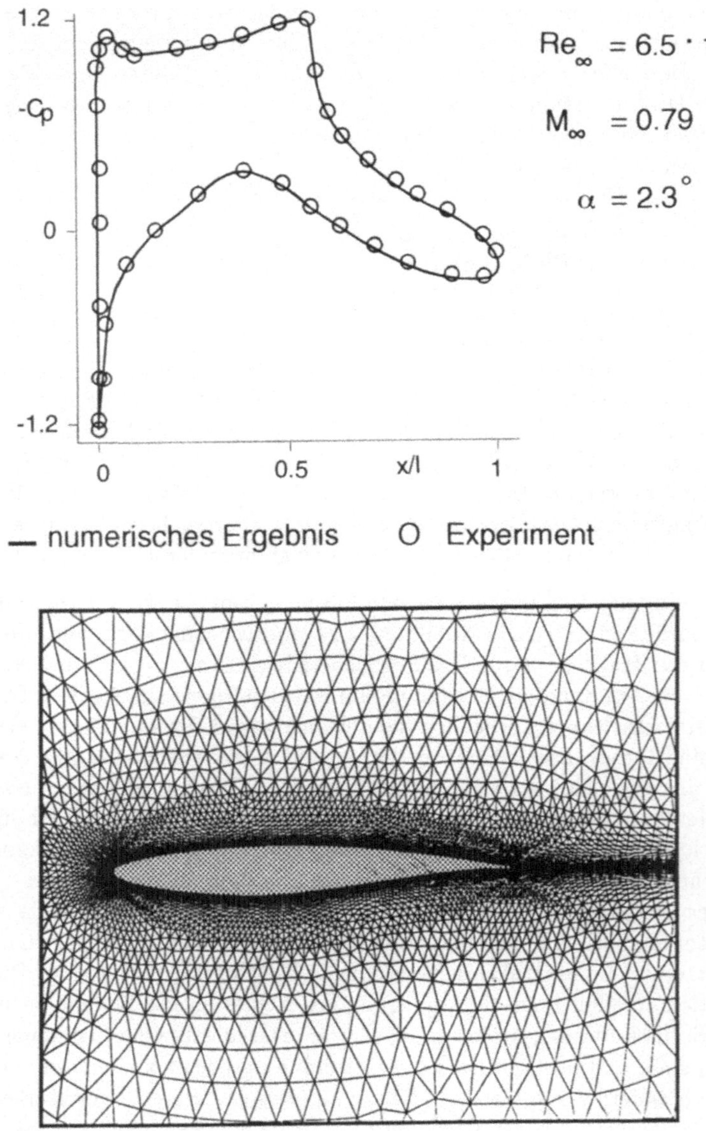

Abb. 4.22: Rechennetz und berechnete Druckverteilung auf der Ober- und Unterseite eines Tragflügelprofils, (NASA Langley Research Center 1990)

Die durch den Verdichtungsstoß verursachte Druckerhöhung erscheint im $-c_p$-Diagramm für die obere Tragflügelhälfte als sprunghafte Abnahme des $-c_p$-Wertes. Die Netzverfeinerung im Grenzschicht- und im Nachlaufbereich des Profils ist deutlich zu sehen. Es wurden die Favre-gemittelten Reynolds-Gleichungen aus Kapitel 3.5.1 mit dem Baldwin-Lomax-Turbulenzmodell aus Kapitel 3.5.3 gelöst. Die Übereinstimmung mit den Meßwerten ist in beiden Fällen sehr gut.

4.2.3 Finite-Differenzen-Verfahren

Das Finite-Differenzen-Verfahren geht ebenso wie das Finite-Elemente-Verfahren im ersten Schritt von einer Diskretisierung des Integrationsbereiches aus. Im zweiten Schritt werden die partiellen Differentialgleichungen jedoch ohne jeglichen Lösungsansatz in den diskreten Gitterpunkten in Differenzengleichungen überführt. Dies setzt ein orthogonales Rechennetz voraus.

Wir beginnen diesmal mit der formalen zeitlichen Diskretisierung eines instationären Strömungsproblems für eine gesuchte Größe $u(t, x, y, z)$. Abbildung 4.23 zeigt die kontinuierliche Zeitachse t beginnend bei $t = 0$, die in eine bestimmte Anzahl von diskreten Gitterpunkten unterteilt wird, an denen die Funktionswerte $u(t, x, y, z)$ näherungsweise berechnet werden sollen. Die kontinuierliche Zeit t wird also in äquidistante Zeitintervalle Δt unterteilt, an deren Intervallgrenzen die gesuchten Funktionswerte zu bestimmen sind. Ein beliebiger diskreter Zeitpunkt t^n auf der Zeitachse ist dann bestimmt durch:

$$t^n = n \cdot \Delta t \qquad \text{mit} \quad n = 0, 1, 2, 3, \cdots \qquad . \tag{4.164}$$

Dabei ist n der Zählindex für die Zeit. Δt bezeichnet das vorgegebene Zeitintervall und wird Zeitschrittweite genannt. t^n steht damit für den n-ten diskreten Zeitpunkt, an dem der Funktionswert $u(t^n)$ berechnet wird. Für diesen Funktionswert $u(t^n)$ wird die abkürzende Schreibweise $u(t^n) = u^n$ eingeführt. Die kontinuierliche Anfangsbedingung $u(t = 0) = konst$ eines Anfangswertproblems schreibt sich in der diskretisierten Notation in der Form $u(t^0 = 0) = u^0 = konst$. Die Bezeichnung u^n stellt den augenblicklichen Funktionswert zum Zeitpunkt t^n dar, u^{n-1}, u^{n-2}, etc. bekannte Funktionswerte zu früheren, vergangenen Zeitpunkten und u^{n+1} den Funktionswert, der für einen zukünftigen Zeitpunkt t^{n+1} zu bestimmen ist.

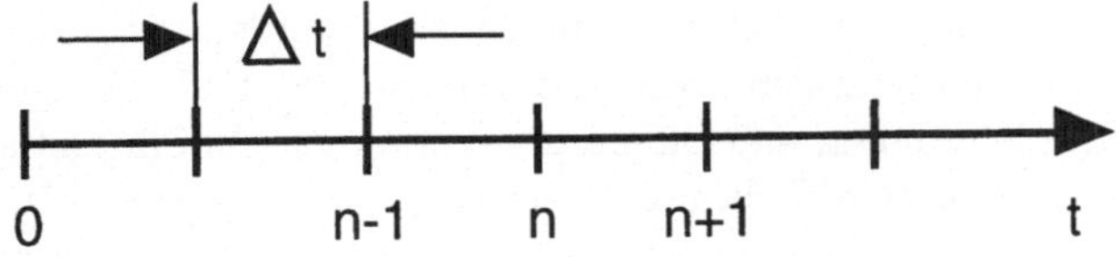

Abb. 4.23: Prinzipskizze der zeitlichen Diskretisierung

Nach der Diskretisierung des Integrationsbereichs erfolgt mit der Approximation der Differentialquotienten durch Differenzenquotienten der zweite Schritt bei der Anwendung eines Finite-Differenzen-Verfahrens. Wir beginnen die Approximation der Differentialquotienten durch Differenzenquotienten mit einer Taylor-Entwicklung in der Zeit t für einen Funktionswert $u(t_0 + \Delta t)$. Es gilt:

$$u(t_0 + \Delta t) = u(t_0) + \Delta t \cdot \frac{\partial u}{\partial t}\Big|_{t=t_0} + \frac{\Delta t^2}{2!} \cdot \frac{\partial^2 u}{\partial t^2}\Big|_{x=x_0} + \cdots =$$

$$u(t_0 + \Delta t) = u(t_0) + \Delta t \cdot \frac{\partial u}{\partial t}\Big|_{t=t_0} + O(\Delta t^2) \quad . \tag{4.165}$$

Der Ausdruck $O(\Delta t^2)$ macht eine Aussage über die Ordnung des Fehlers, wenn man die Taylor-Entwicklung für $u(t_0 + \Delta t)$ nach dem dritten Summanden abbricht. In diesem Fall machen wir einen Fehler 2. Ordnung, da die Größe des Fehlers für $\Delta t \to 0$ von der Größe von $(\Delta t)^2$ bestimmt wird. Lösen wir Gleichung (4.165) nach dem Differentialquotienten auf, den wir approximieren wollen, so ergibt sich:

$$\frac{\partial u}{\partial t}\Big|_{t=t_0} = \frac{u(t_0 + \Delta t) - u(t_0)}{\Delta t} - O(\Delta t) \quad . \tag{4.166}$$

Schreiben wir Gleichung (4.166) für einen beliebigen Zeitpunkt t^n auf und benutzen die folgende abkürzende Schreibweise, so erhalten wir:

Vorwärts-Differenz: $\hspace{4em}$ (4.167)

$$\frac{\partial u(t^n)}{\partial t} = \frac{u(t^{n+1}) - u(t^n)}{\Delta t} - O(\Delta t) = \frac{\partial u^n}{\partial t} = \frac{u^{n+1} - u^n}{\Delta t} - O(\Delta t)$$

Gleichung (4.167) nennt man einen Vorwärts-Differenzenquotient, da die Ableitung an der Stelle $t = t^n$ mit einem Wert u^{n+1} an einem zukünftigen Zeitpunkt t^{n+1} approximiert wird. Umgekehrt führt der Vorwärts-Differenzenquotient bei bekannter Ableitung an der Stelle $t = t^n$ auf ein **explizites** Finite-Differenzen-Verfahren, da es gelingt, Gleichung (4.167) explizit nach dem unbekannten Wert u^{n+1} aufzulösen:

$$u^{n+1} = u^n + \Delta t \cdot \frac{\partial u^n}{\partial t} \quad . \tag{4.168}$$

Ableitungen nach der Zeit werden in der Strömungsmechanik in der Regel mit Hilfe von Differenzenverfahren approximiert, auch dann wenn die räumlichen Ableitungen mittels anderer Verfahren diskretisiert werden, wie beispielsweise bei den Finite-Elemente oder den noch zu besprechenden Finite-Volumen-Verfahren. Dies liegt darin begründet, daß Differenzen-Verfahren sehr effizient auf Transportvorgänge, die nur in eine Richtung wirken, angewandt werden können. Bei Zeitableitungen ist das der Fall, da Informationen nur in einer Richtung entlang der positiven Zeitkoordinate t von der Vergangenheit in die Zukunft transportiert werden. Im Raum, in dem Transportmechanismen in allen Richtungen möglich sind, eignen sich neben der Vorwärtsdifferenz auch andere Differenzenquotienten, die wir daher am Beispiel der Ortsableitungen erklären wollen.

Wir kommen jetzt zur Raumdiskretisierung, die genau wie die zeitliche ebenfalls auf einer Unterteilung der kontinuierlichen Koordinaten in äquidistante Gitterpunkte beruht. Die Abstände der Gitterpunkte, an denen die Funktionswerte gesucht sind, werden in räumlichen kartesischen Koordinaten x, y und z mit $\Delta x, \Delta y$ und Δz, bezeichnet. Die Zählindizes entlang der Koordinatenrichtungen x, y und z lauten i, j und k. Die diskreten unabhängigen Ortsvariablen lauten somit:

$$\begin{aligned}
x_i &= i \cdot \Delta x && \text{mit} \quad i = 0, 1, 2, 3 \cdots \\
y_j &= j \cdot \Delta y && \text{mit} \quad j = 0, 1, 2, 3 \cdots \\
z_k &= k \cdot \Delta z && \text{mit} \quad k = 0, 1, 2, 3 \cdots \quad .
\end{aligned} \tag{4.169}$$

Die Abbildung 4.24 zeigt auf der linken Seite einen Ausschnitt aus einem zweidimensionalen Netz zur Diskretisierung der x, z-Ebene. Auf der rechten Seite ist die Diskretisierung im Raum dargestellt. Auch hier gilt die abkürzende Schreibweise, die bereits bei der Zeitdiskretisierung verwendet wurde. Eine instationäre dreidimensionale Größe $u(t, x, y, z)$, die in Raum und Zeit diskretisiert wurde, lautet in diskreter Notation:

$$u(n \cdot \Delta t, \; i \cdot \Delta x, \; j \cdot \Delta y, \; k \cdot \Delta z) = u(t^n, x_i, y_j, z_k) = u_{i,j,k}^n \quad . \tag{4.170}$$

Zur Herleitung der weiteren Differenzenquotienten bedienen wir uns wieder einer Taylor-Entwicklung. Einen Rückwärts-Differenzenquotient zur Approximation einer räumlichen Ableitung in x-Richtung erhalten wir durch eine Taylor-Enwicklung von $u(x_0 - \Delta x, y_0, z_0)$:

$$u(x_0 - \Delta x, y_0, z_0) = u(x_0, y_0, z_0) - \Delta x \cdot \frac{\partial u}{\partial x}\Big|_{x=x_0} + O(\Delta x^2) \quad . \tag{4.171}$$

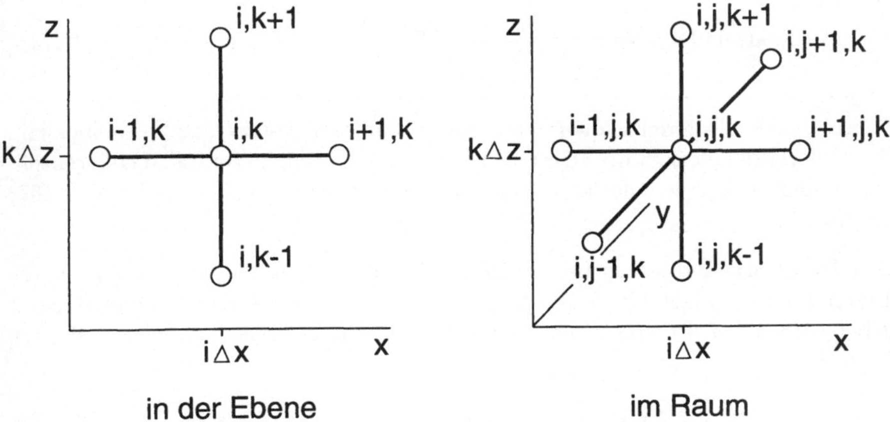

Abb. 4.24: Prinzipskizze der räumlichen Diskretisierung

Nach Umformung und Überführung in die diskretisierte Schreibweise folgt für den Rückwärts-Differenzenquotient zur Approximation der ersten Ableitung in x-Richtung (vgl Abbildung 4.24):

$$\text{Rückwärts-Differenz:} \qquad \frac{\partial u_{i,j,k}}{\partial x} = \frac{u_{i,j,k} - u_{i-1,j,k}}{\Delta x} - O(\Delta x) \qquad (4.172)$$

Auch beim Rückwärts-Differenzenquotient ist der Fehler von erster Ordnung. Rückwärts-Differenzen werden benötigt zur Erfüllung der Randbedingungen am Ende des Integrationsbereichs. Ist beispielsweise der i-te Funktionswert $u_{i,j,k}$ eine vorgeschriebene Randbedingung, so läßt sich der Wert $u_{i-1,j,k}$ berechnen, indem entgegen der positiven x-Achse vom rechten Rand aus rückwärts in das Integrationsgebiet gerechnet wird.

Neben dem Vorwärts- und Rückwärts-Differenzenquotient existiert noch der zentrale Differenzenquotient zur Approximation der ersten Ableitung. Dabei wird die Ableitung von $u_{i,j,k}$ in Abhängigkeit der Funktionswerte unmittelbar dieseits und jenseits des betrachteten Punktes gebildet. Man bildet den zentralen Differenzenquotienten, indem man die Taylor-Entwicklung für $u(x_0 - \Delta x, y_0, z_0)$ von derjenigen für $u(x_0 + \Delta x, y_0, z_0)$ subtrahiert. Die Glieder mit Ableitungen geradzahliger Ordnung heben sich dann gegenseitig auf und wir erhalten:

$$u(x_0 + \Delta x, y_0, z_0) - u(x_0 - \Delta x, y_0, z_0) = 2 \cdot \Delta x \cdot \frac{\partial u}{\partial x}\Big|_{x=x_0} + \frac{(\Delta x)^3}{3} \cdot \frac{\partial^3 u}{\partial x^3}\Big|_{x=x_0} + \cdots \ . $$
$$(4.173)$$

Gleichung (4.173) nach der ersten Ableitung aufgelöst und auf die diskretisierte Schreibweise gebracht ergibt (vgl. Abbildung 4.24):

$$\text{Zentrale Differenz:} \qquad \frac{\partial u_{i,j,k}}{\partial x} = \frac{u_{i+1,j,k} - u_{i-1,j,k}}{2 \cdot \Delta x} - O(\Delta x)^2 \qquad (4.174)$$

Beim zentralen Differenzenquotienten ist der Fehler also von zweiter Ordnung klein. Der Differentialquotient der ersten Ableitung wird mit einem zentralen Differenzenquotienten folglich genauer approximiert als mit denjenigen aus Gleichung (4.167) und (4.172).

Den Differenzenquotienten für die zweite Ableitung erhalten wir, indem wir die Taylor-Entwicklungen für $u(x_0 + \Delta x, y_0, z_0)$ und $u(x_0 - \Delta x, y_0, z_0)$ addieren. Jetzt heben sich alle Ableitungen ungeradzahliger Ordnung gegenseitig weg und nach Umformung bleibt übrig:

$$\frac{\partial^2 u}{\partial x^2}\Big|_{x=x_0} = \frac{u(x_0 + \Delta x, y_0, z_0) - 2 \cdot u(x_0, y_0, z_0) + u(x_0 - \Delta x, y_0, z_0)}{(\Delta x)^2} - O(\Delta x)^2 \ .$$
$$(4.175)$$

In diskretisierter Schreibweise folgt für den Differenzenquotienten zur Approximation der zweiten Ableitung:

$$\text{Differenz 2. Ableitung:} \quad \frac{\partial^2 u_{i,j,k}}{\partial x^2} = \frac{u_{i+1,j,k} - 2 \cdot u_{i,j,k} + u_{i-1,j,k}}{(\Delta x)^2} - O(\Delta x)^2 \quad (4.176)$$

Der Fehler ist bei Approximation der zweiten Ableitung ebenfalls von zweiter Ordnung klein.

Wir haben somit alle Differenzenquotienten hergeleitet, die zur Diskretisierung der strömungsmechanischen Grundgleichungen benötigt werden. Ableitungen nach den Variablen y bzw. z ergeben sich ganz analog zu den für die x-Richtung angegebenen durch Vertauschen des jeweiligen Laufindex.

Es existieren unterschiedliche Finite-Differenzen-Verfahren, deren Bezeichnung sich daran orientiert, welche Methode benutzt wird, um einen unbekannten Wert u^{n+1} zu einem zukünftigen Zeitpunkt t^{n+1} zu berechnen, wenn u^n zum gegenwärtigen Zeitpunkt t^n bekannt ist. Das **explizite** Finite-Differenzen-Verfahren aus Gleichung (4.168) trägt auch den Namen explizites Euler-Verfahren oder Euler-Vorwärtsverfahren. Im Vergleich dazu erhält man ein Euler-Rückwärtsverfahren, wenn man die zeitliche Ableitung zum Zeitpunkt $t = t^{n+1}$ mit einem Wert u^n des aktuellen Zeitpunktes t^n approximiert. Dies ergibt folglich einen zeitlichen Rückwärts-Differenzenquotienten:

$$\frac{\partial u(t^{n+1})}{\partial t} = \frac{u(t^{n+1}) - u(t^n)}{\Delta t} \qquad \text{oder auch} \qquad \frac{\partial u^{n+1}}{\partial t} = \frac{u^{n+1} - u^n}{\Delta t} \quad . \quad (4.177)$$

Gleichung (4.177) führt auf ein **implizites** Finite-Differenzen-Verfahren oder auch implizites Euler-Verfahren. Bei bekanntem Wert u^n zum aktuellen Zeitpunkt t^n gelingt es nicht, Gleichung (4.177) explizit nach den Werten u^{n+1} zum zukünftigen Zeitpunkt t^{n+1} aufzulösen. Ein implizites Finite-Differenzen-Verfahren resultiert bei einem Anfangs-Randwert-Problem in einem algebraischen Gleichungssystem. Gleichung (4.177) ist dann für jeden diskreten Punkt i der Ortsdiskretisierung aufzustellen, so daß man i Gleichungen für die i Unbekannten u^{n+1} an den i Ortspunkten erhält. Dieses Verfahren erfordert folglich einen höheren Programmieraufwand als ein explizites Verfahren. Die Genauigkeit entspricht derjenigen eines expliziten Verfahrens, jedoch sind die Stabilitätseigenschaften, auf die wir am Ende des Kapitels zu sprechen kommen, erheblich günstiger, d.h. ein numerischer Fehler verstärkt sich nicht, sondern wird abgeschwächt.

Ein implizites Verfahren, bei dem die Genauigkeit und vor allem die Stabilität erhöht wird, ist das Crank-Nicholson-Verfahren. Dieses Verfahren setzt sich aus den Gleichungen (4.167) und (4.177) zusammen, indem zur Bestimmung des unbekannten Wertes u^{n+1} der arithmetische Mittelwert der jeweiligen linken Seiten der beiden Gleichungen eingesetzt wird. Es ergibt sich:

$$\frac{1}{2} \cdot \left(\frac{\partial u^{n+1}}{\partial t} + \frac{\partial u^n}{\partial t} \right) = \frac{u^{n+1} - u^n}{\Delta t} \quad . \quad (4.178)$$

Ein erstes Anwendungsbeispiel zum Finite-Differenzen-Verfahren findet sich bezüglich der numerischen Berechnung einer Kanalströmung in unserem Übungsbuch Strömungsmechanik.

Wir wollen abschließend noch einige Bemerkungen zum Begriff der numerischen Stabilität machen. Ein numerisches Lösungsverfahren für partielle Differentialgleichungen wird prinzipiell von zwei verschiedenen Fehlerquellen beeinflußt:

- Rundungsfehler ϵ_R

  Der Rundungsfehler entsteht im Rechner selbst, da Gleitkommazahlen nur mit endlicher Genauigkeit abgespeichert werden. Beispielsweise der Bruch $\frac{1}{3}$ wird bei einer Zahlendarstellung im Rechner nach einer endlichen Anzahl von Ziffern 3 nach dem Komma abgebrochen. Die Differenz dieser Zahl zum exakten Wert $\frac{1}{3}$ ergibt den Rundungsfehler ϵ_R.

- Diskretisierungsfehler ϵ_D

  Die Differenz zwischen der exakten analytischen Lösung einer Differentialgleichung und der rundungsfehlerfreien numerischen Lösung der zugehörigen Differenzengleichung wird als Diskretisierungsfehler bezeichnet. Er entsteht folglich nicht im Rechner, sondern dadurch daß bei einer Taylor-Entwicklung nach einer endlichen Anzahl von Summengliedern abgebrochen wird.

Ein numerisches Verfahren wird als stabil bezeichnet, wenn ein vorhandener Fehler ϵ bei der Berechnung der gesuchten Werte zum Zeitpunkt t^{n+1} aus zum Zeitpunkt t^n bekannten Werten nicht anwächst. Für Stabilität muß folglich gelten:

$$\frac{\epsilon^{n+1}}{\epsilon^n} \leq 1 \quad . \tag{4.179}$$

Vor allem wenn bei der Auswahl der Zeitschrittweite Δt in Kombination mit der Raumschrittweite z.B Δx, bestimmte Bedingungen verletzt werden, stellen sich

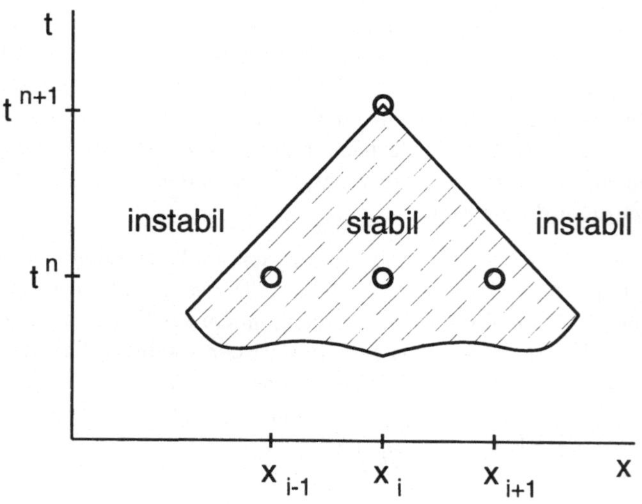

Abb. 4.25: Zum Begriff der numerischen Stabilität

numerische Instabilitäten ein. Zur Verdeutlichung dieser Aussage betrachten wir Abbildung 4.25. Gezeigt ist ein Weg-Zeit-Diagramm, wobei x für eine Raumrichtung steht und t die Zeit bezeichnet. Bei einem expliziten Verfahren läßt sich an jedem räumlichen Punkt x_i ein gesuchter Funktionswert u_i^{n+1} zum folgenden Zeitpunkt t^{n+1} ausrechnen. Dazu werden im gezeigten Fall bekannte Funktionswerte zum Zeitpunkt t^n in den Punkten x_{i-1}, x_i und x_{i+1} verwendet. Die beiden Geraden, die in Abbildung 4.25 zum Punkt (x_i, t^{n+1}) führen, schließen einen Sektor ein und haben die konstanten Steigungen $\frac{1}{c}$ bzw. $-\frac{1}{c}$. Es gelten also die Beziehungen:

$$\Delta t = \frac{1}{c} \cdot \Delta x \quad \text{für}: \quad x \leq x_i \quad , \quad \Delta t = -\frac{1}{c} \cdot \Delta x \quad \text{für} \quad x \geq x_i \quad . \qquad (4.180)$$

Dieser Sektor bildet den Einflußbereich des physikalischen Informationstransportes. Als notwendige Bedingung für die Stabilität eines numerischen Verfahrens muß gewährleistet sein, daß der Einflußbereich des numerischen Informationstransportes den physikalischen Einflußbereich als Teilmenge enthält. Dies ist dann erfüllt, wenn die Geraden, die den Sektor des numerischen Einflußbereichs bilden und zum Punkt (x_i, t^{n+1}) führen, eine geringere Steigung haben als $\frac{1}{c}$ bzw. $-\frac{1}{c}$. Für die Wahl des Zeitschrittes muß also gelten:

$$\Delta t \leq \frac{1}{c} \cdot \Delta x \quad \text{bzw.} \quad c \cdot \frac{\Delta t}{\Delta x} = \text{CFL} \leq 1 \quad . \qquad (4.181)$$

Der Ausdruck $c \cdot \frac{\Delta t}{\Delta x}$ wird nach Courant, Friedrichs und Lewy als CFL-Zahl bezeichnet und bildet ein wichtiges Stabilitätskriterium.

Weitere Einzelheiten zum Finite-Differenzen-Verfahren und zum Stabilitätsverhalten numerischer Verfahren finden sich in den Büchern von R. PEYRET, T. D. TAYLOR 1990 und D. P. TELIONIS 1981.

Als Beispiel zeigen wir den mit dem Finiten-Differenzen-Verfahren gewonnenen Verlauf der Wandstromlinien einer laminaren Tragflügelströmung. Es wurden die dreidimensionalen kompressiblen Grenzschichtgleichungen, die wir in Kapitel 3.6 behandelt haben, auf einem oberflächenorientierten Koordinatensystem diskretisiert, wobei die z-Koordinate senkrecht auf der Tragflügeloberfläche steht. Das so erzeugte Netz ist nicht orthogonal. Vor Anwendung des Finite-Differenzen-Verfahrens ist daher eine Koordinatentransformation vom physikalischen Raum in den Rechenraum nötig, der aus einem rechtwinkligen Netz besteht. Auf diesem Netz werden dann die diskretisierten und ebenfalls transformierten Grundgleichungen gelöst.

Die Machzahl in unserem Beispiel beträgt $M_\infty = 0.8$ und die Reynoldszahl $Re_\infty = 20 \cdot 10^6$. Dies bedeutet, daß die Strömung stromab der Tragflügelvorderkante turbulent wird. Dennoch wurde hier die laminare Grenzschichtlösung ohne Verwendung eines Turbulenzmodells berechnet, um eine möglichst genaue Grundlösung für die Stabilitätsanalyse in Kapitel 4.1.4 bereitzustellen.

Abbildung 4.26 zeigt oben links drei schraffierte Profilschnitte des berechneten Tragflügels an den Stellen $y = 0$, $y = 0.4 \cdot b$ und $y = b$. Die Variable b steht hierbei für die Halbspannweite des Flugzeuges. Das zweite Bild zeigt die Unterseite des Tragflügels, der von links angeströmt wird. Ausgehend von der Flügelvorderkante ist die Entwicklung der Wandstromlinien dargestellt. Etwa ab der Mitte des

Tragflügels ist zu erkennen, daß die Wandstromlinien eine starke Richtungsänderung aufweisen und konvergieren. Dies zeigt an, daß die Strömung entlang der Konvergenzlinie ablöst. Damit ist die Gültigkeitsgrenze der Grenzschichtgleichungen erreicht. Um den Strömungszustand weiter stromab der Ablöselinie berechnen zu können, müssen die vollständigen Navier-Stokes-Gleichungen gelöst werden.

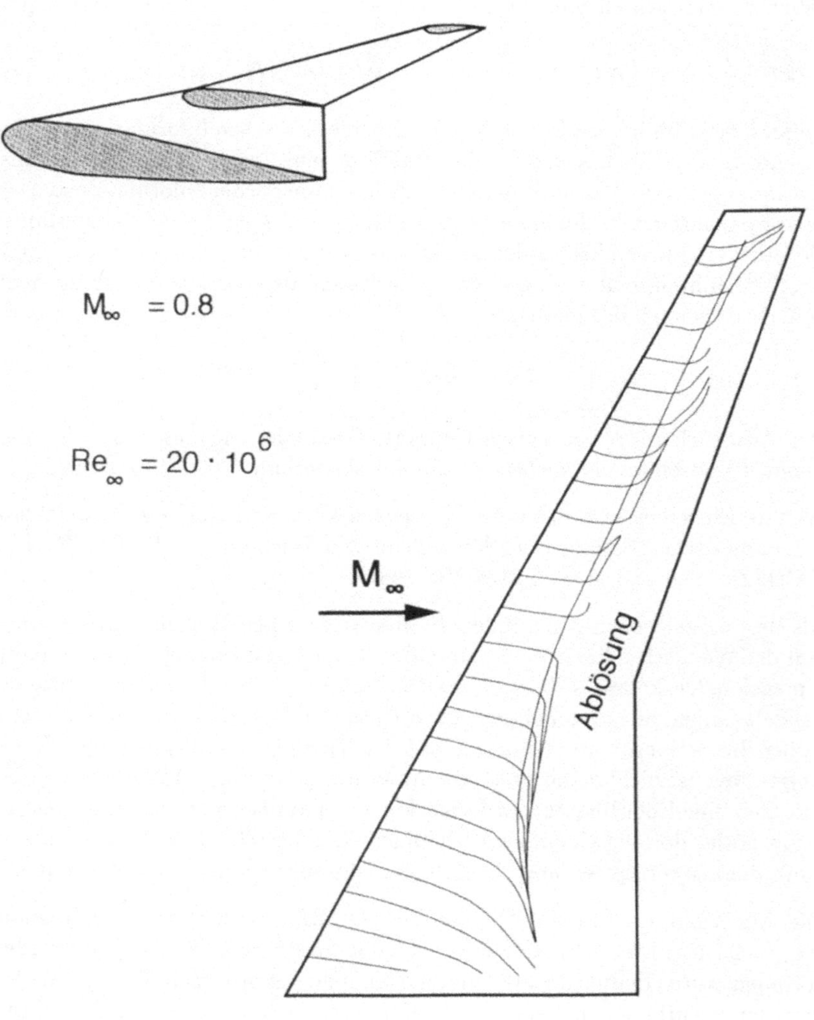

Abb. 4.26: Profilschnitt und Verlauf der Wandstromlinien bei einer Tragflügel-Grenzschichtströmung, (DLR Göttingen 1983)

4.2.4 Finite-Volumen-Verfahren

Ähnlich wie bei den Finite-Differenzen-Verfahren wird auch bei den Finite-Volumen-Verfahren das Integrationsgebiet mit Hilfe eines numerischen Netzes diskretisiert. Abbildung 4.27 zeigt die räumliche Diskretisierung des Integrationsgebiets um ein Tragflügelprofil in Finite-Volumen. Im Unterschied zu den Finite-Differenzen-Verfahren werden hier jedoch nicht die Differentialquotienten in den Grundgleichungen durch Differenzenquotienten approximiert. Bei den Finite-Volumen-Verfahren werden die Erhaltungsgleichungen über das jeweilige Volumenelement in integraler Form erfüllt. Die Grundgleichungen werden also in integraler Form diskretisiert. Bei den Finite-Volumen-Verfahren wird der Ausdruck Zelle benutzt, im Unterschied zu dem Ausdruck Element bei den Finite-Elemente-Verfahren. Diese Zellen besitzen im Zweidimensionalen die Form allgemeiner Vierecke mit vier Seitenflächen bzw. im Dreidimensionalen die Form allgemeiner Körper mit sechs Seitenflächen, sogenannte Hexaeder.

Wir behandeln hier das Zellmittelpunkt-Schema, bei welchem die Diskretisierung in den Zellmittelpunkten vorgenommen wird und die Kontrollvolumina um die Zellmittelpunkte gelegt werden. In Abbildung 4.27 sind die Zellmittelpunkte der jeweiligen Kontrollvolumenzellen durch Punkte verdeutlicht. Jeder Zellmittelpunkt besitzt die diskretisierten Koordinaten i, j und k, wobei i den Zellenindex in x-Richtung, j denjenigen in y-Richtung und k den Zellenindex in z-Richtung bezeichnet. Durch die Integration der Grundgleichungen über die einzelnen Kontrollvolumina entstehen Bilanzgleichungen, die eine konservative Diskretisierung gewährleisten.

Die konservative Form der Grundgleichungen erhält man bekanntlich immer dann, wenn von einem raumfesten Kontrollvolumen ausgegangen wird, das sich nicht mit der Strömung mitbewegt. Wir knüpfen an die Grundgleichungen in Erhaltungsform

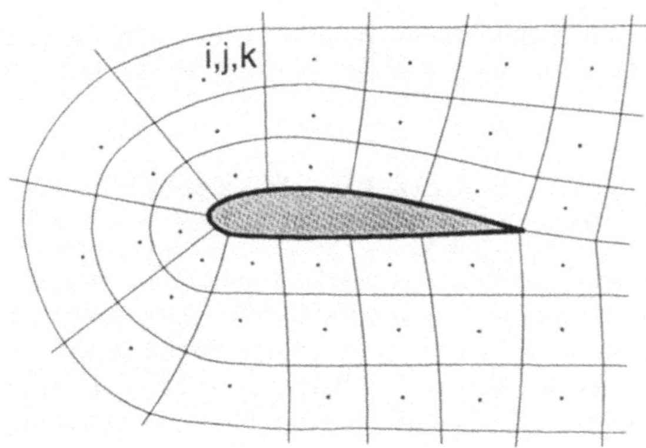

Abb. 4.27: Prinzipskizze der räumlichen Diskretisierung in Finite-Volumen

aus Gleichung (3.48) an, mit den dort definierten Größen für **U**, **F**, **G** und **H**. Da wir keine Quellterme für Masse, Impuls und Energie betrachten, setzen wir den Term der rechten Seite **S** gleich Null.

$$\frac{\partial \mathbf{U}}{\partial t} + \frac{\partial \mathbf{F}}{\partial x} + \frac{\partial \mathbf{G}}{\partial y} + \frac{\partial \mathbf{H}}{\partial z} = 0 \quad . \tag{4.182}$$

Dies ist die differentielle Formulierung der kompressiblen, dreidimensionalen Grundgleichungen in Erhaltungsform. Da die Finite-Volumen-Verfahren von einer Diskretisierung des räumlichen Integrationsgebietes V ausgehen, müssen wir Gleichung (4.182) zunächst in die entsprechende Integralform der Grundgleichungen bringen. Wir integrieren daher über das gesamte Volumen V des Strömungsfeldes und erhalten:

$$\int\limits_V \frac{\partial \mathbf{U}}{\partial t}\, dV + \int\limits_V \left(\frac{\partial \mathbf{F}}{\partial x} + \frac{\partial \mathbf{G}}{\partial y} + \frac{\partial \mathbf{H}}{\partial z} \right)\, dV = 0 \quad . \tag{4.183}$$

Zur weiteren Umformung von Gleichung (4.183) benötigen wir den Gauß'schen Integralsatz, der für eine beliebige Vektorfunktion $\vec{f}$ lautet:

$$\int\limits_V \operatorname{div}\vec{f}\, dV = \int\limits_V \nabla \cdot \vec{f}\, dV = \int\limits_O \vec{f} \cdot \vec{n}\, dO \quad . \tag{4.184}$$

Dieser Satz besagt, daß das Volumenintegral der Divergenz einer Vektorfunktion $\vec{f}$ gleich ist dem Oberflächenintegral des Skalarproduktes aus der Vektorfunktion $\vec{f}$ und dem äußeren Oberflächennormalenvektor $\vec{n}$ der Oberfläche O. Da **F** ausschließlich x-Komponenten der Erhaltungsgleichungen enthält, **G** ausschließlich y-Komponenten und **H** die z-Komponenten, lautet der Gauß'sche Integralsatz angewandt auf Gleichung (4.183):

$$\int\limits_V \frac{\partial \mathbf{U}}{\partial t}\, dV + \int\limits_O (\mathbf{F} + \mathbf{G} + \mathbf{H}) \cdot \vec{n}\, dO \quad . \tag{4.185}$$

Da die Grundgleichungen in Erhaltungsform für ein raumfestes Kontrollvolumen aufgestellt wurden, ist das Integrationsgebiet V nicht von der Zeit abhängig. Dies bedeutet, daß die Zeitableitung in Gleichung (4.185) vor das Integral gezogen werden kann. Es folgt

$$\frac{\partial}{\partial t} \int\limits_V \mathbf{U}\, dV + \int\limits_O (\mathbf{F} + \mathbf{G} + \mathbf{H}) \cdot \vec{n}\, dO \quad . \tag{4.186}$$

Der erste Schritt der Diskretisierung des kontinuierlichen Integrationsgebiets V besteht in der Unterteilung von V in einzelne diskrete Volumenzellen V_{ijk} mit jeweils sechs Oberflächen $O_l \cdot \vec{n}_l$, wobei $l = 1, \cdots, 6$ den Zählindex für die Oberflächen darstellt. O_l bezeichnet den Betrag des Flächeninhaltes der l-ten Oberfläche und $\vec{n}_l = (n_{lx}, n_{ly}, n_{lz})$ die zugehörigen äußeren Normalen-Einheitsvektoren.

Abbildung 4.28 zeigt ein diskretes Volumenelement V_{ijk} mit den sechs Normalen-Einheitsvektoren. Gesucht sind die Werte der Strömungsgrößen $\mathbf{U}_{ijk}$ in den Mittelpunkten der jeweiligen Volumenzellen V_{ijk}. Der nächste Schritt besteht folglich in der Approximation der Grundgleichungen (4.186) für jede einzelne Volumenzelle V_{ijk}. Wir erhalten:

$$\frac{d}{dt}\mathbf{U}_{ijk} \cdot V_{ijk} + \sum_{l=1}^{6} \left(\left(\mathbf{F}^{(l)} + \mathbf{H}^{(l)} + \mathbf{G}^{(l)} \right) \cdot \vec{n}_l \cdot O_l \right)_{ijk} = 0 \qquad (4.187)$$

Diese Diskretisierung geht davon aus, daß die konservativen Werte der Strömungsgrößen $\mathbf{U}_{ijk}$ in den entsprechenden Volumenzellen konstant sind. Die Komponenten der konvektiven und dissipativen Flüsse $\mathbf{F}^{(l)}$, $\mathbf{G}^{(l)}$ und $\mathbf{H}^{(l)}$ durch die sechs Seitenflächen der diskreten Volumenzelle V_{ijk} lassen sich auf die Größen in $\mathbf{U}_{ijk}$ zurückführen und können folglich aus diesen berechnet werden. Jedoch sind hierzu die Werte von $\mathbf{U}$ an den Seitenflächen der Volumenzelle nötig, wohingegen $\mathbf{U}_{ijk}$ die Werte in den Zellenmittelpunkten liefert. Es existieren unterschiedliche Verfahren, die Seitenflächenwerte aus den Mittelpunktswerten zu berechnen.

Wir wählen für diesen dritten Schritt der Diskretisierung eine einfache arithmetische Mittelwertbildung und berechnen die Werte auf den Seitenflächen aus den Mittelpunktswerten zweier unmittelbar benachbarter Volumenzellen. Für die Werte von $\mathbf{U}$ auf den sechs Seitenflächen von V_{ijk} gilt (vgl. Abbildung 4.28):

$$\mathbf{U}^{(1)} = \frac{1}{2} \cdot (\mathbf{U}_{i,j-1,k} + \mathbf{U}_{i,j,k}) \quad , \quad \mathbf{U}^{(2)} = \frac{1}{2} \cdot (\mathbf{U}_{i+1,j,k} + \mathbf{U}_{i,j,k})$$

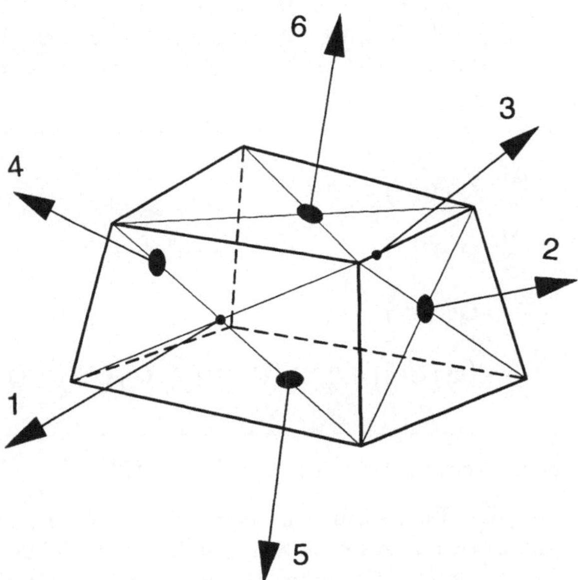

Abb. 4.28: Finite Volumenzelle und Normaleneinheitsvektoren

170

$$\mathbf{U}^{(3)} = \frac{1}{2} \cdot (\mathbf{U}_{i,j+1,k} + \mathbf{U}_{i,j,k}) \quad , \quad \mathbf{U}^{(4)} = \frac{1}{2} \cdot (\mathbf{U}_{i-1,j,k} + \mathbf{U}_{i,j,k})$$

$$\mathbf{U}^{(5)} = \frac{1}{2} \cdot (\mathbf{U}_{i,j,k-1} + \mathbf{U}_{i,j,k}) \quad , \quad \mathbf{U}^{(6)} = \frac{1}{2} \cdot (\mathbf{U}_{i,j,k+1} + \mathbf{U}_{i,j,k}) \quad . \; (4.188)$$

Die Ortsdiskretisierung ist nach diesem Schritt abgeschlossen. Wir fassen die Rückführung der Flußvektoren $\mathbf{F}$, $\mathbf{G}$ und $\mathbf{H}$ auf die Werte in den Zellmittelpunkten noch formal zu einem Diskretisierungsoperator $\mathbf{Q}(\mathbf{U}_{ijk})$ zusammen:

$$\mathbf{Q}(\mathbf{U}_{ijk}) = \frac{1}{V_{ijk}} \cdot \left(\sum_{l=1}^{6} \left(\left(\mathbf{F}^{(l)} + \mathbf{H}^{(l)} + \mathbf{G}^{(l)} \right) \cdot \vec{n}_l \cdot O_l \right)_{ijk} \right) \quad . \tag{4.189}$$

Als Endergebnis der Ortsdiskretisierung haben wir damit ein System von gewöhnlichen Differentialgleichungen der Gestalt

$$\frac{d}{dt}\mathbf{U}_{ijk} + \mathbf{Q}(\mathbf{U}_{ijk}) = 0 \tag{4.190}$$

vorliegen.

Der letzte Schritt besteht aus der Integration der Zeitrichtung. Die Zeitdiskretisierung basiert wie bei den Finite-Differenzen-Verfahren auf der Aufteilung der kontinuierlichen Zeit t in gleichgroße Schritte Δt entlang der Zeitachse. Es gilt $t = n \cdot \Delta t$ mit n als Zeitindex. Zur Integration in Zeitrichtung haben wir das klassische explizite Runge-Kutta-Verfahren mit einer Genauigkeit vierter Ordnung ausgewählt. Unter der Annahme, daß alle Größen von $\mathbf{U}_{ijk}$ zum Zeitpunkt n bekannt sind, kann das Differentialgleichungssystem (4.190) in der Zeit integriert werden. Das Verfahren benötigt vier Zwischenschritte. Als Startwert $\mathbf{U}^{(0)}$ dienen die Werte von $\mathbf{U}_{ijk}^{n}$ zum Zeitpunkt n und es gilt: $\mathbf{U}^{(0)} = \mathbf{U}^{n}$. Die vier Zwischenwerte $\mathbf{U}^{(1)}$ bis $\mathbf{U}^{(4)}$ werden rekursiv nach folgendem Schema berechnet:

$$
\begin{aligned}
\mathbf{U}^{(1)} &= \mathbf{U}^{(0)} - \frac{\Delta t}{2} \cdot \mathbf{Q}\left(\mathbf{U}^{(0)}\right) \\[2mm]
\mathbf{U}^{(2)} &= \mathbf{U}^{(0)} - \frac{\Delta t}{2} \cdot \mathbf{Q}\left(\mathbf{U}^{(1)}\right) \\[2mm]
\mathbf{U}^{(3)} &= \mathbf{U}^{(0)} - \frac{\Delta t}{2} \cdot \mathbf{Q}\left(\mathbf{U}^{(2)}\right) \\[2mm]
\mathbf{U}^{(4)} &= \mathbf{U}^{(0)} - \frac{\Delta t}{6} \cdot \left(\mathbf{Q}\left(\mathbf{U}^{(0)}\right) + 2 \cdot \mathbf{Q}\left(\mathbf{U}^{(1)}\right) + 2 \cdot \mathbf{Q}\left(\mathbf{U}^{(2)}\right) + \mathbf{Q}\left(\mathbf{U}^{(3)}\right) \right)
\end{aligned}
\tag{4.191}
$$

Der Zustand zum neuen Zeitpunkt t^{n+1} ist dann $\mathbf{U}^{n+1} = \mathbf{U}^{(4)}$.

Es hat sich gezeigt, daß Finite-Volumen-Verfahren für die Berechnung von Tragflügelströmungen relativ robust sind, d.h. unempfindlich gegenüber unvermeidlichen Unregelmäßigkeiten in der räumlichen Diskretisierung. Ein weiterer Vorteil liegt darin, daß die Programmierung und die notwendige mathematische Vorarbeit weniger Aufwand erfordern als z.B. beim Finiten-Differenzen-Verfahren, bei dem eine Koordinatentransformation auf orthogonale Gitter nötig ist.

Die Finite-Volumen-Verfahren sind im letzten Jahrzehnt auf zahlreiche Strömungsprobleme angewandt worden. Bereits in Kapitel 4.1.2 hatten wir von einer Finiten-Volumen-Lösung der Reynolds-gemittelten Navier-Stokes-Gleichungen Gebrauch gemacht. Die Abbildung 4.5 zeigt den Vergleich der Finite-Volumen-Lösung einer Profilumströmung bei der Anströmmachzahl $M_\infty = 0.82$ mit der Lösung der nichtlinearen Potentialgleichung. In den vorausgegangenen Kapiteln haben wir mehrfach dargestellt, daß die Lösung der Navier-Stokes-Gleichungen die Druckverteilung um ein transsonisches Tragflügelprofil am genauesten wiedergibt. Wir ergänzen in diesem Kapitel Finite-Volumen-Lösungen für komplexere Konfigurationen. Als Beispiel zeigen wir eine Finite-Volumen-Lösung einer Tragflügel-Rumpf-Konfiguration mit einem Triebwerk. Die Ergebnisse wurden mit einem Finite-Volumen-Verfahren

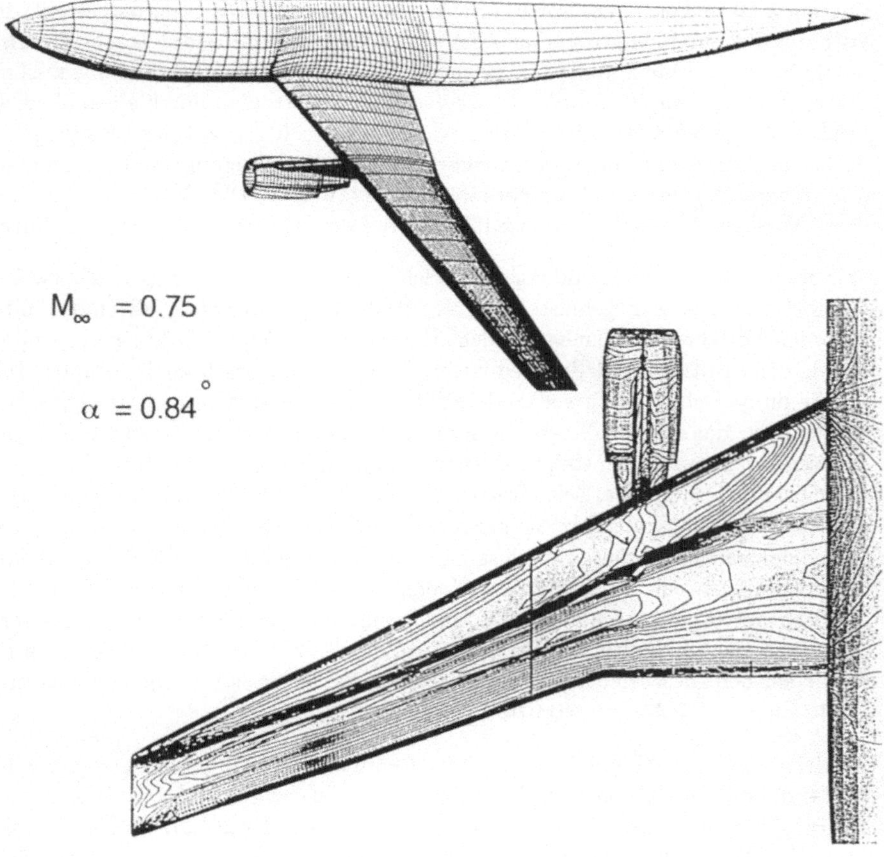

Abb. 4.29: Finite-Volumen-Diskretisierung einer Tragflügel-Rumpf-Konfiguration eines Verkehrsflugzeuges und die auf der Oberfläche dargestellten Isobaren der numerischen Lösung (DLR Braunschweig 1994)

zur Lösung der Euler-Gleichungen ohne Berücksichtigung der Reibung gewonnen, weshalb auch keine Reynolds-Zahl angegeben ist. Reibungsfreie Finite-Volumen-Verfahren werden bevorzugt dann eingesetzt, wenn sich das Interesse auf die Druckverteilung um eine Konfiguration konzentriert. Ein typisches Beispiel für eine solche Fragestellung ist die Identifizierung der Lage eines Verdichtungsstoßes auf dem Tragflügelprofil, bzw. das Gewinnen erster Erkenntnisse zur Triebwerksintegration.

Die Abbildung 4.29 zeigt zunächst die mit einem Finite-Volumen-Netz diskretisierte Geometrie des umströmten Flugzeug-Halbkörpers. Deutlich zu erkennen ist die verfeinerte Auflösung am Flugzeugrumpf im Bereich des Tragflügel-Rumpfübergangs. Weiterhin fällt die Verfeinerung im Bereich des Tragflügelendes und des Verdichtungsstoßes auf. Das Ergebnis der Finiten-Volumen-Rechnung für die Machzahl $M_\infty = 0.75$ und den Anstellwinkel $\alpha = 0.84°$ ist in der unteren Hälfte der Abbildung 4.29 in Form von Isobaren, also Linien gleichen Druckes, dargestellt. Inetwa parallel zur Flügelvorderkante ist in der vorderen Hälfte des Tragflügels eine Anhäufung von Isobarenlinien zu erkennen. Dies ist der Bereich auf dem transsonischen Tragflügel, in dem das lokale Überschallgebiet stromab durch einen Verdichtungsstoß abgeschlossen wird. Folgen wir den Stoßisobaren auf dem Tragflügel in Richtung Flugzeugrumpf, so erkennen wir eine Stoßverzweigung, bei der sich manche Isobaren stromab und andere stromauf verzweigen. Die Druckverteilung auf dem Triebwerk gibt erste Hinweise für die Triebwerksintegration in den Tragflügel.

Wir folgen unseren Anwendungsbeispielen in Kapitel 2 und zeigen als zweites Beispiel numerische Ergebnisse einer Kraftfahrzeugumströmung, die mit Finite-Volumen-Verfahren gewonnen wurden. Hier ist es das Ziel, den Strömungswiderstand, den Auftrieb und das Seitenwind-Moment numerisch zu berechnen. Das für die numerische Lösung verwendete Finite-Volumen-Verfahren entspricht exakt demjenigen, das wir in diesem Kapitel vorgestellt haben. Es handelte sich um ein Verfahren mit Zellmittelpunktschema und explizitem Rung-Kutta-Verfahren zur Diskretisierung der Zeitschritte. Genau wie beim Tragflügelbeispiel wurden auch bei der Kraftfahrzeugumströmung die Favre-gemittelten kompressiblen Grundgleichungen numerisch gelöst. Als Turbulenzmodell innerhalb des Finite-Volumen-Verfahrens wurde das k-ϵ-Modell aus Kapitel 3.5.3 eingesetzt. In den c_p-Diagrammen von Abbildung 4.30 finden sich im schraffierten Bereich numerische Lösungen für die Reynoldszahl $Re_\infty = 2.6 \cdot 10^6$ und die Machzahl $M_\infty = 0.14$, die neben dem beschriebenen Finite-Volumen-Verfahren zum Vergleich auch mit Finite-Elemente-Verfahren ermittelt wurden.

Im oberen Teil von Abbildung 4.30 ist wiederum die Geometrie-Diskretisierung der umströmten Oberfläche gezeigt. Im Vergleich zur Flugzeugumströmung des vorherigen Beispiels muß bei der Berechnung einer realistischen Kraftfahrzeugumströmung zusätzlich die Fahrbahn berücksichtigt werden, deren Diskretisierung ebenfalls dargestellt ist. Die Berechnung wird dann nach einem Wechsel des Bezugssystems vom bewegten Fahrzeug in ruhender Luft zum stehenden Fahrzeug in einer Anströmung durchgeführt. Daher muß die Fahrbahn ebenfalls diskretisiert werden, um Grenzschichteffekte zwischen Fahrzeugunterboden und der Fahrbahn in die Rechnung mitaufzunehmen. Als Randbedingung für die Fahrbahn ist dann die Geschwindigkeit der Anströmung vorzugeben, während am Fahrzeugunterboden $\vec{v} = 0$ zu

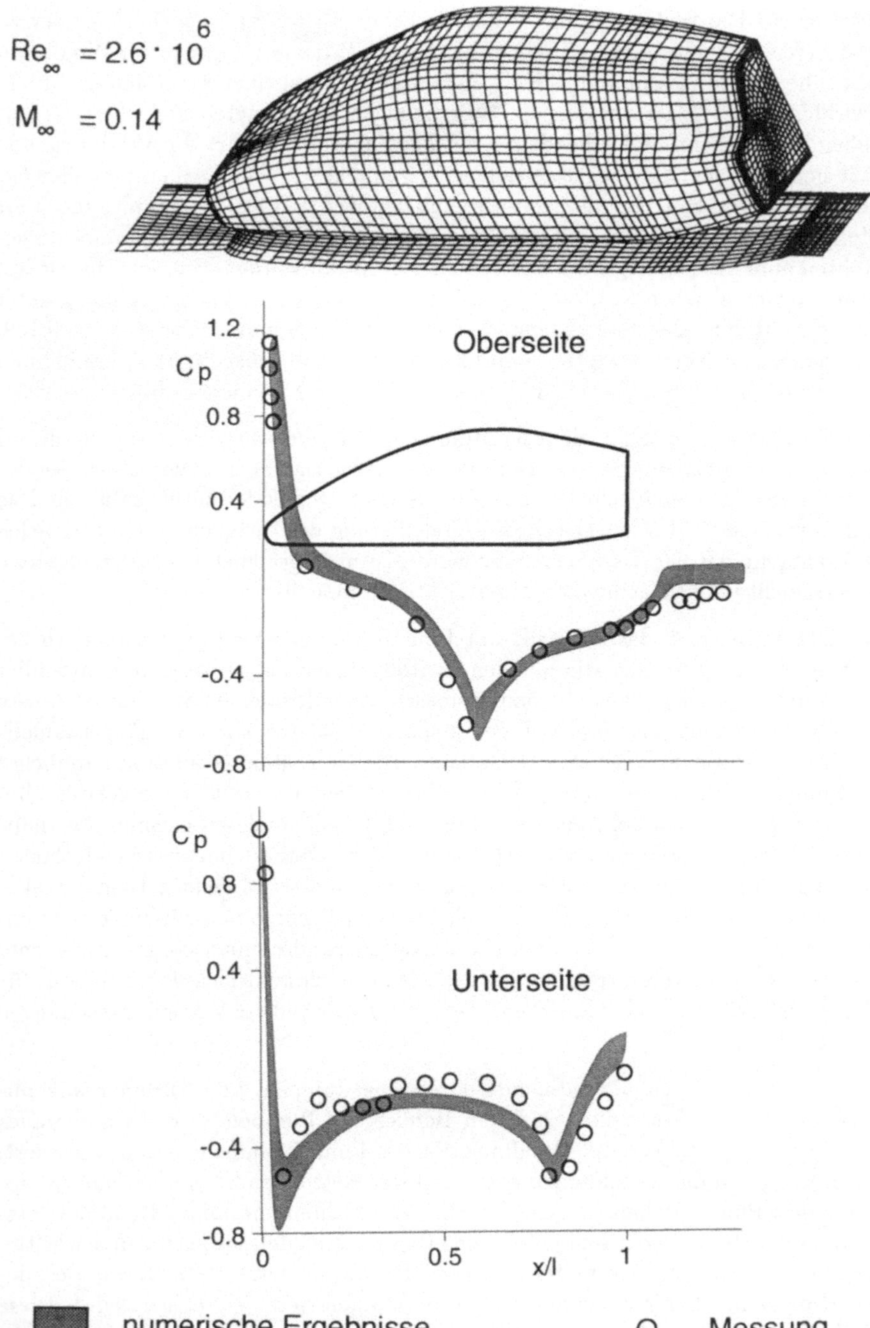

Abb. 4.30: Finite-Volumen-Diskretisierung einer Modellkonfiguration eines Kraftfahrzeuges und berechnete Druckverteilung in der Symmetrieebene im Vergleich mit Meßergebnissen (Daimler Benz AG 1993)

fordern ist. Die Bedingung der bewegten Fahrbahn ist im Windkanal schwer zu realisieren, weshalb häufig auf ein vereinfachtes Prinzipexperiment im Windkanal mit ruhender Fahrbahn und ruhendem Kraftfahrzeug in einer Anströmung zurückgegriffen wird. Daher wurden die Berechnungen im gezeigten Fall ebenfalls mit ruhender Fahrbahn und ruhendem Kraftfahrzeug durchgeführt. In Abbildung 4.30 läßt sich erkennen, daß die Abweichungen der numerischen und experimentellen Ergebnisse für die Fahrzeugunterseite erheblich größer sind als die Abweichungen für die Fahrzeugoberseite. Der Grund dafür liegt darin, daß die im Diagramm dargestellten numerischen Ergebnisse ohne Räder ermittelt wurden, während die Meßergebnisse vom gleichen Kraftfahrzeug mit Rädern stammen. Eine Berechnung unter Berücksichtigung der Radsegmente liefert einen Widerstandsbeiwert $c_w = 0.159$, der gemessene Wert beträgt $c_w = 0.153$. Für den Auftriebsbeiwert c_a erhält man aus der Rechnung mit Radsegmenten $c_a = 0.057$, die Messung ergibt $c_a = -0.094$.

Im Nachlaufbereich hinter dem Kraftfahrzeug sind die Abweichungen sowohl auf der Ober- als auch auf der Unterseite gleichermaßen signifikant. Dies ist wie bei der Berechnung des Tragflügelnachlaufes auf das Turbulenzmodell zurückzuführen. Das Turbulenzmodell, das zur geeigneten Modellierung der turbulenten Grenzschichtströmung um das Fahrzeug verwendet wurde, ist nicht geeignet, die turbulente freie Scherschicht in der Nachlaufströmung richtig zu modellieren.

Als letztes Beispiel, das ebenfalls mit Finiten-Volumen-Verfahren numerisch berechnet wurde, kommen wir auf den hydrodynamischen Drehmomentenwandler von Kapitel 2 zurück. Die in Strömungsmaschinen auftretenden Strömungsverluste wurden lange Zeit mit empirisch gewonnenen Meßdaten eines Vorgängermodells bestimmt. So war es möglich, das Gesamtbetriebsverhalten geometrisch ähnlicher Strömungsmaschinen mit einer gewissen Unsicherheit abzuschätzen. Solche Methoden versagten jedoch bei Neuentwicklungen mit völlig anderen Geometrieverhältnissen als beim Vorgängermodell. Deshalb werden verstärkt numerische Methoden auch zur Berechnung von Strömungsmaschinen eingesetzt. Jedoch ist die exakte Berechnung der Strömung in einem vollständigen Drehmomentenwandler nur unzulänglich möglich, da es sich um eine instationäre, dreidimensionale, turbulente und reibungsbehaftete Strömung handelt. Man beschränkt sich daher darauf, für Teilbereiche des hydrodynamischen Drehmomentenwandlers Vergleichsrechnungen durchzuführen.

In Abbildung 4.31 ein Radialschnitt durch eine Pumpen- und Turbinenradkonfiguration gezeigt. Ein Sektor aus dem Bereich des Pumpen- und Turbinenrades ist in ein nichtorthogonales, dreidimensionales Finite-Volumen-Netz diskretisiert. Im unteren Teil der Abbildung diskretisiert das Netz einen Strömungsbereich, der durch drei Pumpenschaufeln gebildet wird. Am rechten und linken Rand des Integrationsgebietes befindet sich jeweils eine Pumpenschaufel, sowie eine in der Mitte. Deutlich zu erkennen sind weiterhin sechs Umlenkschaufeln des Turbinenrades, deren Umgebung ebenfalls durch das Finite-Volumen-Netz diskretisiert wird. Diese Teilkonfiguration wird im dargestellten Fall von unten nach oben radial durchströmt.

Im Betriebszustand dreht sich das innere Pumpenrad mit der Winkelgeschwindigkeit ω_P und das äußere Turbinenrad mit der Winkelgeschwindigkeit ω_T. Die erzeugte Strömung ist somit periodisch instationär. Wir beschränken uns jedoch auf quasistationäre Vergleichsrechnungen für unterschiedliche relative Anordnungen von Pumpenrad und Turbinenrad zueinander.

Im gezeigten Beispiel wurde ein Finite-Volumen-Verfahren nach dem Zellmittelpunkt-Schema, das wir vorgestellt haben, eingesetzt. Es werden die Reynolds-gemittelten Navier-Stokes-Gleichungen mit einem k-ϵ-Turbulenz-Modell ausgewählt. Die Betriebsdaten sind festgelegt durch die Pumpenraddrehzahl $n_P = 200 min^{-1}$ und das Drehzahlverhältnis $\nu = n_T/n_P = 0.55$. Als Randbedingung wird ein stationäres dreidimensionales Geschwindigkeitsprofil am Pumpeneinlaß vorgegeben.

In Abbildung 4.32 ist die Verteilung des statischen Druckes in Form von Isobaren im Bereich zwischen Pumpen- und Turbinenrad für mehrere aufeinander folgende Zeitpunkte dargestellt. Im unteren Teil der Momentaufnahmen sind jeweils die Kon-

Abb. 4.31: Finite-Volumen-Diskretisierung eines Teilbereiches des Pumpen- und Turbinenrades (Ruhr-Universität Bochum 1994)

turen von drei Pumpenradschaufeln zu erkennen. Die Isolinien verdeutlichen den Nachlaufbereich am oberen Ende einer jeden Pumpenradschaufel. Desweiteren sind die Staupunkte auf den sechs Turbinenradschaufeln zu identifizieren, deren Isobaren sich von dort aus sowohl auf die Saug- als auch auf die Druckseite verzweigen. Relativ zum Turbinenrad dreht sich das Pumpenrad rechts herum und man erkennt eine Wechselwirkung zwischen den Pumpenradschaufeln und dem Staupunkt auf den Turbinenumlenkschaufeln. Der Staupunkt wandert nach rechts in Richtung Saugseite einer Turbinenschaufel, während sich eine Pumpenschaufel rechts herum vorbeibewegt. Dennoch kommt es dadurch nicht zu einer Strömungsablösung.

Weitere Einzelheiten und Anwendungsbeispiele zum Finite-Volumen-Verfahren finden sich z.B. in den Büchern von S. V. PATANKAR 1980 und J. F. WENDT 1992.

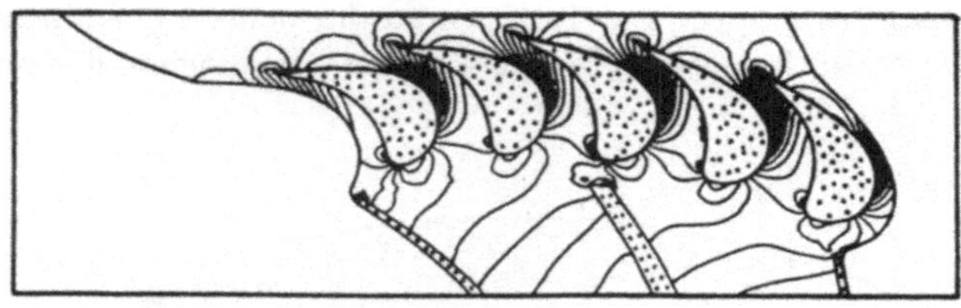

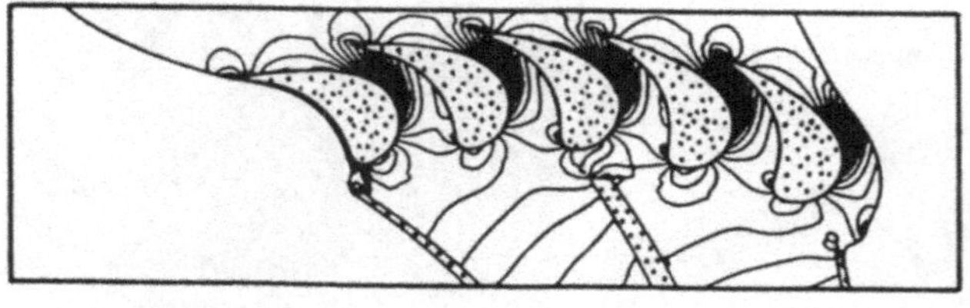

Abb. 4.32: Isolinien $p_0 = konst$ des statischen Druckes im Teilbereich des Pumpen- und Turbinenrades (Ruhr-Universität Bochum 1994)

5 Phänomene der Strömungsmechanik

Nachdem wir die Anwendung analytischer und numerischer Lösungsverfahren für die in Kapitel 2 eingeführten Strömungsprobleme der Tragflügelströmung, der Kraftfahrzeugumströmung und der Strömung im Drehmomentenwandler kennengelernt haben, behandeln wir im abschließenden Kapitel die dabei aufgetretenen Strömungsphänomene. Bei der Einführung der von den numerischen Lösungsverfahren vorgeschriebenen Diskretisierung des Strömungsfeldes haben wir bereits an Einzelbeispielen gelernt, daß eine geeignete numerische Diskretisierung eine gewisse Kenntnis und ein Verständnis des Strömungsproblems voraussetzt. Dies gilt insbesondere auch für die Auswahl der strömungsmechanischen Grundgleichungen und die dem Strömungsproblem angepaßten Turbulenzmodelle.

In diesem abschließenden Kapitel über die Phänomene der Strömungsmechanik tragen wir der angesprochenen Problematik Rechnung und behandeln bei der kompressiblen Umströmung des transsonischen Tragflügelprofils von Verkehrsflugzeugen den Verdichtungsstoß, die Stoß-Grenzschicht-Wechselwirkung, den laminar-turbulenten Übergang und die Strömungsablösung der dreidimensionalen Tragflügelgrenzschicht. Die inkompressible Umströmung des Kraftfahrzeuges erfordert die ergänzende Behandlung der dreidimensionalen Strömungsablösung und der Nachlaufströmung stumpfer Körper. Die Verminderung der Verluste im Drehmomentenwandler führt wiederum zur Strömungsablösung der betrachteten Innenströmung.

5.1 Verdichtungsstoß

Bei der Behandlung der Tragflügelströmung in den vorangegangenen Kapiteln sind wir dem Begriff Verdichtungsstoß bereits mehrfach begegnet. So wissen wir, daß der Überschallbereich auf einem transsonischen Tragflügelprofil stromab durch einen Verdichtungsstoß abgeschlossen wird, der die Strömung wieder auf Unterschall verzögert. In diesem Kapitel werden wir die Beschreibung des Strömungsphänomens Verdichtungsstoß weiter vertiefen und die Stoßgleichungen ergänzen.

Als Verdichtungsstoß bezeichnet man ganz allgemein eine nahezu sprunghafte Änderung der Strömungsgrößen Druck p, Dichte ρ und Temperatur T. Diese Änderung tritt in einer extrem dünnen Schicht des Gases auf, die von der Größenordnung einiger mittlerer freier Weglängen des Gases ist. Die mittlere freie Weglänge bezeichnet die Strecke, die ein Molekül bzw. Atom im statistischen Mittel zwischen zwei Zusammenstößen mit einem anderen Teilchen zurücklegt. Für Luft beträgt die mittlere freie Weglänge $\overline{\lambda}$ unter Normalbedingungen $\overline{\lambda} = 10^{-7} m$. In diesem Größenordnungsbereich treten sehr starke Gradienten der Zustandsgrößen auf, weshalb es gestattet ist, den Verdichtungsstoß im Rahmen der Kontinuumsmechanik mathematisch durch eine sprunghafte Änderung zu modellieren. Die Bezeichnung Verdichtungsstoß erklärt sich durch die sprunghafte Zunahme der Dichte ρ über den Stoßbereich. Neben der Dichte steigen auch die Temperatur T und der Druck p, während der Betrag der Geschwindigkeit $\vec{v}$ sinkt

Ein Verdichtungsstoß kann sich grundsätzlich nur im Bereich einer Überschallströmung einstellen. Der Spezialfall des senkrechten Verdichtungsstoßes, bei dem Anströmrichtung und Stoßfront einen rechten Winkel bilden, führt immer von Überschall auf Unterschall. Bei einem schiefen Verdichtungsstoß, der beispielsweise durch den Mach'schen Kegel bei der Umströmung des Überschallverkehrsflugzeuges Concorde dargestellt wird, schließen Anströmrichtung und Stoßfront einen Mach'schen Winkel μ ein, den wir bereits in Kapitel 4.1.2 kennengelernt hatten. In diesem Fall kann der Stoß auch von Überschall auf Überschall führen, wobei die Überschallgeschwindigkeit nach dem Stoß kleiner sein muß als diejenige der Anströmung vor dem Stoß.

Aus den Physikvorlesungen ist bekannt, daß der optische Brechungsindex n eines Gases in Abhängigkeit der Gasdichte variiert. Dies ist der Ausgangspunkt der optischen Strömungsmeßtechnik, in der genau dieser Effekt unter anderem auch zur Visualisierung von Strömungsphänomenen ausgenutzt wird. In Abbildung 5.1 ist ein Tragflügel eines Flugzeugs des Typs Boeing 707 in einer von links kommenden Anströmung gezeigt. Aufgrund der durch die Dichteänderung hervorgerufenen Lichtbrechung ist der Verdichtungsstoß als helle Linie etwa in der Mitte des Tragflügels zu erkennen, die sich spannweitig von links unten nach rechts oben erstreckt. Links dieser Linie herrscht Überschallgeschwindigkeit, rechts davon Unterschall.

Abb. 5.1: Fotographie eines Verdichtungsstoßes auf einem Tragflügel

Abbildung 5.2 zeigt auf der linken Seite die Verhältnisse schematisiert in einem Schnitt durch das Tragflügelprofil. Das Überschallgebiet auf dem Tragflügel ist hier durch die Machzahl $M > 1$ gekennzeichnet. Dieses Gebiet wird stromab durch den Verdichtungsstoß abgeschlossen und es herrscht Unterschallgeschwindigkeit mit $M < 1$. Der Stoß ist leicht gekrümmt und im Bereich kurz oberhalb des Aufsetzens auf die Grenzschicht nahezu senkrecht. Für einen solchen senkrechten Verdichtungsstoß schreiben wir nachfolgend die Stoßgleichungen an.

Wir gehen dabei ganz allgemein von einer stationären, reibungsfreien Überschallanströmung aus. Diese sei gekennzeichnet durch die gegebenen Werte für u_∞, ρ_∞, p_∞ und T_∞. Mit Hilfe der Schallgeschwindigkeit $a_\infty = \sqrt{\kappa \cdot p_\infty / \rho_\infty}$ wird die Machzahl der Anströmung $M_\infty = u_\infty / a_\infty$ festgelegt. κ bezeichnet darin das Verhältnis der spezifischen Wärmen c_p/c_v. Beim Durchgang durch die Stoßfläche in Richtung der Flächennormalen erfahren diese Werte sprunghafte Änderungen. Wir interessieren uns für die Strömungsgrößen u_1, ρ_1, p_1 und T_1 stromab der Stoßfläche. Die Geschwindigkeit u_1 ist dann kleiner als die Anströmgeschwindigkeit u_∞, während die anderen Zustandsgrößen zunehmen. In Abbildung 5.2 rechts ist dies durch einen kürzeren Geschwindigkeitsvektor für u_1 hinter dem Stoß dargestellt. Die Zustandsänderungen über den senkrechten Verdichtungsstoß können mit den Erhaltungssätzen für Masse, Impuls und Energie einer eindimensionalen, stationären und reibungsfreien Strömung beschrieben werden. Wir gehen von den folgenden Gleichungen aus:

$$\text{Masse:} \qquad \rho_\infty \cdot u_\infty = \rho_1 \cdot u_1 \qquad\qquad (5.1)$$

$$\text{Impuls:} \qquad p_\infty + \rho_\infty \cdot u_\infty^2 = p_1 + \rho_1 \cdot u_1^2 \qquad\qquad (5.2)$$

$$\text{Energie:} \qquad h_\infty + \frac{1}{2} \cdot u_\infty^2 = h_1 + \frac{1}{2} \cdot u_1^2 \quad . \qquad\qquad (5.3)$$

Für die Enthalpie h gilt die kalorische Zustandsgleichung:

$$h = c_p \cdot T = e + \frac{p}{\rho} = c_v \cdot T + \frac{p}{\rho} \quad . \qquad\qquad (5.4)$$

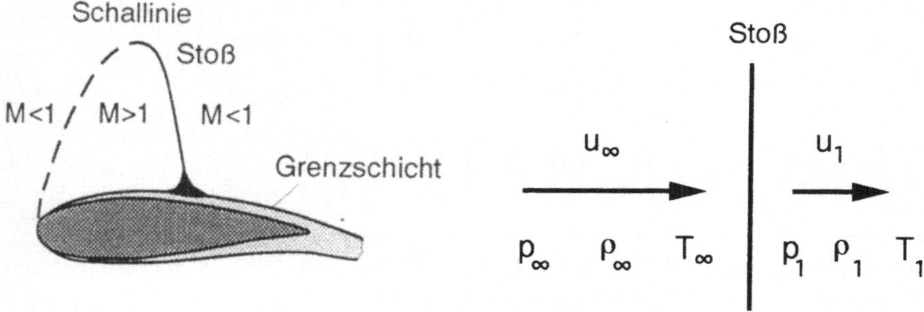

Abb. 5.2: Tragflügelströmung eines transsonischen Verkehrsflugzeuges mit Verdichtungsstoß

Unter Beachtung der thermischen Zustandsgleichung für ideale Gase $p/\rho = R \cdot T$ kann die Enthalpie h in Abhängigkeit der folgenden Größen geschrieben werden:

$$h \;=\; c_v \cdot \frac{1}{R} \cdot \frac{p}{\rho} + \frac{p}{\rho} \;=\; \left(\frac{c_v}{c_p - c_v} + 1 \right) \cdot \frac{p}{\rho} \;=\; \frac{\kappa}{\kappa - 1} \cdot \frac{p}{\rho} \;=\; \frac{a^2}{\kappa - 1} \quad . \qquad (5.5)$$

Mit der Umformung aus Gleichung (5.5) lautet der Energiesatz (5.3):

$$\frac{\kappa}{\kappa - 1} \cdot \frac{p_\infty}{\rho_\infty} + \frac{1}{2} \cdot u_\infty^2 \;=\; \frac{\kappa}{\kappa - 1} \cdot \frac{p_1}{\rho_1} + \frac{1}{2} \cdot u_1^2 \quad . \qquad (5.6)$$

Der Energiesatz (5.6) stellt zusammen mit den Erhaltungsgleichungen für Masse (5.1) und Impuls (5.2) ein System von drei algebraischen Gleichungen zur Bestimmung der drei gesuchten Größen u_1, p_1 und ρ_1 nach dem Stoß dar. Die ebenfalls gesuchte Temperatur T_1 kann dann mit der thermischen Zustandsgleichung aus p_1 und ρ_1 bestimmt werden. Unter Annahme gegebener Ausgangswerte u_∞, p_∞ und ρ_∞ läßt sich das Gleichungssystem nach den gesuchten Werten auflösen. Wir erhalten:

$$\frac{u_1}{u_\infty} = \frac{\rho_\infty}{\rho_1} \;=\; \begin{cases} 1 \;, \\ 1 - \frac{2}{\kappa+1} \cdot \left(1 - \frac{\kappa \cdot p_\infty}{\rho_\infty \cdot u_\infty^2} \right) \end{cases} \qquad (5.7)$$

$$\frac{p_1}{p_\infty} \;=\; \begin{cases} 1 \;, \\ 1 + \frac{2 \cdot \kappa}{\kappa+1} \cdot \left(\frac{u_\infty^2 \cdot \rho_\infty}{\kappa \cdot p_\infty} - 1 \right) \end{cases} \quad . \qquad (5.8)$$

Bei vorgegebenen Anfangswerten vor dem Stoß liefert das Gleichungssystem zwei Lösungsmöglichkeiten. Die obere Lösung mit dem Wert 1 ist die Identität für den Fall daß kein Stoß auftritt. Die untere Lösung ist hingegen die Stoßlösung, die wir gesucht haben. Mit Hilfe der Schallgeschwindigkeit $a_\infty = \sqrt{\kappa \cdot p_\infty / \rho_\infty}$ und der Machzahl $M_\infty = u_\infty / a_\infty$ können wir die Stoßgleichungen (5.7) und (5.8) in eine Form bringen, in der auf der rechten Seite nur die Machzahl $M_\infty > 1$ der Anströmung als Parameter steht:

$$\frac{u_1}{u_\infty} = \frac{\rho_\infty}{\rho_1} \;=\; 1 - \frac{2}{\kappa + 1} \cdot \left(1 - \frac{1}{M_\infty^2} \right) = \frac{1}{M_\infty^2} \cdot \left(1 + \frac{\kappa - 1}{\kappa + 1} \cdot \left(M_\infty^2 - 1 \right) \right) \quad (5.9)$$

$$\frac{p_1}{p_\infty} \;=\; 1 + \frac{2 \cdot \kappa}{\kappa + 1} \cdot \left(M_\infty^2 - 1 \right) \qquad (5.10)$$

$$\frac{T_1}{T_\infty} = \frac{a_1^2}{a_\infty^2} \;=\; \left[1 + \frac{2 \cdot \kappa}{\kappa + 1} \left(M_\infty^2 - 1 \right) \right] \cdot \left[1 - \frac{2}{\kappa + 1} \left(1 - \frac{1}{M_\infty^2} \right) \right] \qquad (5.11)$$

Die Stoßgleichungen (5.9)-(5.11) liefern die Werte nach dem senkrechten Verdichtungsstoß in Abhängigkeit der Anströmmachzahl. Während Druck und Temperatur nach dem Stoß mit zunehmender Anströmmachzahl beliebig steigen können, strebt das Dichteverhältnis ρ_1/ρ_∞ für $M_\infty \to \infty$ den Wert $(\kappa + 1)/(\kappa - 1)$ zu . Für Luft mit einem Wert $\kappa = 1.4$ steigt die Dichte nach dem Stoß höchstens auf den 6-fachen Wert der Anströmdichte. Allerdings gilt diese Abschätzung nur unter der Annahme eines idealen Gases.

Wir wollen noch den Zusammenhang zwischen p_1 und ρ_1 nach dem Stoß bestimmen und eliminieren hierzu u_1 in den Gleichungen (5.1)-(5.3). Nach einigen Rechenschritten erhalten wir eine Beziehung, die eine gleichseitige Hyperbel in der $(\rho_\infty/\rho_1, p_1/p_\infty)$-Ebene darstellt. Damit kann man die thermodynamisch möglichen Änderungen der Zustandsgrößen p_1 und ρ_1 über den Stoß hinweg leicht verfolgen. Diese Hyperbel trägt den Namen Hugoniot-Kurve und sie lautet:

$$\frac{p_1}{p_\infty} = \frac{\kappa - 1}{\kappa + 1} \cdot \frac{\frac{\kappa+1}{\kappa-1} - \frac{\rho_\infty}{\rho_1}}{\frac{\rho_\infty}{\rho_1} - \frac{\kappa-1}{\kappa+1}} \qquad (5.12)$$

Einen weiteren Zusammenhang erhält man, wenn man eine Beziehung für p_1/p_∞ als Funktion von ρ_∞/ρ_1 lediglich aus Masseerhaltung (5.1) und Impulserhaltung (5.2) ableitet ohne Beachtung des Energiesatzes. Dann erhalten wir die kinematisch möglichen Zustandsänderungen, die durch eine Geradengleichung in der gleichen Ebene wie Hugoniot-Kurve beschrieben werden. Diese Gerade heißt Rayleigh-Gerade und sie besitzt die Form:

$$\frac{p_1}{p_\infty} - 1 = -\kappa \cdot M_\infty^2 \cdot \left(\frac{\rho_\infty}{\rho_1} - 1 \right) \qquad (5.13)$$

Die Rayleigh-Gerade ist eine Gerade mit der Steigung $-\kappa \cdot M_\infty^2$, die mit der Hugoniot-Kurve zwei Schnittpunkte gemeinsam hat, die Identität mit $p_1 = p_\infty$ sowie $\rho_1 = \rho_\infty$ und die Stoßlösung hinter dem Stoß (siehe Abbildung 5.3).

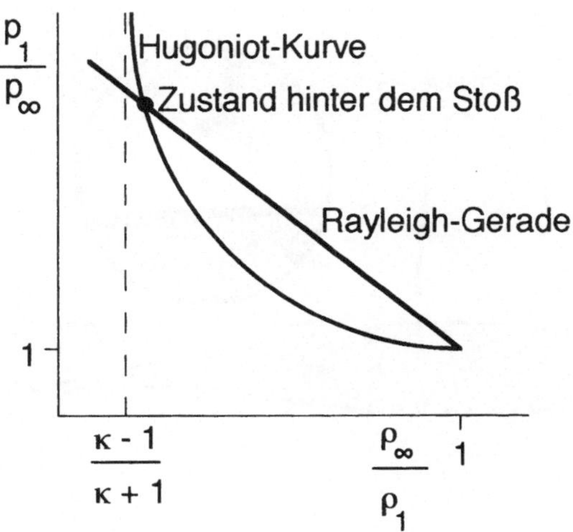

Abb. 5.3: Hugoniot-Diagramm

5.2 Stoß-Grenzschicht-Wechselwirkung

Nachdem wir die Druckerhöhung über den näherungsweise senkrechten Verdichtungsstoß am Tragflügelprofil bestimmt haben, kommen wir zur Stoß-Grenzschicht-Wechselwirkung am Profil zurück. In Kapitel 4.1.3 haben wir bereits die Separationsmethode für die Berechnung der Druckverteilung im Wechselwirkungsbereich angewandt. Wir hatten festgestellt, daß der Stoß in Wandnähe durch den Einfluß der Grenzschicht aufgefächert, die Stoßstärke reduziert und der Druckanstieg abgeflacht wird. In diesem Kapitel ergänzen wir weitere strömungsphysikalische Details, wie z.B. die Strömungsablösung. Wir behandeln hier den Einfluß des Stoßes auf die Grenzschicht, was zusammen mit dem bereits besprochenen Einfluß der Grenzschicht auf die Stoßstärke erst den Begriff der Wechselwirkung gerechtfertigt. Die Abbildung 5.4 zeigt in der Vergrößerung oben rechts den interessierenden Stoß-Grenzschicht-Wechselwirkungsbereich. Wir erkennen das Auffächern des Stoßfußpunktes durch die Grenzschichteinwirkung sowie das Aufdicken der Grenzschicht stromab. Zusätzlich ist zu sehen, daß oberhalb einer kritischen Stoßstärke die Grenzschicht unter dem Stoßfußpunkt von der Flügeloberfläche ablöst und stromab wieder anliegt. Auf diesen Vorgang wollen wir in diesem Kapitel näher eingehen. Dem grundsätzlichen Phänomen Strömungsablösung ist mit Kapitel 5.4 ein eigenes Kapitel gewidmet.

Stromab des Verdichtungsstoßes gilt außerhalb des Wechselwirkungsbereiches wieder die Grenzschichtannahme, wonach der Druck in der Grenzschicht von der reibungsfreien Außenströmung außerhalb der Grenzschicht aufgeprägt wird. Da stromab des Stoßes eine Unterschallströmung vorliegt und, wie wir im letzten Kapitel gesehen haben, Druck, Dichte und Temperatur hinter dem Stoß ansteigen, kann die Information der Druckerhöhung im Unterschallbereich der Grenzschicht stromauf übertragen werden. Dieser Bereich ist bei den turbulenten Grenzschichten auf transsonischen Tragflügeln erheblich kleiner als bei laminaren Grenzschichten.

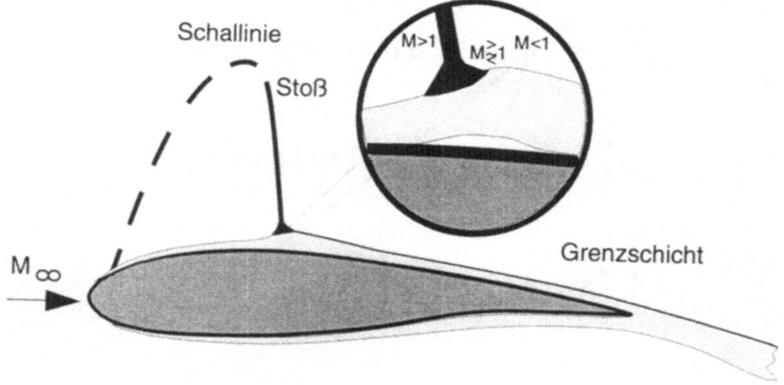

Abb. 5.4: Stoß-Grenzschicht-Wechselwirkungsbereich

Der Grund hierfür liegt in dem nahezu rechteckförmigen Geschwindigkeitsprofil turbulenter Grenzschichten bei denen der Anstieg der Geschwindigkeit vom Wert null an der Wand auf den Wert der ungestörten Außenströmung sich in einer viel kleineren Distanz vollzieht, als bei laminaren Grenzschichten. Der stromauf wirkende Druckanstieg in der turbulenten Tragflügelgrenzschicht kann dabei so groß werden, daß seine Wirkung gegenüber der resultierenden Scherkraft überwiegt. Unter diesen Voraussetzungen kommt es zur Strömungsablösung. Die dimensionslosen Parameter, von denen die Strömungsablösung bei einer turbulenten Grenzschicht auf einem transsonischen Tragflügel abhängt, lauten:

$$ M_\delta = \frac{u_\delta}{a_\delta} \,, \qquad Re_\delta = \frac{u_\delta \cdot \delta}{\nu} \,, \qquad \frac{R}{\delta} \qquad . \tag{5.14} $$

Hierin bezeichnen u_δ die Geschwindigkeit und a_δ die Schallgeschwindigkeit am Grenzschichtrand, δ die Grenzschichtdicke stromauf des Stoßes und R den lokalen Krümmungsradius des Tragflügels am Ort des Stoßes. M_δ ist die Machzahl am Grenzschichtrand und beschreibt den Kompressibilitätseinfluß, Re_δ ist die mit der Grenzschichtdicke gebildete Reynoldszahl. Der Quotient R/δ ist ein geometrischer Ähnlichkeitsparameter der den Einfluß der Wandkrümmung beschreibt.

Wir diskutieren den Einfluß der einzelnen Parameter auf die Strömungsablösung indem wir jeweils zwei Parameter aus den Gleichungen (5.14) konstant halten und einen Parameter variieren. Wir beginnen mit der Diskussion des Machzahleinflusses bei konstanter Reynoldszahl und konstantem Krümmungsverhältnis R/δ. Eine Steigerung der Machzahl M_δ führt dabei stets zur Strömungsablösung, eine Verminderung zum Anliegen. Mit Hilfe der Stoßgleichungen aus Kapitel 5.1 können wir dieses Verhalten sofort verstehen. Gleichung (5.10) zeigt, daß der Druck nach dem Stoß quadratisch mit der Machzahl vor dem Stoß anwächst. Der hohe Druck nach dem Stoß führt zu einer Überkompensation der resultierenden Scherkraft und damit zur Strömungsablösung. Wird die Reynoldszahl Re_δ variiert, bei konstanter Machzahl und konstanter Krümmung, so verursacht eine Verringerung der Reynoldszahl die Strömungsablösung, eine Steigerung dagegen führt zum Anliegen. Aus der Grenzschichttheorie ist bekannt, daß die auf die Lauflänge L bezogene Grenzschichtdicke δ proportional $1/\sqrt{Re_L}$ ist. Eine Verringerung der Reynoldszahl zieht also eine Vergrößerung der Grenzschichtdicke nach sich. Damit wächst auch der Unterschallteil der Grenzschicht an, in dem sich die durch den Stoß verursachte Druckerhöhung stromauf ausbreiten kann, was die Strömungsablösung begünstigt.

Die Verhältnisse, die aufgrund der Stoß-Grenzschicht-Wechselwirkung zur Strömungsablösung führen, sind in Abbildung 5.5 noch detaillierter dargestellt. Zusätzlich zu den bisherigen Ausführungen sind die Geschwindigkeitsprofile in der Grenzschicht und die Schallinie für $M = 1$ dargestellt. Im Überschallbereich vor dem Stoß stellt sich bereits innerhalb der turbulenten Grenzschicht eine Überschallströmung ein. Unterhalb der gestrichelt gezeichneten Schallinie befindet sich der Bereich, in dem Störungsausbreitungen stromauf möglich sind. Weiterhin ist gezeigt, wie der relativ starke Verdichtungsstoß im Fußpunkt durch den Grenzschichteinfluß in einzelne schwächere Kompressionsbereiche aufgefächert wird. Hinter dem Stoß wird der Druck in der turbulenten Grenzschicht so groß, daß die Wandschubspannung τ_w zu null wird. Damit beginnt die Ablösung auf dem Tragflügelprofil.

Weiter stromab nimmt die Wandschubspannung und auch die Geschwindigkeit negative Werte an. Es kommt in Wandnähe zu einer Rückströmung, was im mittleren der drei in Abbildung 5.5 gezeigten Geschwindigkeitsprofile dargestellt ist. Im Ablösungs- und Rückströmungsbereich ist der Druck erheblich größer als ohne Ablösung. Dies hat Folgen für den Auftrieb und den Widerstand. Während der Widerstand ansteigt, nimmt der Auftrieb ab. Aufgrund der weiteren Beschleunigung der Strömung auf dem Profil und dem Abklingen der durch den Verdichtungsstoß verursachten Druckerhöhung in der turbulenten Grenzschicht, liegt die Strömung nach einer bestimmten Lauflänge wieder an. Die Wandschubspannung wird dort erneut null und nimmt weiter stromab wieder positive Werte an. Auf dem Tragflügel bildet sich folglich ein begrenzter Ablösebereich. Von Interesse ist weiterhin die Ausdehnung des Ablösebereichs, da er das globale Strömungsfeld d.h. die Außenströmung beeinflußt. Eine Ähnlichkeitsbetrachtung für die Länge l des Ablösebereichs in Stromabrichtung führt zu dem Ergebnis, daß eine zunehmende Reynoldszahl die Länge l verkleinert, eine ansteigende Machzahl hingegen zu einer Vergrößerung von l führt.

Wir kommen nun auf die Diskussion der Kennzahlen aus den Gleichungen (5.14) zurück und holen die Diskussion des Krümmungseinflusses R/δ bei konstanter Machzahl und konstanter Reynoldszahl nach. Eine Abnahme von R/δ d.h. eine Erhöhung der Wandkrümmung ergibt ein Anliegen der Strömung, während eine Zunahme von R/δ d.h. eine Abnahme der Wandkrümmung zur Ablösung führt. Dieser Effekt rührt von einer Nachexpansion hinter dem Stoß. Je stärker die Wandkrümmung ist, desto stärker ist die Nachexpansion, die ihrerseits ablösehemmend wirkt.

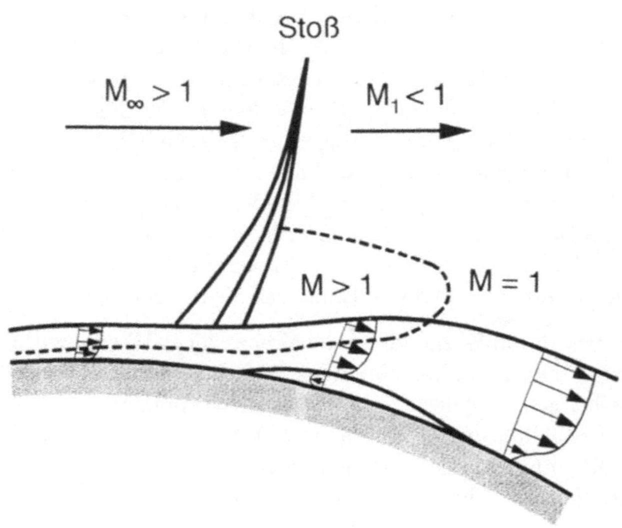

Abb. 5.5: Entstehung einer stoßinduzierten Ablösung auf einem gekrümmten transsonischen Flügelprofil

Zum Verständnis dieser Vorgänge ist in Abbildung 5.6 ein Interferogramm einer transsonischen Strömung längs einer gekrümmten Wand gezeigt. Das Interferogramm stellt ein experimentell ermitteltes Isochorenfeld der Strömung eines idealen Gases mit Verdichtungsstoß längs einer konstant gekrümmten Wand dar. Die schwarzen und weißen Streifen sind somit Gebiete konstanter Dichte, die man auch als Gebiete konstanter Machzahl auffassen kann. Das von links nach rechts strömende Medium wird zunächst beschleunigt bis auf eine maximale Geschwindigkeit am Grenzschichtrand kurz vor dem Stoß. In Normalenrichtung quer zur Strömung nimmt die Geschwindigkeit entsprechend der konvex gekrümmten Wand im Überschallbereich vor dem Stoß nach oben hin ab. Dies ist plausibel, da eine Überschallströmung durch eine Querschnittserweiterung stromab beschleunigt wird. Die konvexe Krümmung des Flügels wirkt wie eine Querschnittserweiterung, weshalb am Grenzschichtrand vor dem Stoß die maximale Überschallgeschwindigkeit auftritt.

Die Geschwindigkeitsverteilung in Normalenrichtung unmittelbar hinter dem Stoß erhält man theoretisch aus der sogenannten Prandtl-Relation, die analog zu unseren Bezeichnungen in Kapitel 4.1.3 und 5.1 lautet:

$$(M_k)_1 = \frac{1}{(M_k)_\infty} \quad . \tag{5.15}$$

Gleichung (5.15) besagt, daß die kritische Machzahl $(M_k)_1$ unmittelbar hinter dem Stoß sich aus dem Kehrwert der kritischen Machzahl $(M_k)_\infty$ vor dem Stoß berechnet. Die Prandtl-Relation leitet sich aus der Stoßgleichung (5.9) unter Hinzuziehung der Energieerhaltungsgleichung ab. Bezüglich der ausführlichen Darstellung der Prandtl-Relation verweisen wir auf das Buch von J. ZIEREP 1991. Gemäß Gleichung (5.15) erhalten wir unmittelbar nach dem Stoß eine theoretische Geschwindigkeitsverteilung, die in Wandnormalenrichtung nach oben hin zunimmt. Experimentelle Ergebnisse bestätigen diese Geschwindigkeitsverteilung. Die starke Grenzschichtaufdickung hinter dem Stoß sorgt jedoch dafür, daß die nach oben zunehmende Geschwindigkeit den Verhältnissen nicht angepaßt ist. Denn die Grenzschichtaufdickung hinter dem Stoß wirkt auf die dortige Unterschallströmung wie ein konvergenter Einlaß, der die Strömung unmittelbar oberhalb des Grenzschichtrandes beschleunigt und in diesem Bereich zu einer Druckabsenkung führt. Die Beschleunigung ist so stark, daß in diesem Bereich wieder eine Überschallströmung erreicht wird. Dies ist in Abbildung 5.5 durch die Machzahl $M > 1$ hinter dem Verdichtungsstoß innerhalb des von der Schallinie umrandeten Gebietes verdeutlicht. Im Interferogramm ist dieses Überschallgebiet stromab des Verdichtungsstoßes sehr deutlich zu sehen. Das erste weiß dargestellte Isochorenfeld hinter dem Verdichtungsstoß verzweigt sich in der unteren Bildhälfte in eine Stromab- und eine Stromaufkomponente. Unterhalb des von diesen beiden Komponenten umrandeten Gebietes befindet sich der lokale Überschallbereich hinter dem Verdichtungsstoß. Weiter stromab wird die Grenzschichtaufdickung durch das konvexe Wandprofil überkompensiert, so daß dort der Druck wieder steigt und die Geschwindigkeit sinkt. Die Nachbeschleunigung ist umso ausgeprägter, je größer die Wandkrümmung ist und wirkt aufgrund der Druckabsenkung ablösungshemmend.

Interferogramm

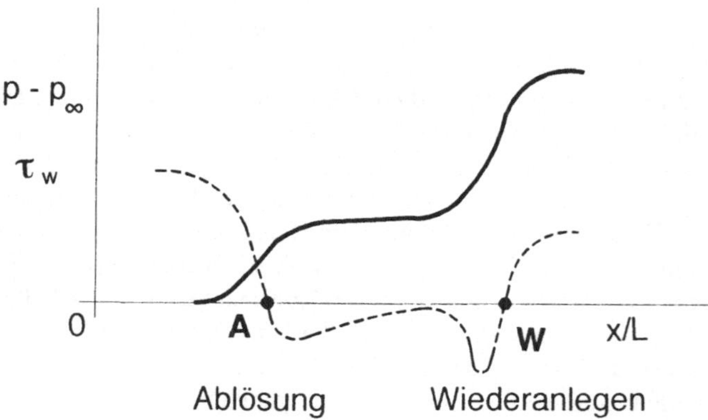

Druck- und Wandschubspannungsverteilung

Abb. 5.6: Strömungsablösung im Stoß-Grenzschicht-Wechselwirkungsbereich (Universität Karlsruhe (TH) 1982)

Neben dem Interferogramm des Stoß-Grenzschicht-Wechselwirkungsbereichs ist in Abbildung 5.6 das Druck-Wandschubspannungs-Diagramm für die Grenzschicht gezeigt. Der Druckanstieg in der turbulenten Tragflügelgrenzschicht aufgrund des Verdichtungsstoßes wird so groß, daß die Druckkraft gegenüber der resultierenden Scherkraft überwiegt. Strömungsablösung tritt dann erstmals im Ablösepunkt A auf dem Profil auf, da an dieser Stelle die Wandschubspannung τ_w null wird. Weiter stromab nimmt τ_w im Bereich der Ablöseblase negative Werte an. Nach einer bestimmten Lauflänge liegt aufgrund der weiteren Beschleunigung der Strömung bzw. dem Abklingen der durch den Verdichtungsstoß verursachten Druckerhöhung in der turbulenten Grenzschicht die Strömung im Punkt W wieder an. Die Wandschubspannung τ_w wird erneut null und nimmt stromab wieder positive Werte an.

Zusätzliche Informationen zur Stoß-Grenzschicht-Wechselwirkung sowie zur passiven Beeinflussung der Vorgänge findet der interessierte Leser im Übersichtsartikel von R. BOHNING und J. ZIEREP 1982.

5.3 Laminar-turbulenter Übergang

In den vorangegangenen Kapiteln konnten wir bereits lernen, daß es sich bezüglich der Widerstandsreduzierung umströmter Körper lohnt, den laminar-turbulenten Übergang auf dem Tragflügel bzw. dem Kraftfahrzeug durch geeignete Konturierung der Oberfläche stromab zu verlagern. Eine erfolgreiche Transitionsbeeinflussung setzt jedoch die Kenntnis der einzelnen Transitionsmechanismen voraus. In Kapitel 4.1.4 haben wir die Stabilitätsanalyse inkompressibler Grenzschichtströmungen kennengelernt. Kapitel 4.2.1 ergänzte die Anwendung des Spektralverfahrens bei der numerischen Simulation des laminar-turbulenten Überganges in der kompressiblen Plattengrenzschicht.

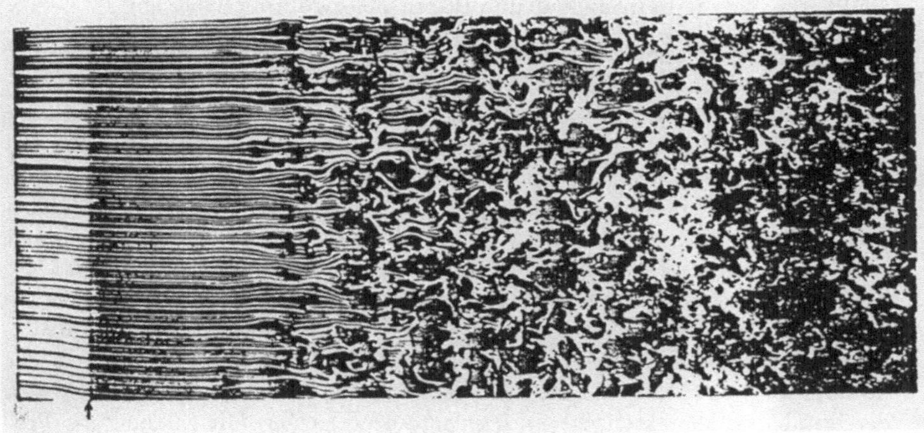

Abb. 5.7: Transition auf einem Tragflügelprofil (Universität Notre Dame 1982)

In diesem Kapitel gehen wir auf eine widerstandsreduzierende Beeinflussung der Transition in der dreidimensionalen kompressiblen Tragflügel-Grenzschichtströmung eines Verkehrsflugzeuges ein.

Ausgangspunkt unserer Diskussion ist wiederum die Transition in der Grenzschicht auf einem Tragflügelprofil. Die Abbildung 5.7 zeigt eine Fotographie der Transition auf der Oberfläche des Profils. Die Anströmung erfolgt von links nach rechts. Im vorderen Bereich der Strömungsbeschleunigung erkennen wir den Bereich der laminaren Profilströmung, die mit parallelen Streichlinien sichtbar gemacht wurde. Die Transition zur turbulenten Profilströmung vollzieht sich über die in Kapitel 4.1.4 beschriebenen Einzelmechanismen. In Abbildung 5.7 wird der Übergang zur turbulenten Grenzschichtströmung durch die Verwirbelung der Streichlinien sichtbar.

Die Beeinflussung des laminar-turbulenten Überganges in der zweidimensionalen Grenzschichtströmung ist bereits in dem klassischen Fachbuch von H. SCHLICHTING 1968 über die Grenzschichttheorie dargestellt. Man kann die Transition durch verschiedene Manipulationen der Strömung derart beeinflussen, daß die gewünschte widerstandsreduzierende Verzögerung des laminar-turbulenten Überganges erreicht wird. Dazu zählen:

- bewegte Oberfläche

- Beschleunigung der Grenzschicht durch Ausblasen

- Laminarhaltung durch Formgebung

- Absaugen der Grenzschicht

- Kühlung der Oberfläche

Von den genannten Möglichkeiten der Beeinflussung laminarer Grenzschichten gehen wir in diesem Kapitel auf die Wärmeübertragung an der überströmten Oberfläche und die **Laminarhaltung durch Formgebung** näher ein.

Die Abbildung 5.8 zeigt die destabilisierende bzw. stabilisierende Wirkung der Heizung bzw. Kühlung der Plattenoberfläche. Bei der Diskussion des Stabilitätsdiagramms in Abbildung 4.15 von Kapitel 4.1.4 haben wir gelernt, daß innerhalb der gezeigten Neutralkurve (zeitliche Anfachung der harmonischen Störungen $\omega_i = 0$) die Grenzschichtströmung instabil ist, außerhalb der Neutralkurve sind die Störwellen für alle Wellenzahlen a im gezeigten Reynoldszahlbereich Re_d stabil. Dabei haben wir wiederum davon Gebrauch gemacht, daß wir auf dem Tragflügelprofil lokal ein Volumenelement der Tragflügelströmung derart herausgreifen, daß die Tragflügelgrenzschichtströmung näherungsweise als Plattengrenzschichtströmung behandelt werden kann. Die gestrichelte Kurve zeigt das bekannte Stabilitätsdiagramm ohne Beeinflussung durch Heizung oder Kühlung. Mit Heizung wird der instabile Bereich größer und die kritische Reynoldszahl $Re_{c(a)}$, die das Einsetzen der Instabilität charakterisiert, wird entsprechend kleiner. Mit Kühlung der Profiloberfläche ist eine deutliche Erhöhung der kritischen Reynoldszahl $Re_{c(b)}$ zu erkennen, die die stabilisierende Wirkung der Kühlung auf den Transitionsprozeß anzeigt. Der Einfluß des Wärmeübergangs an der Wand auf das Stabilitätsverhalten der Strömung ist im wesentlichen ein Zähigkeitseffekt, der mit der Abhängigkeit der dynamischen Zähigkeit μ von der Temperatur T zusammenhängt d.h. $\mu = \mu(T)$.

Bei Gasen wächst die dynamische Zähigkeit $\mu(T)$ mit zunehmender Temperatur T an, es gilt also $d\mu/dT > 0$. Durch die Reibung kommt es in der Grenzschicht in Wandnähe zu einer gewissen Selbstaufheizung, die dazu führt, daß die Wandtemperatur T_w größer ist als die Temperatur T_∞ der Strömung außerhalb der Grenzschicht. Dies bedeutet, daß bereits zur Aufrechterhaltung einer isothermen Wand, bei der $T_w = T_\infty$ gilt, eine Kühlleistung notwendig ist. In Abbildung 5.8 ist neben dem Stabilitätsdiagramm das Temperatur- und Geschwindigkeitsprofil in Abhängigkeit der Wandnormalenkoordinate z dargestellt. Wir betrachten zunächst das Temperaturprofil $T(z)$ für den Fall (a) mit Heizung. Die Wandtemperatur T_w hat einen höheren Wert als T_∞ und es gilt für den Temperaturgradienten an der Wand: $(dT/dz)_w < 0$. Wegen der erwähnten Temperaturabhängigkeit der Zähigkeit von Luft bedeutet dies für den Zähigkeitsgradienten an der Wand: $(d\mu/dz)_w < 0$. Aus dem Diagramm des Geschwindigkeitsprofils für $u(z)$ entnimmt man für den Geschwindigkeitsgradienten an der Wand: $(du/dz)_w > 0$.

Bei der Beurteilung des Stabilitätsverhaltens einer Strömung mit Wärmeübergang an der Platte kommt es wesentlich auf das Vorzeichen des Produktes aus den beiden Gradienten $(d\mu/dz)_w$ und $(du/dz)_w$ an. In dem Verhalten des Vorzeichens

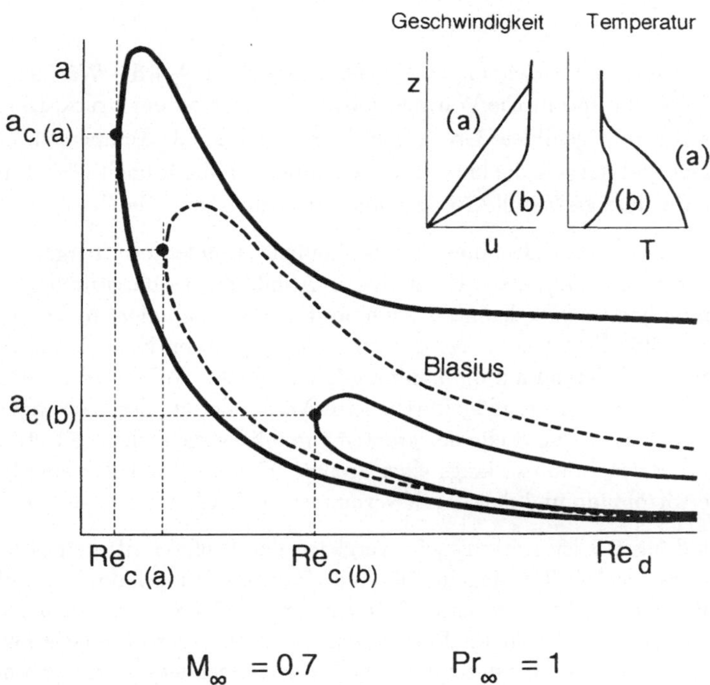

Abb. 5.8: Stabilitätsdiagramme für die laminare kompressible Plattengrenzschicht mit Heizung (a) bzw. Kühlung (b)

190

von $[\,(d\mu/dz)_w \cdot (du/dz)_w\,]$ spiegelt sich ein Stabilitätskriterium wieder, das als Wendepunkt-Kriterium bezeichnet wird. Dieses besagt, daß Geschwindigkeitsprofile mit einem Wendepunkt instabil sind. Das Vorhandensein eines Wendepunktes im Geschwindigkeitsprofil hängt unmittelbar mit dem Druckgradienten der Außenströmung zusammen und bedeutet konkret, daß Druckabfall stabilisierend wirkt, während Druckanstieg das Einsetzen der Instabilität begünstigt. Im Fall (a) mit Heizung hat das Produkt ein negatives Vorzeichen, wodurch Instabilität begünstigt wird. Im Fall (b) mit Kühlung der Platte ist $(du/dz)_w$ ebenfalls positiv, wie aus dem Geschwindigkeitsprofil ersichtlich ist. Dem Temperaturprofil entnimmt man jedoch, daß im Fall (b) mit Kühlung gilt: $(dT/dz)_w > 0$. Der Zähigkeitsgradient an der Wand $(d\mu/dz)_w$ ist dann für Luft ebenfalls positiv. Folglich ist das Produkt $[\,(d\mu/dz)_w \cdot (du/dz)_w\,]$ positiv, was eine stabilisierende Wirkung verursacht. Es sei an dieser Stelle angemerkt, daß sich die Verhältnisse bei Flüssigkeiten umkehren. Hier wirkt eine Heizung stabilisierend und eine Kühlung verstärkt die Tendenz zur Instabilität. Dies liegt daran, daß die Zähigkeit $\mu(T)$ bei Flüssigkeiten mit wachsender Temperatur abnimmt.

Bei Strömungsproblemen kompressibler zäher Medien mit Wärmeübergang liefert eine Dimensionsanalyse neben Mach- und Reynoldszahl mit der Prandtlzahl Pr eine weitere dimensionslose Kenngröße:

$$Pr = \frac{\mu \cdot c_p}{\lambda} = \frac{\nu}{\frac{\lambda}{\rho \cdot c_p}} = \frac{\nu}{k} \quad . \tag{5.16}$$

Mit den üblichen Bezeichnungen bedeuten hierin λ $[\frac{W}{m \cdot K}]$ die Wärmeleitfähigkeit und c_p $[\frac{J}{kg \cdot K}]$ die spezifische Wärmekapazität bei konstantem Druck. Die zusätzlich mit der Dichte ρ gebildete Größe $k = \lambda/(\rho \cdot c_p)$ wird als Temperaturleitfähigkeit bezeichnet und hat wie die kinematische Zähigkeit ν die Einheit $[\frac{m^2}{s}]$. Für Luft gilt $Pr \approx 1$, für flüssige Metalle $Pr \ll 1$ und für hochviskose Öle $Pr \gg 1$.

Wir kommen nun zur Beeinflussung des laminar-turbulenten Übergangs durch geeignete **Formgebung**, deren Ergebnisse in Abbildung 5.9 dargestellt sind. Im letzten Kapitel hatten wir erkannt, daß ein positiver Druckgradient $\partial p/\partial x$ in Stromabrichtung Instabilität begünstigt und zu Ablösung führen kann. Druckabfall wirkt hingegen stabilisierend auf die laminare Grenzschicht. Auf dieser Erkenntnis baut die Entwicklung von Tragflügelprofilen zur Verminderung des Reibungswiderstandes auf. Ziel ist es, die Stelle der größten Profildicke möglichst weit stromab nach hinten zu verlegen, um so längs eines großen Teils des Profils für eine Beschleunigung der Strömung und den damit verbundenen Druckabfall zu sorgen.

In Abbildung 5.9 ist zunächst ein Vergleich der Profilschnitte eines herkömmlichen transsonischen Tragflügelprofils und eines modernen Laminarprofils gezeigt. Von links nach rechts betrachtet fällt zunächst auf, daß das gestrichelt gezeichnete herkömmliche Profil im Bereich der Flügelvorderkante eine größere Profildicke aufweist als das mit durchgezogener Linie gezeichnete Laminarprofil. Im $-c_p$-Diagramm führt diese Formgebung zu dem charakteristischen Merkmal der Saugspitze im vorderen Bereich des Tragflügels bei der Druckverteilung des herkömmlichen transsonischen Profils. Während der Druck stromab der Saugspitze bereits wieder leicht ansteigt, sinkt der Druck auf der Saugseite des Laminarprofils kontinu-

kennen ist, sinkt der Druck auf der Saugseite des Laminarprofils kontinuierlich ab. Durch diese kontinuierliche Beschleunigung auf dem Profil wird erreicht, daß der Transitionsbeginn bis zum Ort des Verdichtungsstoßes stromab positioniert wird.

In der rechten Hälfte der Abbildung 5.9 sind die Vorteile der Laminarprofile hinsichtlich der Widerstandsreduzierung dargestellt. Das obere Diagramm zeigt die Auftriebs-Widerstands-Polare des Laminarprofils und des herkömmlichen Profils im Vergleich. Die sogenannte Polare erhält man, indem für konstante Mach- und Reynoldszahl bei variablem Anstellwinkel der zugehörige Auftriebsbeiwert c_a über dem jeweiligen Widerstandsbeiwert c_w aufgetragen wird. Bei gleichem Auftriebsbeiwert c_a ist der Widerstandsbeiwert c_w der Laminarprofile für weite Bereiche der c_a-Achse deutlich geringer als derjenige der konventionellen Profile. Der Schnittpunkt der beiden Kurven repräsentiert die obere Grenze des Anstellwinkels, oberhalb dessen sich die Verhältnisse umkehren und das konventionelle Profil bessere Resultate erzielt. Oberhalb dieses Grenz-Anstellwinkels ist der Bereich des Transitionsbeginns auf der Saugseite des Laminarprofils so weit nach vorne gewandert, daß der widerstandsreduzierende Effekt des Laminarflügels verloren geht.

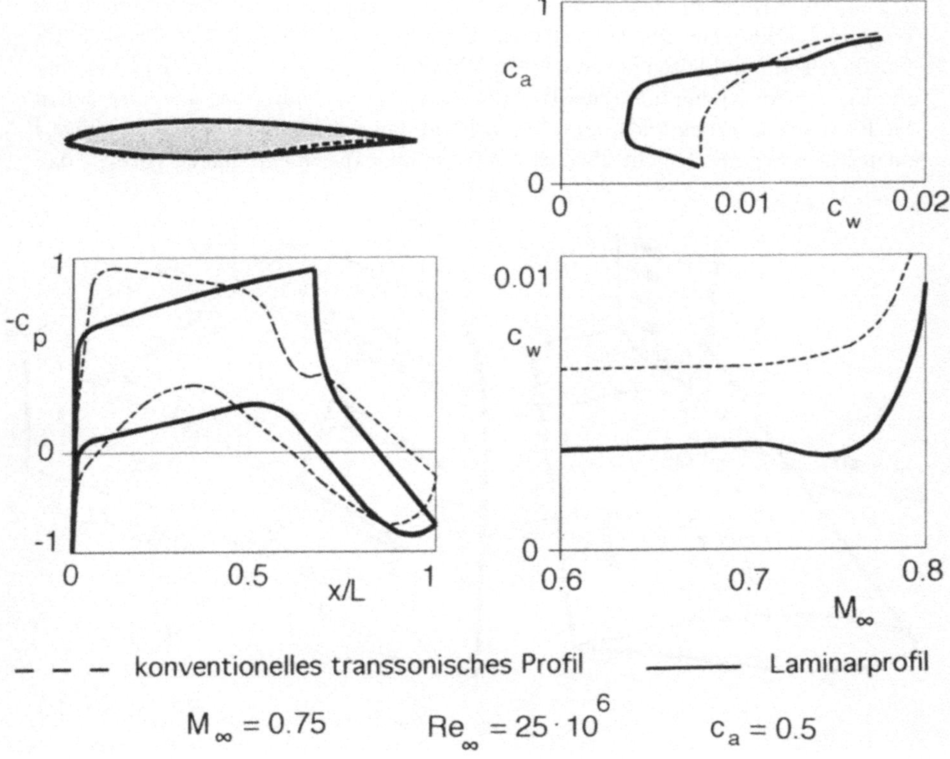

Abb. 5.9: Vergleich eines konventionellen transsonischen Tragflügelprofils mit einem modernen Laminar-Flügelprofil (DLR Braunschweig 1990)

Im unteren Diagramm ist der Widerstandsbeiwert c_w bei konstantem Auftriebsbeiwert $c_a = 0.5$ über der Machzahl M_∞ aufgetragen. Die durchgezogene Kurve
für das Laminarprofil verläuft im gesamten Machzahlbereich unterhalb der gestrichelten Kurve für das konventionelle Profil. Zusammenfassend können wir festhal-
ten, daß die Widerstandsreduzierung durch den Einsatz von Laminarprofilen im
Reynoldszahlbereich transsonischer Tragflügel $2 \cdot 10^6 \leq Re_\infty \leq 3 \cdot 10^7$ für ein Mit-
telstreckenflugzeug etwa 15% des Reibungswiderstandes konventioneller Tragflügel
beträgt.

Der bisher diskutierte Laminar-Profilentwurf berücksichtigte die Verzögerung des
Einsetzens der durch Tollmien-Schlichting-Wellen (TS) eingeleiteten Instabilität.
Wie wir bereits in Kapitel 2 gelernt haben, ist der Tragflügel eines Verkehrsflugzeu-
ges jedoch gepfeilt, so daß eine dreidimensionale Grenzschichtströmung entsteht, in
der neben den TS-Wellen aufgrund der Querströmung der Grenzschicht eine weitere
Welleninstabilität den Übergang zur turbulenten Grenzschichtströmung einleitet.
Abbildung 5.10 zeigt die Prinzipskizze der Tollmien-Schlichting-Wellen (TS) und
der Querströmungswellen (QS).

Die Prinzipskizze der Abbildung 5.10 zeigt die Querströmungswellen (QS), deren
sogenannte 0-Hertz-Mode ein stehendes Wirbelmuster im Vorderkantenbereich des
Tragflügels bildet. Die QS-Wellen treten oberhalb eines bestimmten Pfeilwinkels des
Tragflügels auf und leiten neben den TS-Wellen den laminar-turbulenten Übergang
ein. Bei der Auslegung moderner transsonischer Laminarflügel hat man also neben
der Profilkonturierung auch darauf zu achten, daß der Pfeilwinkel des Tragflügels
einen kritischen Wert nicht überschreitet. Freiflugexperimente haben gezeigt, daß

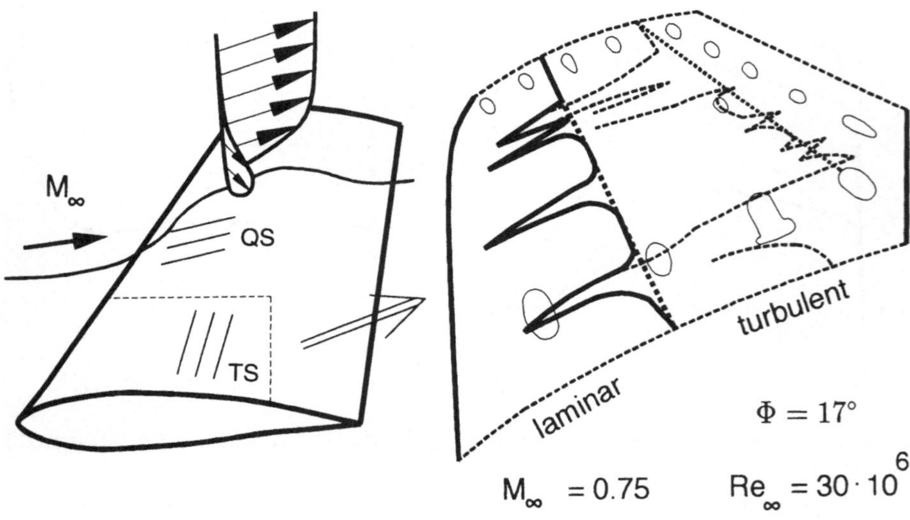

Abb. 5.10: Prinzipskizze der Transition auf einem Tragflügel und Transitionser-
gebnisse von Freiflugexperimenten (DLR Braunschweig 1990)

QS-Instabilitäten bei der Flugmachzahl 0.75 in einem Pfeilwinkelbereich zwischen 17° und 20° erstmals auftreten.

Die Abbildung 5.10 zeigt ergänzend die Ergebnisse von Freiflugexperimenten bei einem effektiven Pfeilwinkel von $\Phi = 17°$. Ein Teilbereich des ursprünglich turbulenten Tragflügels eines Forschungsflugzeuges wurde zur Durchführung der Freiflugexperimente mit einem Handschuh versehen, der die Druckverteilung eines Laminarprofils verursacht (vgl. Abbildung 5.9). Bei einer Reynoldszahl von $Re_\infty = 30 \cdot 10^6$ und der Machzahl $M_\infty = 0.75$ wurden die Druckverteilung und die Orte des Transitionsbeginns auf dem Laminarteil des Flügelhandschuhes gemessen. Der laminare Bereich der Tragflügelströmung wird in der Abbildung von der durchgezogen gezeichneten Linie des Transitionsbeginns begrenzt. An vier verschiedenen Stellen in Spannweitenrichtung auf dem Tragflügel wurden Störungen auf der glatten Tragflügeloberfläche aufgebracht, um die Entwicklung der gestörten Strömung zu analysieren. Diese künstlich aufgeprägten Störungen verursachen einen Turbulenzkeil, der sich stromab innerhalb eines spitzwinklig begrenzten Bereiches fortsetzt. Die gestrichelt eingezeichnete Linie zeigt die Begrenzung des Laminarbereichs bei veränderlichem Klappenwinkel an der Tragflügelhinterkante. Damit ist im Freiflugexperiment nachgewiesen, daß die Klappenwinkelstellung eine Möglichkeit zur Beeinflussung des Laminarbereichs während des Fluges bietet. Mit variabler Hinterkantenklappe kann also der Laminarbereich während des Fluges dem jeweiligen Flugzustand optimal angepaßt werden.

In Abbildung 5.11 sind die Neutralkurven der Wellenpaketstörungen im Gebiet der TS- und QS-Instabilitäten für zwei verschiedene Pfeilwinkel $\Phi = 17°$ und $\Phi = 20°$ im sogenannten Wellenwinkeldiagramm dargestellt. Auf der Abszisse ist der Winkel φ_r zwischen der Stromabkoordinate x und der Wellennormalen der Ausbreitungsrichtung sowohl für die Tollmien-Schlichting-Wellen (TS) als auch für die Querströmungswellen (QS) aufgetragen. Die Ordinate φ_{vg} bezeichnet die Ausbreitungsrichtung der sogenannten Gruppengeschwindigkeit. Diese ist von der Ausbreitungs- oder Phasengeschwindigkeit einer Welle wohl zu unterscheiden. Als Gruppengeschwindigkeit bezeichnet man diejenige Geschwindigkeit, mit der sich die durch die Störungen in das Strömungsfeld eingebrachte Energie ausbreitet. Der Winkel der Energieausbreitungsrichtung φ_{vg} berechnet sich aus der Stromabkomponente u der Gruppengeschwindigkeit und ihrer Spannweitenkomponenten v zu:

$$\varphi_{vg} = arctan \left(\frac{v}{u} \right) \tag{5.17}$$

Wir stellen fest, daß die instabilen Bereiche sowohl für die TS- als auch für die QS-Wellen innerhalb eines Winkelbereiches $-17° \leq \varphi_{vg} \leq 17°$ liegen. Dieses Ergebnis bedeutet anschaulich, daß die Störenergie, die durch die TS- und QS-Wellen in die Strömung eingebracht wird, in beiden Fällen nahezu stromab geschwemmt wird. Besonders interessant ist dieser Aspekt bei den QS-Wellen. Der Bereich der QS-Instabilitäten besitzt Abszissenwerte in der Umgebung von $\varphi_r = 80°$. Dies konnten wir erwarten, da sich Querströmungsinstabilitäten längs der Tragflügelvorderkante formieren. Denn bei einem Pfeilwinkel $\Phi = 17°$ schließt die Stromabkoordinate x mit der Tragflügelvorderkante einen Winkel von 73° gemessen im mathematisch positiven Drehsinn ein. Die Ausbreitungsrichtung φ_{vg} der durch die QS-Wellen

194

eingebrachten Störenergie steht hingegen nahezu senkrecht auf der Wellennorma-
lenrichtung φ_r. Bei den TS-Wellen liegt ein anderes Verhalten vor. Die TS-Wellen
sind grundsätzlich laufende Wellen, im Gegensatz zu den QS-Wellen, die neben lau-
fenden Wellen auch stehende Wellen (0-Hertz-Mode) in Form von Wirbelmustern
ausbilden können. Beim Instabilitätsbereich der TS-Wellen erkennen wir eine Pro-
portionalität zwischen der Wellenausbreitungsrichtung φ_r und der Ausbreitungsrichtung der Störenergie φ_{vg}, die beide hauptsächlich stromab weisen.

Ein weiterer wesentlicher Unterschied im Stabilitätsverhalten der QS- und TS-
Wellen besteht hinsichtlich der Reaktion auf Änderungen des Pfeilwinkels. Bei den
TS-Wellen verkleinert sich der instabile Bereich bei einer Erhöhung des Pfeilwinkels
von $\Phi = 17°$ auf $\Phi = 20°$. Bei den QS-Wellen ist es umgekehrt. Die Ausdehnung
des Instabilitätsbereichs wächst hier stark an, wenn der Pfeilwinkel um 3° erhöht
wird. Daraus können wir schließen, daß die Querströmungsinstabilität innerhalb
eines sehr kleinen Pfeilwinkelbereichs plötzlich dominant wird. Ob die Transition
über Querströmungsinstabilitäten oder Tollmien-Schlichting-Instabilitäten eingeleitet wird, ist demnach davon abhängig, ob ein kritischer Pfeilwinkel über- oder
unterschritten wird. Mit Hilfe stabilitätstheoretischer Methoden haben wir somit
den Zugang zu einem Auslegungskriterium für transsonische Tragflügel durch Transitionsbeeinflussung herausgearbeitet.

Die hier beschriebenen Schlußfolgerungen zum transsonischen Laminarflügel set-
zen bereits tiefgreifende Kenntnisse der Stabilitätstheorie voraus, die in unserem
Lehrbuch 'Strömungsmechanische Instabilitäten' und in dem Übersichtsartikel von
H. OERTEL jr., J. DELFS 1995 eingehend beschrieben werden.

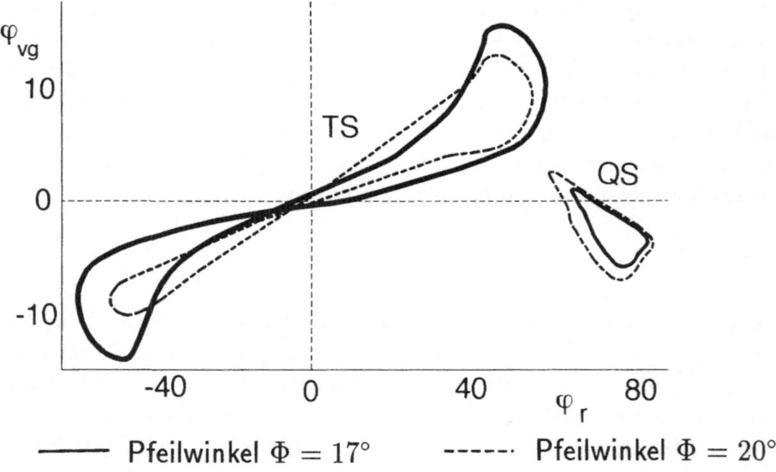

Abb. 5.11: Stabilitätsbereiche der Tollmien-Schlichting- (TS) und Querströmungsinstabilitäten (QS) auf dem Tragflügel

5.4 Strömungsablösung

Das Phänomen der Strömungsablösung ist uns in den vorangegangenen Kapiteln bereits mehrfach bei der Diskussion numerischer Ergebnisse begegnet. Wir beginnen wiederum mit der Strömungsablösung am Tragflügelprofil, jedoch zunächst für eine Unterschallanströmung. Auf der linken Seite von Abbildung 5.12 ist ein Tragflügelprofil unter vier verschiedenen Anstellwinkeln α bei einer Anströmung mit der Machzahl M_∞ dargestellt. Die Gebiete mit erheblichem Reibungseinfluß sind schraffiert gezeichnet. Fall (a) zeigt das Tragflügelprofil ohne Anstellung. Im Diagramm rechts ist der Auftriebsbeiwert c_a als Funktion des Anstellwinkels α aufgetragen. Wir erkennen für $\alpha = 0°$ einen Auftriebsbeiwert $c_a > 0$. Dies ist eine Folge der Tragflügelprofilierung, die das Fluid auf der Oberseite des Flügels schneller strömen läßt als auf der Unterseite und somit eine Druckdifferenz erzeugt. Der Reibungseinfluß dominiert vor allem in der Grenzschicht und im Nachlaufbereich des Tragflügels. Es bildet sich unmittelbar hinter der Tragflügelhinterkante eine Scherschicht der Grenzschicht ober- und unterhalb des Tragflügels aus, da die Geschwindigkeiten verschieden sind.

Eine geringe Erhöhung des Anstellwinkels α führt im Fall (b) zu einer beträchtlichen Erhöhung des Auftriebsbeiwertes c_a, ohne große Auswirkungen auf den Nachlaufbereich im Vergleich zu Fall (a). Im Fall (c) wird durch eine weitere Erhöhung des Anstellwinkels für einen bestimmten Winkel α der maximale Auftriebsbeiwert c_a erreicht. Jedoch tritt hier bereits Ablösung auf der Profiloberseite auf, was durch einen stromauf erweiterten reibungsdominierten Bereich schraffiert gekennzeichnet ist. Eine weitere Erhöhung des Anstellwinkels α führt zu einer Ausdehnung des Ablösebereichs auf der Tragflügeloberseite stromauf und somit zu einer Abnahme

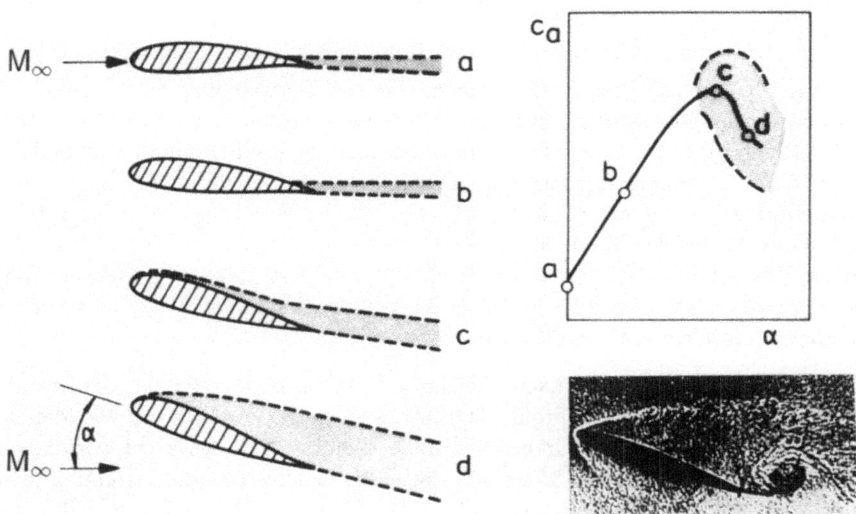

Abb. 5.12: Strömungsablösung am Tragflügelprofil

des Auftriebsbeiwerts c_a. Im Grenzfall kommt es bereits zu einer Ablösung an der Vorderkante des Tragflügels und damit zu einem Zusammenbruch des Auftriebs.

In den letzten Kapiteln hatten wir bereits mehrfach festgestellt, daß Druckänderungen $\partial p/\partial x$ in der Außenströmung einen wesentlichen Einfluß auf die Geschwindigkeitsverteilung in der Grenzschicht und somit auf das Verhalten der Grenzschicht hinsichtlich des laminar-turbulenten Übergangs bzw. der Strömungsablösung haben. Wir nähern uns der analytischen Herleitung eines Ablösekriteriums zunächst am Beispiel einer zweidimensionalen Grenzschicht und gehen am Ende des Kapitels auf das Ablöseverhalten dreidimensionaler Grenzschichten ein.

Ablösung einer Strömung von der Wand tritt dann ein, wenn das aufgrund der Haftbedingung in Wandnähe verzögerte Grenzschichtmaterial ins Innere der Strömung transportiert wird. Bei einem Druckanstieg der Außenströmung stromab ist das innerhalb der Grenzschicht abgebremste Fluid wegen seiner geringen kinetischen Energie nicht mehr in der Lage, stromab in das Gebiet höheren Druckes zu strömen. Die Grenzschicht löst sich vom Körper ab und bildet ein Rückströmgebiet.

Wir beginnen die analytische Beschreibung des Ablöseverhaltens einer zweidimensionalen stationären Grenzschicht ganz allgemein mit der Grenzschichtgleichung (3.117) in Stromabrichtung x und beschränken uns zunächst auf den inkompressiblen Fall:

$$\rho \cdot \left(u \cdot \frac{\partial u}{\partial x} + w \cdot \frac{\partial u}{\partial z} \right) = -\frac{dp}{dx} + \mu \cdot \frac{\partial^2 u}{\partial z^2} \quad . \tag{5.18}$$

Wegen der Haftbedingungen an der Wand $u = 0$ und $w = 0$ für $z = 0$ folgt aus Gleichung (5.18) sofort:

$$\frac{dp}{dx} = \mu \cdot \left(\frac{\partial^2 u}{\partial z^2} \right)_{z=0} \tag{5.19}$$

Anhand von Gleichung (5.19) können wir die Entwicklung der Grenzschichtströmung in Abhängigkeit des Druckgradienten diskutieren. Nimmt der Druck in x-Richtung ab, d.h. ist $\partial p/\partial x$ negativ, so wird die Strömung außerhalb der Grenzschicht stromab beschleunigt. Damit ist auch $\partial^2 u/\partial z^2 < 0$, folglich ist die Krümmung des Geschwindigkeitsprofils $u(z)$ an der Wand negativ. Wegen der Beschleunigung der Strömung steigt die Geschwindigkeit am Grenzschichtrand, was dazu führt, daß $\partial u/\partial z$ mit zunehmender Stromabkoordinate x anwächst. Wegen $\tau_w = \mu \cdot (\partial u/\partial z)_{z=0}$ steigt damit auch die Wandschubspannung τ_w mit zunehmendem x an, folglich gilt: $\partial \tau_w/\partial x > 0$.

Im Falle $\partial p/\partial x = 0$ wird nach Gleichung (5.19) auch $\partial^2 u/\partial z^2$ an der Wand zu null, das Geschwindigkeitsprofil $u(z)$ hat dann an der Wand einen Wendepunkt. Die Geschwindigkeit am Grenzschichtrand bleibt wegen des nicht vorhandenen Druckgradienten konstant. Innerhalb der Grenzschicht wird die Strömung jedoch durch die vorhandenen Reibungskräfte verzögert. In Wandnähe nimmt dadurch der Geschwindigkeitsgradient $\partial u/\partial z$ mit zunehmender Stromabkoordinate x ab. Dies führt zu einer Verringerung der Wandschubspannung τ_w in x-Richtung $\partial \tau_w/\partial x < 0$.

Die Strömungsablösung von der Körperkontur beginnt an dem Ort, an dem die bisher positive Wandschubspannung τ_w soweit abgesunken ist, daß sie erstmals den Wert null annimmt. Dies ist das Kriterium für den Beginn der Ablösung.

$$\text{Ablösekriterium:} \qquad \tau_w = 0 \tag{5.20}$$

In Abbildung 5.13 ist eine Prinzipskizze der Grenzschichtablösung für den Fall eines positiven Druckgradienten $\partial p/\partial x > 0$ gezeigt. Ein positiver Druckgradient führt zunächst dazu, daß die Strömung außerhalb der Grenzschicht in x-Richtung verzögert wird. In der Abbildung ist dies dadurch verdeutlicht, daß die Geschwindigkeitspfeile am Grenzschichtrand mit zunehmender x-Koordinate kürzer werden. Wegen $\partial p/\partial x > 0$ gilt nach Gleichung (5.19) für die Krümmung des Geschwindigkeitsprofils an der Wand $\partial^2 u/\partial z^2 > 0$. In größerem Wandabstand ist die Krümmung des Geschwindigkeitsprofils $u(z)$ grundsätzlich negativ. Daher muß bei positiver Krümmung an der Wand mit $\partial^2 u/\partial z^2 > 0$ an mindestens einer Stelle innerhalb der Grenzschicht gelten: $\partial^2 u/\partial z^2 = 0$. Diese Stelle ist ein Wendepunkt des Geschwindigkeitsprofils $u(z)$. Im Vergleich zum Beginn der Ablösung, bei der sich der Wendepunkt an der Wand befindet, wandert der Wendepunkt nach Beginn der Ablösung ins Grenzschichtinnere. In Abbildung 5.13 lassen sich die Konsequenzen eines positiven Druckgradienten $\partial p/\partial x > 0$ leicht verfolgen. In diesem Fall wird die Grenzschichtströmung nicht nur durch Reibungs- sondern auch durch die Druckkräfte verzögert und die Krümmung an der Wand ist stets positiv. Die Wandschubspannung τ_w nimmt in x-Richtung ab und bei $\tau_w = 0$ beginnt die Ablösung.

Im zweidimensionalen Fall ist dies gleichbedeutend mit $\partial u/\partial z = 0$. Im weiteren Verlauf stromab wird die Wandschubspannung negativ. Dies bedeutet eine Umkehr der Strömungsrichtung in Wandnähe mit $\partial u/\partial z < 0$ und somit Rückströmung. Die Rückströmung führt häufig stromab des Ablösepunktes zu einem sogenannten Re-

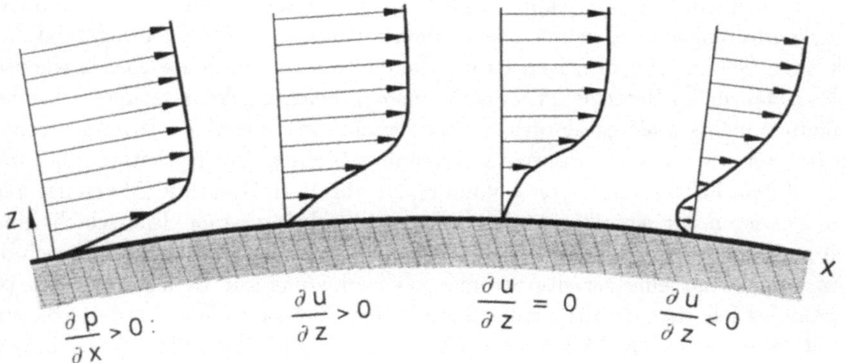

Abb. 5.13: Prinzipskizze der Grenzschichtablösung

zirkulationsgebiet, in dem die Grenzschichtgleichungen (3.116)-(3.118) nicht mehr gültig sind und die vollständigen Navier-Stokes-Gleichungen (3.62)-(3.64) gelöst werden müssen. Dies sind die FAVRE-gemittelten Navier-Stokes-Gleichungen für eine kompressible turbulente Strömung, die wir im Falle der Tragflügelströmung eines transsonischen Verkehrsflugzeuges vorliegen haben. Die Wandschubspannung τ_w kann daher mit Hilfe der Grenzschichtgleichungen lediglich bis zum Ablösepunkt berechnet werden.

Bei der dreidimensionalen Grenzschichtströmung auf einem transsonischen Tragflügel äußert sich die Entstehung eines Ablösebereichs durch die Konvergenz der Wandstromlinien. Dieses Verhalten hatten wir anhand von Abbildung 4.26 in Kapitel 4.2.3 über das Finite-Differenzen-Verfahren diskutiert. Dort hatten wir erkannt, daß die Strömung entlang der Konvergenzlinie ablöst, was als Gültigkeitsgrenze für die Grenzschichtgleichungen interpretiert werden konnte. Ein Ablösekriterium, welches dem für zweidimensionale Strömungen in Gleichung (5.20) aufgeführten Kriterium entspricht, kann bei Vorliegen einer dreidimensionalen Grenzschicht nicht angegeben werden. Zum Verständnis der Vorgänge bei der dreidimensionalen Grenzschichtablösung ist jedoch die Einführung einiger zusätzlicher Definitionen nötig. Dabei handelt es sich im wesentlichen um Erweiterungen geometrischer und kinematischer Begriffe der zweidimensionalen Strömung auf drei Dimensionen. Wir werden am Ende dieses Kapitels darauf eingehen.

Nach der Strömungsablösung auf dem Tragflügel kommen wir auf das gleiche Phänomen bei der inkompressiblen Kraftfahrzeugumströmung zurück. Während die Strömungsablösung auf dem Tragflügel zur Aufrechterhaltung des Auftriebs vermieden werden muß, stellt sie beim Kraftfahrzeug eine wesentliche Komponente bei der Widerstandsreduzierung der Kraftfahrzeugumströmung dar. Einen ersten Eindruck der Ablösebereiche einer Kraftfahrzeugumströmung hatten wir bereits im einführenden Kapitel in Abbildung 1.3 gewonnen. Beim Kraftfahrzeug mit Stufenheck rechnen wir mit Strömungsablösung am Ende der Motorhaube unmittelbar vor der Winschutzscheibe, sowie auf der Heckscheibe unmittelbar vor dem Kofferraumdeckel. Mit unserem jetzigen Kenntnisstand können wir dieses Strömungsverhalten bei einem Blick auf Abbildung 2.10 sofort verstehen. Dort ist die qualitative Druckverteilung auf der Fahrzeugkontur eines Wagens mit Stufenheck gezeigt. Wir erkennen Gebiete mit positiven Druckdifferenzen genau in den soeben erwähnten ablösegefährdeten Bereichen. Diese mit einem $\oplus$-Zeichen gekennzeichneten Gebiete bedeuten nichts anderes als das Vorhandensein eines positiven Druckgradienten $\partial p/\partial x$, der wie wir jetzt wissen zu Strömungsablösung und Rückströmung führt. Die auf dem Fahrzeugheck von Abbildung 2.8 abgelöste Grenzschicht erzeugt nach dem Passieren der Abreißkante des Kofferraumdeckels als freie Scherschicht einen Teil der Nachlaufströmung des Kraftfahrzeuges. In diesem Bereich findet sich der Ansatzpunkt für eine gezielte Strömungsbeeinflussung zur Reduzierung des Widerstandes bei einer Kraftfahrzeugumströmung. Ziel ist es, die aus der Ablösung resultierende Scherschicht hinter der Abreißkante abzubauen und so die Bildung eines bestimmten Bereiches der Nachlaufströmung zu verhindern, der maßgeblichen Anteil am Widerstand des Kraftfahrzeuges hat. In Abbildung 1.3 sind darüberhinaus die Seitenwirbel dargestellt, die zusammen mit der abgelösten Strömung des Fahrzeughecks die Nachlaufströmung bilden, die wir in Kapitel 5.5 behandeln.

Der linke Teil von Abbildung 5.14 zeigt eine Momentaufnahme der Strömungsablösung am Kraftfahrzeug in einem Modellversuch. Im rechten Teil der Abbildung ist die zugehörige Prinzipskizze dargestellt. Wir erkennen, daß die Strömungsablösung am Heck eine komplizierte Nachlaufströmung nach sich zieht, die sich aus mehreren Anteilen zusammensetzt. Die Strömungsablösung an den Seiten des Hecks führt zur Bildung zweier Nachlaufwirbel, von denen der rechte in der Prinzipskizze dargestellt ist. Die Strömungsablösung auf dem Kofferraumdeckel führt zu einem Rezirkulationsgebiet hinter dem Heck. Diese beiden Nachlaufanteile sind nicht unabhängig voneinander, sondern beeinflussen sich gegenseitig. Wir erkennen an diesem Beispiel bereits, daß die Strömungsablösung am Kraftfahrzeug und die daraus resultierende Nachlaufströmung dreidimensional ist.

Wir haben die Grenzschichtablösung bei einem Kraftfahrzeug anhand einer Momentaufnahme der Umströmungsverhältnisse in Abbildung 5.14 besprochen. Die Strömungsablösung am Heck eines Automobils oder an stumpfen Körpern ist jedoch in weiten Bereichen der Reynoldszahlen instationär. Deshalb betrachten wir an einem vereinfachten Beispiel die Auswirkungen der instationären Ablösung auf den Widerstandsbeiwert c_w in Abhängigkeit der Reynoldszahl anhand der Umströmung einer Kugel mit dem Durchmesser D. Es gilt also $c_w = c_w(Re_D)$, wobei $Re_D = U_\infty \cdot D/\nu$ die mit dem Kugeldurchmesser D gebildete Reynoldszahl darstellt.

Wir beginnen die Diskussion der Reynoldszahlabhängigkeit von c_w zunächst für Reynoldszahlen $Re_D \leq 1$. Bei solchen Reynoldszahlen überwiegen die Reibungskräfte die Trägheitskräfte bei weitem. Es handelt sich um sogenannte schleichende Strömungen, die analytisch beschrieben werden können. Für die Widerstandskraft W einer bei $Re_D \leq 1$ stationär umströmten Kugel lautet die analytische Lösung von Stokes:

$$W = 6 \cdot \pi \cdot \mu \cdot \frac{D}{2} \cdot U_\infty \qquad . \tag{5.21}$$

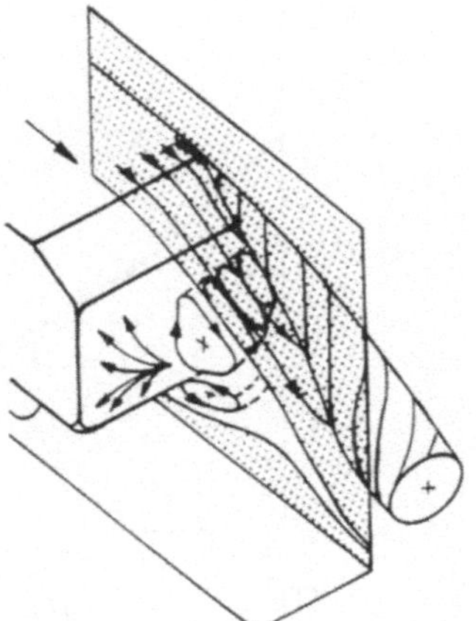

Abb. 5.14: Fotografie der Strömungsablösung am Kraftfahrzeug in einem Modellversuch und Prinzipskizze

Ein Drittel dieser Widerstandskraft W hat seinen Ursprung im Druckgradienten und zwei Drittel in den Reibungskräften. Bemerkenswert ist ferner, daß die Widerstandskraft W im Bereich schleichender Strömungen proportional der ersten Potenz der Geschwindigkeit U_∞ ist. Unter Berücksichtigung der Definition des c_w-Wertes erhalten wir aus Gleichung (5.21) eine Beziehung für $c_w = c_w(Re_D)$. Es gilt:

$$c_w = \frac{W}{\frac{1}{2} \cdot \rho \cdot U_\infty^2 \cdot \frac{\pi}{4} \cdot D^2} = \frac{24 \cdot \mu}{\rho \cdot U_\infty \cdot D} = \frac{24}{Re_D} \quad . \tag{5.22}$$

Die Beziehung $c_w = 24/Re_D$ wird auch als Stokes'sches Widerstandsgesetz bezeichnet und ist gültig im Reynoldszahlbereich $Re_D \leq 1$.

Bei einer Erhöhung der Reynoldszahl bis zu einem Wert von $Re_D \approx 300$ herrscht stromab der angeströmten Kugel ein Zustand stationärer Ablösung vor. Die Fluidteilchen in unmittelbarer Wandnähe verlieren durch die starken Reibungskräfte derart an kinetischer Energie, daß sie nicht in der Lage sind, den Druckanstieg in der hinteren Hälfte der Kugel zu kompensieren. Die Folge ist eine Strömungsablösung in der Umgebung des Kugeläquators. Es stellt sich ein stationäres Rückströmgebiet im Nachlaufbereich unmittelbar hinter der Kugel ein. Bei der Berechnung der stationären Nachlaufströmungen können die Trägheitsterme nicht mehr vernachlässigt werden und es sind die vollständigen Navier-Stokes-Gleichungen zu lösen.

Eine weitere Steigerung der Reynoldszahl bis zu einem Wert von $Re_D = 2000$ führt erstmals zur Bildung einer instationären Wirbelablösung der laminaren Grenzschicht auf der Kugeloberfläche mit einem laminaren Nachlauf. Oberhalb von $Re_D = 2000$ bis etwa $Re_D = 3 \cdot 10^5$ erfolgt der Übergang zu einer turbulenten Nachlaufströmung. Im Reynoldszahlbereich $3 \cdot 10^5 \leq Re_D \leq 4 \cdot 10^5$ wird die Grenzschichströmung auf der Kugel turbulent. Der Ablösebereich verlagert sich auf der Kugeloberfläche stromab und hat eine Verjüngung der Nachlaufströmung zur Folge. Damit verbunden ist ein drastisches Absinken des c_w-Wertes, wie in Abbildung 5.15 gezeigt. Bei einer turbulenten Grenzschicht ist der Reibungswiderstand zwar größer

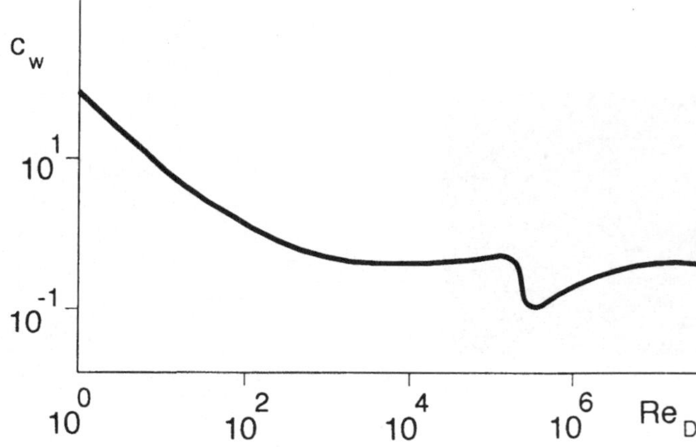

Abb. 5.15: Widerstandsbeiwert c_w der Kugel in Abhängigkeit der Reynoldszahl $Re_D = U_\infty \cdot D/\nu$

als bei einer laminaren, dafür ist der Druckwiderstand des verjüngten Nachlaufes aber erheblich geringer als im laminaren Fall, was zur Verringerung des Gesamtwiderstandes führt.

Im Bereich $4 \cdot 10^5 \leq Re_D \leq 10^6$, der uns letztendlich bei der Kraftfahrzeugumströmung interessiert, wandert der laminar-turbulente Übergangsbereich auf der Kugeloberfläche nach vorne, wodurch der Reibungswiderstand ansteigt, während der Druckwiderstand weitgehend konstant bleibt. Dadurch steigt der c_w-Wert wieder an. Im Reynoldszahlbereich $Re_D > 10^6$ ist die Grenzschicht auf der Kugeloberfläche ab dem vorderen Staupunkt turbulent, wodurch die Ablösestelle stromab festliegt und sich bei einer weiteren Steigerung von Re_D nicht mehr ändert. Daher wird auch der c_w-Wert der Kugel unabhängig von Re_D.

Wir kommen nach den Ablösungsvorgängen am Tragflügel und am Kraftfahrzeug zu unserem dritten Anwendungsbeispiel, dem Drehmomentenwandler. Wir betrachten die Strömungsablösungen in den Strömungskanälen der zuführenden Rohrleitungen. Die Strömungsablösung verursacht auch hier zusätzliche Verluste. Wir betrachten den Krümmer in Abbildung 5.16, der eine vertikale Strömung in eine horizontale Strömung umlenkt. Wir setzen im geraden vertikalen Rohrstück eine

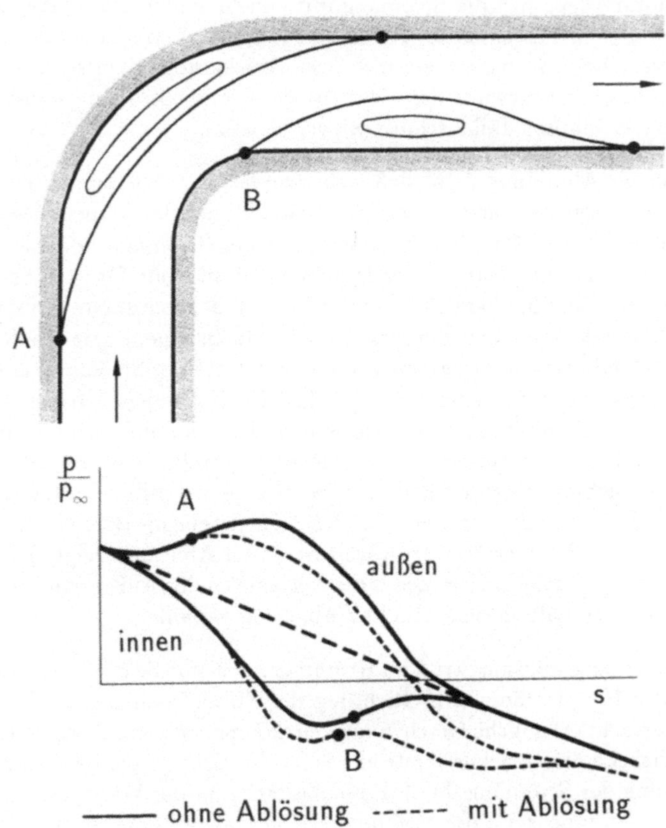

Abb. 5.16: Prinzipskizze der Strömungsablösung im Kanalkrümmer

stationäre ausgebildete Rohrströmung voraus, in der ein treibender Druckgradient in Strömungsrichtung vorherrscht, in radialer Richtung quer zur Strömung wird konstanter Druck vorausgesetzt.

Die Bernoulli-Gleichung für gekrümmte Stromfäden liefert die Aussage, daß der Druck in radialer Richtung ansteigt, um der Fliehkraft das Gleichgewicht zu halten. Es baut sich ein Druckgradient quer zur Strömungsrichtung auf, der zu einem Druckanstieg an der Außenwand und zu einem Druckabfall an der Innenwand des Krümmers führt. Dies wirkt dem Druckabfall längs der Stromlinienkoordinate s an der Außenwand entgegen und verstärkt ihn an der Innenwand. Die Stromlinienkoordinate s bezeichnet die Bogenlänge eines betrachteten Stromfadens und wird stromab positiv gezählt. Bei den letzten Beispielen hatten wir bereits mehrfach festgestellt, daß ein Druckanstieg in Strömungsrichtung zu Strömungsablösung führt. Daher setzt die Ablösung zuerst an der Außenwand in Punkt A ein. Beim Austritt aus dem Krümmer gleicht sich der Druck quer zur Strömungsrichtung wieder aus. Dadurch steigt der Druck an der Innenwand und fällt an der Außenwand wieder ab. Dies führt zu einem Wiederanlegen der Strömung an der Außenwand und zum Beginn der Strömungsablösung im Punkt B an der Innenwand. Auch an der Innenwand legt sich die Strömung mit zunehmender Bogenlänge s in einiger Entfernung nach Passieren des Krümmers im geraden horizontalen Rohrstück wieder an. Dort herrscht wieder ein negativer Druckgradient $\partial p/\partial s$, der den Reibungskräften das Gleichgewicht hält. Der Druck quer zur Strömungsrichtung ist in diesem nichtgekrümmten Teilabschnitt wieder konstant.

Wir erkennen in Abbildung 5.16, daß sich stromab der Ablösepunkte A und B sowohl an der Außen- als auch an der Innenwand Rezirkulationsbereiche ausgebildet haben, die einen zusätzlichen Energieverlust der Strömung bewirken. Im unteren Bild von Abbildung 5.16 ist der Druckverlauf im Rohr für zwei Stromlinien im Außen- und Innenwandbereich über der Stromlinienkoordinate s aufgetragen. Die fallende Gerade zeigt den linearen Druckabfall in einem geraden Rohrstück an. Die durch Reibung hervorgerufenen Energieverluste der Strömung äußern sich auch ohne Ablösung durch einen Druckverlust in Strömungsrichtung. Oberhalb der Geraden gibt die durchgezogene Kurve den Druckverlauf einer Stromlinie im Außenwandbereich an, wie er sich ohne Ablösung einstellen würde. Unterhalb der Geraden findet sich die entsprechende Kurve für eine Stromlinie im Innenwandbereich. Die Ablösung in den Punkten A und B tritt jeweils im Bereich ansteigender Drücke auf. Der zusätzliche Strömungsverlust durch Ablösung zeigt sich im Diagramm dadurch, daß die gestrichelten Druckverläufe an der Außen- und Innenwand des Krümmers unterhalb derjenigen ohne Ablösung verlaufen.

Neben der Strömungsablösung tritt im Krümmer noch eine Sekundärströmung auf. Diese wird der Hauptströmung in Richtung der Stromlinienkoordinate s überlagert und verursacht erhebliche Geschwindigkeitskomponenten senkrecht zur Hauptströmung. Ursache dieser Sekundärströmung ist die Krümmung des Rohres, sowie die Verzögerung der Strömung durch Reibungskräfte an der Wand. Die Geschwindigkeit ist an der Innenseite des Krümmers größer als an der Außenseite. Das in Wandnähe strömende Fluid hat aufgrund der Reibung eine geringere Geschwindigkeit als das Fluid in der Mitte des Krümmers. Die Zentrifugalkräfte, die in der

Mitte des Krümmers größer sind als an den Seitenwänden verursachen die Bewegung nach außen. Dies ist aber aus Gründen der Kontinuität nur möglich, wenn an den Wänden des Krümmers eine Bewegung in umgekehrter Richtung einsetzt. Es bildet sich folglich ein Doppelwirbel aus, der der Hauptströmung überlagert ist. Auch diese Sekundärwirbel führen zu Strömungsverlusten, so daß wir die Verluste in einem Krümmer in die folgenden drei Komponenten unterteilen können: **Reibungsverluste**, **Ablösungsverluste** hervorgerufen durch die Krümmung, Verluste durch **Sekundärströmungen**.

Wir verweisen darauf, daß die von uns gewählten Anwendungsbeispiele das Verständnis der dreidimensionalen, turbulenten Strömungsablösung voraussetzen. Die zweidimensionalen Betrachtungsweisen können nur eine erste völlig unzureichende Hilfestellung für das Verständnis der Strömungsablösung geben. Zum Abschluß dieses Kapitels wollen wir daher einige Grundbegriffe der dreidimensionalen Strömungsablösung einführen, ohne daß wir im Rahmen dieses Lehrbuches die Details behandeln können.

In einem dreidimensionalen Strömungsfeld müssen wir zunächst den Begriff der **Stromfläche** definieren. Wir beginnen mit dem bekannten Begriff der Stromlinien. Diese beschreiben das Tangentenfeld des Geschwindigkeitsvektors $\vec{v} = (u, v, w)$. Die Differentialgleichungen der Stromlinien im Raum lassen sich durch die folgende Beziehung zusammenfassen:

$$d\,x \; : \; d\,y \; : \; d\,z \; = \; u(x,y,z,t) \; : \; v(x,y,z,t) \; : \; w(x,y,z,t) \qquad (5.23)$$

In einem stationären Strömungsfeld setzen wir eine beliebige raumfeste Kurve C voraus. Als Stromfläche definieren wir diejenige Fläche, welche von den Stromlinien gebildet wird, die die gegebene raumfeste Kurve C durchstoßen. Eine Stromfläche ist somit eindeutig definiert durch Vorgabe einer Kurve C und eines Geschwindigkeitsfeldes $\vec{v}$, welches mit den Stromlinien über die Beziehung (5.23) zusammenhängt. Mit diesen Definitionen lassen sich zweidimensionale und dreidimensionale Strömungen in folgender Weise voneinander abgrenzen:

- Strömungen, bei denen orthogonale kartesische Koordinaten (x, y, z) so gewählt werden können, daß der Geschwindigkeitsvektor $\vec{v}$ immer in der (x, z)-Ebene oder einer zu ihr parallelen Ebene liegt. Es ist also die durch die z-Achse erzeugte Stromfläche eben. Alle Ableitungen nach y verschwinden, so daß zweidimensionale ebene Strömungen vorliegen.

- Strömungen, bei denen sich kein orthogonales Koordinatensystem finden läßt, in welchem die Ableitungen nach y überall verschwinden, sind dreidimensionale Strömungen

Wir beschreiben die Strömungsablösung zunächst bei einer stationären zweidimensionalen Strömung unter Benutzung des Stromlinienbegriffs und erweitern die Beschreibung dann auf dreidimensionale Strömungen unter Benutzung der Stromfläche. In Abbildung 5.17 auf der linken Seite ist das abgelöste Rezirkulationsgebiet in einer stationären zweidimensionalen Strömung längs einer festen

Wand dadurch charakterisiert, daß die Stromlinien innerhalb des Rezirkulations-
gebietes geschlossene Kurven darstellen. Wir betrachten eine Stromlinie stromauf
des Ablösepunktes längs der Wand, eine sogenannte Wandstromlinie. Eine solche Wandstromlinie in einer reibungsbehafteten Strömung ist nur deshalb definierbar, da die Geschwindigkeit eine Vektorgröße mit Betrag und Richtung ist.
Zwar ist der Betrag von $\vec{v}$ wegen der Haftbedingung längs der Wand gleich null,
aber die Richtung ist überall definiert. Somit ist auch eine Stromlinie als Integral-
kurve des Richtungsfeldes von $\vec{v}(x,y,z)$ gemäß der Beziehung (5.23) definierbar.
Im Ablösepunkt A der betrachteten Strömung verzweigt sich die Wandstromlinie
in eine Trennstromlinie, die das Rezirkulationsgebiet von dem nicht abgelösten
Strömungsbereich trennt, und in eine Wandstromlinie als Abgrenzung von Rezirkulationsgebiet und Wand. Wichtig ist, daß es sich dabei im Ablösepunkt um
eine negative Stromlinienverzweigung handelt. Dies bedeutet, daß die Richtungen
der Wandstromlinien stromauf und stromab des Ablösepunktes aufeinander zuweisen, während die Trennstromlinie die Richtung der Hauptströmung aufweist. Ein
Ablösepunkt in einer zweidimensionalen stationären Strömung ist somit gleichzusetzen mit einer negativen Stromlinienverzeigung. Diese sich verzweigende Stromlinie trennt das Rezirkulationsgebiet einerseits von der Wand und andererseits von
der Außenströmung ab. Am Ort der Stromlinienverzweigungen an der Wand gilt
für die Schubspannung entsprechend Gleichung (5.20) $\tau_w = 0$.

Wir gehen nun dazu über, die eingeführten Begriffe anhand einer einfachen Konfiguration systematisch auf die dreidimensionale Strömungsablösung zu erweitern
und somit zu einem Kriterium für die dreidimensionale Ablösung zu kommen. Wir
betrachten dazu im rechten Teil der Abbildung 5.17 einen in seiner Längsachse
unendlich ausgedehnten querangeströmten Zylinder. Die Zylinderachse sei nicht
senkrecht zur Anströmrichtung, sondern um einen kleinen Winkel gegen die Senk-
rechte geneigt. Auf der der Anströmrichtung zugewandten Zylinderseite befindet
sich dann auf der Zylinderoberfläche kein Staupunkt, sondern eine Staulinie parallel zur Zylinderachse. Durch die Erweiterung einer zweidimensionalen Strömung
auf eine dreidimensionale hat der Begriff Staupunkt eine Erweiterung auf den Begriff Staulinie erfahren. Genauso verhält es sich mit dem Begriff der Trennstromlinie
aus der zweidimensionalen Betrachtung. Die ankommende Stromlinie verzweigt sich

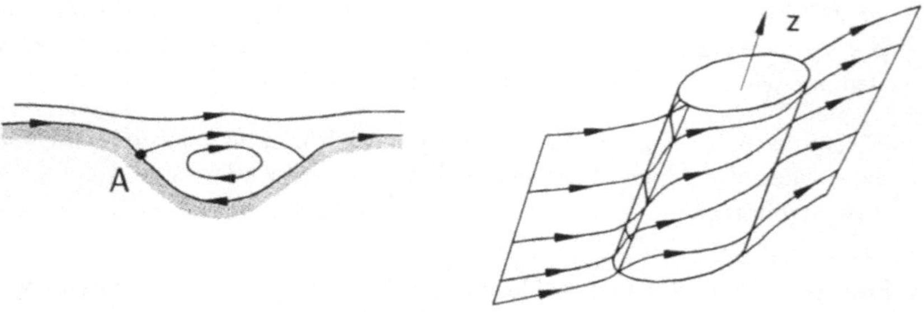

Abb. 5.17: Prinzipskizze der zwei- und dreidimensionalen Strömungsablösung

dort in zwei Trennstromlinien. Mit diesem Verhalten korrespondiert im dreidimensionalen Fall die Verzweigung der Staulinie in zwei Stromflächen, die den Zylinder umströmen.

Auf der Rückseite des Zylinders kommen diese beiden Stromflächen in der hinteren Staulinie wieder zusammen (vgl. Abbildung 5.17). Diese hintere Staulinie ist gemäß der Logik unserer Bezeichnungsweise eine negative Stromflächen-Verzweigungslinie, da die Richtungen der Geschwindigkeitsvektoren dort aufeinander zuweisen. In dieser Stromflächen-Verzweigungslinie bildet sich eine abfließende Stromfläche. Die negative Stromflächenverzweigung im dreidimensionalen Fall ist somit gleichbedeutend mit der negativen Stromlinienverzweigung im zeidimensionalen Fall. Der wesentliche Unterschied zum zweidimensionalen Fall liegt darin, daß die Wandschubspannung τ_w auf der Ablöselinie keine Nullstellen hat.

5.5 Nachlaufströmung

In diesem abschließenden Kapitel über die Strömungsphänomene der von uns ausgewählten Anwendungsbeispiele analytischer und numerischer Methoden der Strömungsmechanik behandeln wir die Nachlaufströmung. Wir beginnen wiederum mit der Umströmung eines Tragflügelprofils und betrachten hierzu in Abbildung 5.18 die Prinzipskizze der Nachlaufströmung hinter einem Tragflügelprofil. Den Verdichtungsstoß, die Stoß-Grenzschicht-Wechselwirkung, sowie die Strömungsablösung der Grenzschicht haben wir bereits kennengelernt. Wir befassen uns im folgenden mit der Strömung im Hinterkantenbereich des Flügels, in dem die saugseitige und die druckseitige Tragflügel-Grenzschicht aufeinander treffen und den Nachlauf bilden. Die Grenzschichtdicken oberhalb und unterhalb des Tragflügels weisen unterschiedliche Werte auf. Infolge des Druckanstieges durch den Verdichtungsstoß auf der Oberseite des Tragflügels dickt die obere Grenzschicht im Hin-

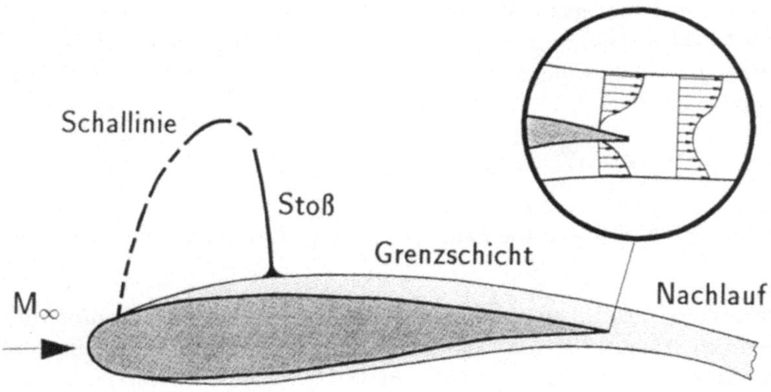

Abb. 5.18: Prinzipskizze der Nachlaufströmung beim Tragflügelprofil

terkantenbereich im Vergleich zur Grenzschicht auf der Unterseite stärker auf. Mit wachsendem Abstand stromab des umströmten Tragflügelprofils verbreitert sich der Nachlauf aufgrund der Reibung und das Geschwindigkeitsprofil flacht ab.

Turbulente Nachlaufströmungen haben Grenzschichtcharakter, da ihre Erstreckung in Querrichtung z sehr viel kleiner als ihre Längserstreckung stromab in x-Richtung ist, und da starke Geschwindigkeitsgradienten in z-Richtung auftreten. Ebene Nachlaufströmungen lassen sich durch folgendes Gleichungssystem für den inkompressiblen Fall beschreiben:

$$\frac{\partial u}{\partial x} + \frac{\partial w}{\partial z} = 0 \tag{5.24}$$

$$\frac{\partial u}{\partial t} + u \cdot \frac{\partial u}{\partial x} + w \cdot \frac{\partial u}{\partial z} = \frac{1}{\rho} \cdot \frac{\partial \tau_t}{\partial z} \qquad . \tag{5.25}$$

τ_t bedeutet hierin die Schubspannung der turbulenten Scheinreibung. Im Vergleich zu den Grenzschichtgleichungen (3.116) und (3.117) ist die Kontinuitätsgleichung (5.24) unverändert. In der Impulsgleichung in x-Richtung (5.25) ist in diesem Fall zunächst der instationäre Term hinzugekommen. Der Druckterm ist hingegen fortgelassen worden, da der Druck im Nachlauf in erster Näherung als konstant angenommen werden kann. Dies gilt allerdings nur in einiger Entfernung des umströmten Profils. Ebenso fehlen Terme der viskosen Reibung, die gegenüber der sehr vielgrößeren turbulenten Reibung vernachlässigt werden kann. Die turbulente Schubspannung τ_t berechnet sich unter Benutzung beispielsweise des Mischungsweg-Ansatzes von Gleichung (3.81) zu:

$$\tau_t = \mu_t \cdot \frac{\partial \bar{u}}{\partial z} = \bar{\rho} \cdot l^2 \cdot \left| \frac{\partial \bar{u}}{\partial z} \right| \cdot \frac{\partial \bar{u}}{\partial z} \qquad . \tag{5.26}$$

In Gleichung (5.26) läßt sich das Produkt $l^2 \cdot |\partial \bar{u}/\partial z|$ als scheinbare kinematische Zähigkeit der Einheit $\left[\frac{m^2}{s} \right]$ auffassen. Entsprechend der Ausführungen in Kapitel 3.5.3 stammt von L. Prandtl der Ansatz, diese scheinbare kinematische Zähigkeit so zu bilden, daß die maximale Geschwindigkeitsdifferenz der zeitlichen Mittelwerte der Nachlaufströmung $\bar{u}_{max} - \bar{u}_{min}$ mit einer Länge multipliziert wird, die der Breite b des Vermischungsgebietes in z-Richtung proportional ist. Wir können also ansetzen:

$$l^2 \cdot \left| \frac{\partial \bar{u}}{\partial z} \right| = \kappa_1 \cdot b \cdot (\bar{u}_{max} - \bar{u}_{min}) \qquad . \tag{5.27}$$

κ_1 steht für eine dimensionslose Zahl, die nur mit Experimenten ermittelt werden kann.

Wir interessieren uns im weiteren für die Entwicklung der Nachlaufbreite b mit zunehmendem Abstand x von der Hinterkante $b(x)$ und für die Abnahme der Geschwindigkeitsdifferenz $\bar{u}_{max} - \bar{u}_{min}$ mit anwachsendem x. Dazu müssen einige Abschätzungen für die Breite b und die Geschwindigkeitsdifferenz Δu durchgeführt werden. Wir benötigen die Prandtl'sche Annahme, daß der Mischungsweg l proportional der Nachlaufbreite $b(x)$ ist, sowie die Voraussetzung stromab ähnlicher Geschwindigkeitsprofile. Ähnlichkeit bedeutet in diesem Zusammenhang, daß die dimensionslose Geschwindigkeitsdifferenz $\Delta u(z)/\Delta u_{max}$ mit $\Delta u(z) = U_\infty - \bar{u}(z)$ an jedem Ort x der Nachlaufströmung eine Funktion f der dimensionslosen Nachlaufbreite $z/b(x)$ ist:

$$\frac{\Delta u(z)}{\Delta u_{max}} = f\left(\frac{z}{b(x)}\right) \qquad . \tag{5.28}$$

Eine anschließende Auswertung des Impulssatzes in Verbindung mit der Widerstandsformel für einen umströmten Körper liefert im Falle einer ebenen Nachlaufströmung das Ergebnis:

$$b(x) \sim \sqrt{x} \qquad \text{bzw.} \qquad \frac{d\,b}{d\,x} \sim \frac{1}{b} \qquad \text{und} \qquad \Delta u_{max} \sim \frac{1}{\sqrt{x}} \tag{5.29}$$

Bei einer ebenen Nachlaufströmung nimmt also die Breite b des Nachlaufbereiches gemessen in z-Richtung proportional zu $\sqrt{x}$ zu, die Geschwindigkeitsdifferenz hingegen mit $1/\sqrt{x}$ ab.

Nach der Erläuterung grundsätzlicher Begriffe der Nachlaufströmung und der Beschreibung des Tragflügelnachlaufes ergänzen wir abschließend die inkompressible Nachlaufströmung des Kraftfahrzeuges. Dazu ist es an dieser Stelle nötig, zwei neuartige Begriffe einzuführen. Die Nachlaufströmung hinter einem angeströmten Kraftfahrzeug wird unterteilt in einen sogenannten **absolut sensitiven Bereich** und einen **konvektiv sensitiven Bereich**. Dabei definieren wir den absolut sensitiven Bereich als denjenigen reibungsbehafteten Strömungsbereich, in dem lokal eingebrachte Störungen zeitlich und räumlich angefacht werden und mit fortschreitender Zeit den gesamten absolut sensitiven Strömungsbereich beeinflussen.

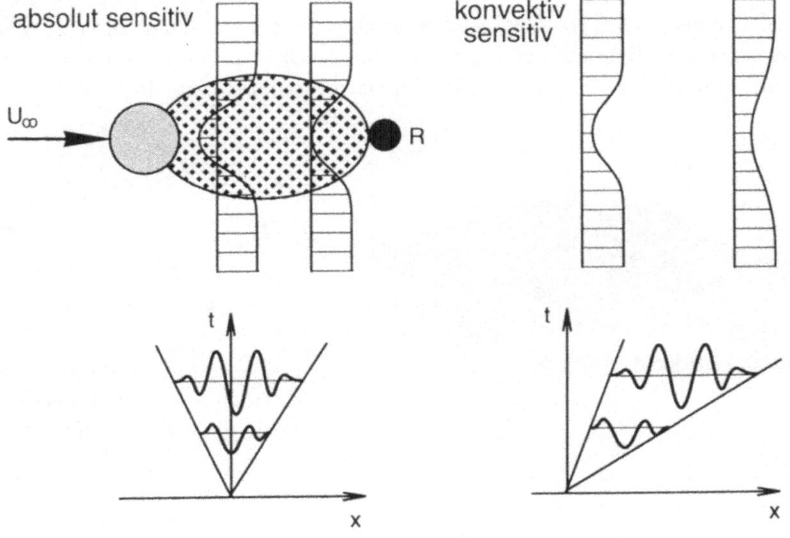

Abb. 5.19: Absolut und konvektiv sensitiver Strömungsbereich

208

Im konvektiv sensitiven Bereich werden lokal eingebrachte Störungen stromab geschwemmt und können den ursprünglichen Ort der Störungen mit fortschreitender Zeit nicht weiter beeinflussen.

In der Prinzipskizze der Abbildung 5.19 ist der absolut sensitive Bereich hinter dem mit der Geschwindigkeit U_∞ angeströmten Körper grob gerastert dargestellt. Das Geschwindigkeitsprofil unmittelbar stromab des Körpers besitzt in der Umgebung seiner Symmetrieebene ein Rückströmgebiet mit stromauf weisenden Geschwindigkeitsvektoren. Dies bedeutet, daß sich eine im absolut sensitiven Bereich eingebrachte Störung auch stromauf ausbreiten kann. Der absolut sensitive Bereich wird stromab begrenzt durch den Resonanzpunkt R. Dies ist stromab der erste Punkt, ab dem eine lokal eingebrachte Störung keine Rückwirkung mehr auf den Körper ausüben kann. Stromab des Resonanzpunktes sprechen wir von einem konvektiv sensitiven Bereich.

Zur weiteren Verdeutlichung der Einteilung der Nachlaufströmung in einen absolut und konvektiv sensitiven Bereich betrachten wir die jeweils zugehörigen Weg-Zeit-Diagramme in Abbildung 5.19 unten. Die Amplituden einer im absolut sensitiven Bereich lokal eingebrachten Störung wachsen räumlich und zeitlich an und beinflussen mit zunehmender Zeit auch den Bereich stromauf ihrer Ausgangsposition. Im Vergleich dazu wachsen die Amplituden einer im konvektiv sensitiven Bereich eingebrachten Störung lediglich stromab ihres Ursprungs an. Diese Störungen werden stromab geschwemmt und können keine Rückwirkung auf den Ort ihrer Ausgangsposition ausüben.

Mit der Bereichseinteilung in absolut und konvektiv sensitive Bereiche der Nachlaufströmung ist der Weg zu einer effizienten Strömungsbeeinflussung bereitet, die eine Reduzierung des Widerstandes eines Kraftfahrzeuges zum Ziel hat. Abbildung 5.20 zeigt drei im Mittelschnitt der dreidimensionalen Nachlaufströmung gemessene, zeitlich gemittelte Nachlaufgeschwindigkeitsprofile sowie den zu erwartenden absolut sensitiven Bereich, der gepunktet dargestellt ist. Die Messungen wurden im Windkanal in einer turbulenten Nachlaufströmung bei einer Reynoldszahl von

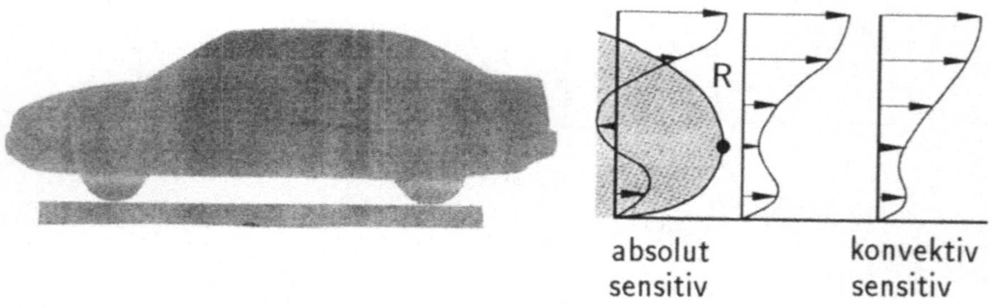

Abb. 5.20: Windkanalexperiment zur unbeeinflußten Kraftfahrzeugumströmung mit absolut sensitivem Nachlaufbereich

$Re_\infty = 5 \cdot 10^6$ durchgeführt. Auf der linken Seite der Abbildung ist das Winkanalmodell zu sehen, auf der rechten Seite drei Geschwindigkeitsprofile für unterschiedliche Positionen stromab des Fahrzeuges. Wir erkennen das charakteristische Geschwindigkeitsminimum in der Mitte der Nachlaufprofile. Das erste Profil unmittelbar hinter dem Kraftfahrzeug weist stromauf gerichtete Geschwindigkeitsvektoren auf, was auf Rückströmung hinweist. Der absolut sensitive Bereich mit dem Resonanzpunkt R ist gepunktet eingezeichnet. Wir haben breits gelernt, daß stromab von R keine Vorwärtswirkung auf das Kraftfahrzeug mehr stattfinden kann.

Der absolut sensitive Bereich im Nachlauf des Kraftfahrzeuges wird mit Hilfe einer erweiterten Stabilitätsanalyse identifiziert. Eine besonders effiziente Strömungsbeeinflussung zur Reduzierung des Widerstandes eines Kraftfahrzeuges wird anschließend erreicht, indem verhindert wird, daß die an der Abreißkante des Kofferraumes abgehende Scherschicht einen absolut sensitiven Bereich im Nachlauf bildet. In der Praxis wird die angestrebte Strömungsbeeinflussung beim Kraftfahrzeug mit einem in der Stoßstange integrierten Strömungskanal realisiert (vgl. Abbildung 5.21). Dieser Kanal lenkt einige Prozent des zwischen der Straße und dem Fahrzeugboden hindurchströmenden Massenstroms derart um, daß die Scherschicht hinter der Abreißkante abgebaut und somit der absolut sensitive Bereich in der

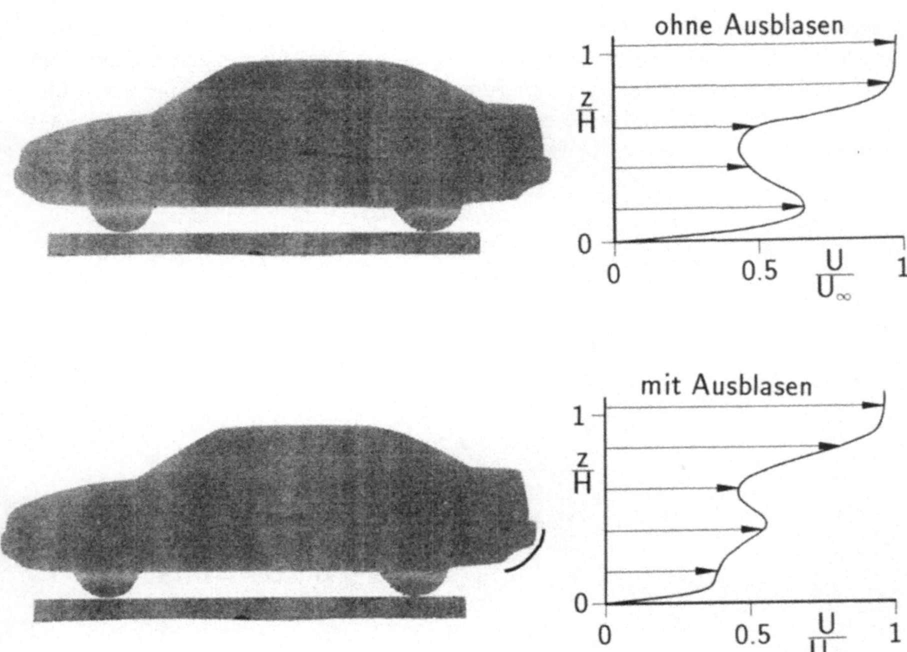

Abb. 5.21: Windkanalmessung der Nachlaufströmung eines Kraftfahrzeuges ohne und mit Nachlaufbeeinflussung

Kraftfahrzeug-Nachlaufströmung unterdrückt wird. Messungen im Windkanal an einem Fahrzeug, das mit dem beschriebenen Umlenkkanal versehen war, bestätigten die widerstandsreduzierende Wirkung der gewählten Strömungsbeeinflussung. Die ersten Messungen des zeitlich gemittelten Geschwindigkeitsprofils im Nachlauf eines Fahrzeuges mit Ausblas-Kanal zeigen, daß die Strömungsbeeinflussung zwar noch nicht optimiert werden konnte, jedoch eine gemessene Widerstandsreduzierung von 10% bereits durch Vermeiden des absolut sensitiven Bereichs im Mittelschnitt der Nachlaufströmung erzielt wurde.

Anhand der beiden Geschwindigkeitsprofile in Abbildung 5.21 ohne und mit Ausblasen können wir den Einfluß des Umlenkkanals genauer diskutieren. Aufgetragen ist die dimensionslose Nachlaufgeschwindigkeit u/U_∞ als Funktion der dimensionslosen Höhe des Kraftfahrzeuges z/H in einiger Entfernung hinter dem Kraftfahrzeug. Im oberen Geschwindigkeitsprofil für den unbeeinflußten Fall ohne Ausblasen ist im Nachlauf-Bereich $z/H \approx 0.5$ ein deutliches Geschwindigkeitsminimum zu erkennen. Im unteren Bild für den Fall mit Ausblasen ist das Geschwindigkeitsminimum an der gleichen Stelle z/H erheblich weniger ausgeprägt. Unmittelbar hinter dem Kraftfahrzeug war im oberen Fall ein Rückströmgebiet vorhanden, im unteren nicht mehr, d.h. die Ausbildung eines absolut sensitiven Bereiches wurde durch das Ausblasen verhindert. Diese Maßnahme führte zu einer Widerstandsreduzierung von 10%.

Insgesamt läßt sich die Kraftfahrzeugentwicklung in Abbildung 5.22 zusammenfassen. In den vergangenen Jahrzehnten wurde die Kraftfahrzeugentwicklung entscheidend von der Strömungsoptimierung hinsichtlich der Reduzierung des Widerstandes mitbestimmt. Dabei beschränkte man sich weitgehend auf die Strömungsbeeinflussung durch geeignete Oberflächen-Formgebung. Dies führte zu einer sy-

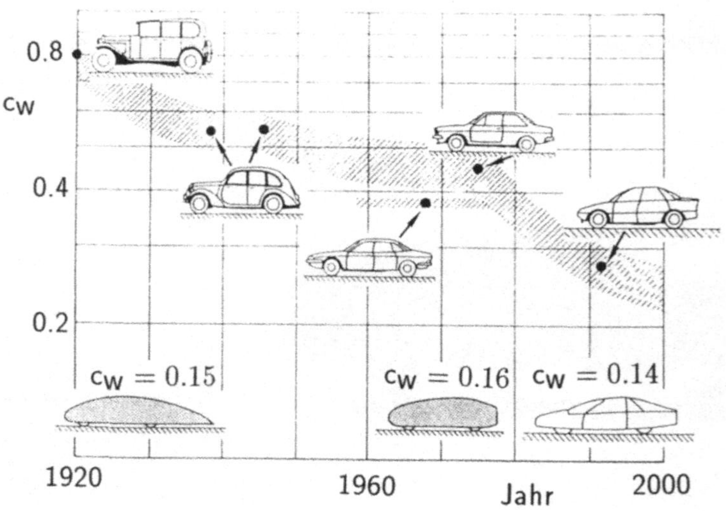

Abb. 5.22: Entwicklung des Widerstandsbeiwertes c_w bei Kraftfahrzeugen im Laufe der Jahre

stematischen Reduzierung des Widerstandsbeiwertes c_w über die Jahre. Die ersten Nachkriegsmodelle verfügten üblicherweise über c_w-Werte im Bereich $c_w = 0.4$ bis $c_w = 0.5$. Heutzutage sind Widerstandsbeiwerte von $c_w = 0.28$ durchaus gängig. Das Entwicklungspotential für die nächsten Jahre bietet Möglichkeiten, den Widerstandsbeiwert allein durch geeignete Formgebung auf Werte bis zu $c_w = 0.14$ zu reduzieren. Am Grundkonzept der Entwicklung eines 'stromlinienförmigen' Fahrzeuges hat sich dabei von den 30-iger Jahren bis heute nichts wesentliches geändert.

Ausgewählte Literatur

R. Bohning:
Die Wechselwirkung eines senkrechten Verdichtungsstosses mit einer turbulenten Grenzschicht an einer gekrümmten Wand, Habilitationsschrift, Universität Karlsruhe (TH), 1982

R. Bohning, J. Zierep:
Stoß-Grenzschichtinterferenz bei turbulenter Strömung an gekrümmten Wänden mit Ablösung, Zeitschrift Flugwissenschaft Weltraumforschung 6, Heft 2 (1982)

P. W. Bridgmann:
Theorie der physikalischen Dimensionen, Teubner Verlag, Berlin, 1932

C. Canuto, M. Y. Hussaini, A.Quarteroni, T. A. Zang:
Spectral Methods in Fluid Dynamics, Springer Verlag, Berlin, Heidelberg, 1988

T. Cebeci, A. M. O. Smith:
Analysis of Turbulent Boundary Layers, Academic Press, New York, 1974

C. A. J. Fletcher:
Computational Galerkin Methods, Springer Series in Computational Physics, Springer Verlag, Berlin, Heidelberg, 1984

K. Gersten, H. Schlichting:
Grenzschichttheorie, 9. Auflage, Springer Verlag, Berlin, Heidelberg, 1995

H. Goering, H.-G. Roos, L. Tobiska:
Finite-Element-Methode, Deutsch Taschenbücher Band 68, Verlag Harri Deutsch, Frankfurt a. M., 1989

D. D. Joseph:
Stability of Fluid Motions I, Springer Verlag, Berlin, Heidelberg, 1976

L. Lapidus, G. F. Pinder:
Numerical Solution of Partial Differential Equations in Science and Engineering, J. Wiley and Sons, New York, Chichester, 1982

K. Meyberg, P. Vachenauer:
Höhere Mathematik 1/2, Springer Verlag, Berlin, Heidelberg, 1990/1991

H. Oertel jr., M. Böhle:
Übungsbuch Strömungsmechanik, Springer Verlag, Berlin, Heidelberg, 1993

H. Oertel jr., M. Böhle, J. Delfs, D. Hafermann, H. Holthoff:
Aerothermodynamik, Springer Verlag, Berlin, Heidelberg, 1994

H. Oertel jr., J. Delfs:
Strömungsmechanische Instabilitäten, Springer Verlag, Berlin, Heidelberg, 1995

H. Oertel jr.
Bereiche der reibungsbehafteten Strömung, 37. Ludwig Prandtl Gedächtnisvorlesung, GAMM Jahrestagung 1994, Braunschweig, ZFW (1995)

H. Oertel jr., J. Delfs:
Mathematische Analyse der Bereiche reibungsbehafteter Strömungen, Zeitschrift für angewandte Mathematik und Mechanik, ZAMM (1995)

H. Oertel jr., E. Laurien:
Numerische Strömungsmechanik, Springer Verlag, Berlin, Heidelberg, 1995

S. V. Patankar:
Numerical Heat Transfer and Fluid Flow, McGraw-Hill Book Company, New York, 1980

R. Peyret, T. D. Taylor:
Computational Methods for Fluid Flow, Springer Series in Computational Physics, Springer Verlag, New York, 1990

L. Prandtl:
Gesammelte Abhandlungen, Zweiter Teil, Über Flüssigkeitsbewegung bei sehr kleiner Reibung (1904), Springer Verlag, Berlin, Heidelberg, 1961

L. Prandtl, K. Oswatitsch, K. Wieghardt:
Führer durch die Strömungslehre, Vieweg Verlag, Braunschweig, 1990

H. Schlichting:
Boundary-Layer Theory, 6th Edition, McGraw-Hill Book Company, New York, 1968

W. Schneider:
Mathematische Methoden der Strömungsmechanik, Vieweg Verlag, Braunschweig, 1978

E. Stein (Ed.):
Finite Element and Boundary Element Techniques from Mathematical and Engineering Point of View, Courses and Lectures, International Center for Mechanical Sciences, Springer Verlag, Wien, 1988

E. Stiefel:
Einführung in die numerische Mathematik, Teubner Verlag, Stuttgart, 1970

D. P. Telionis:
Unsteady Viscous Flows, Springer Series in Computational Physics, Springer Verlag, New York, 1981

J. F. Wendt (Ed.):
Computational Fluid Dynamics, Springer Verlag, Berlin, Heidelberg, New York, 1992

J. Zierep:
Grundzüge der Strömungslehre, 5. Auflage, Springer Verlag, Berlin, Heidelberg, 1993

J. Zierep:
Theoretische Gasdynamik, 4. Auflage, Braun Verlag, Karlsruhe, 1991

Sachwortverzeichnis

Springer-Verlag und Umwelt